电子电气信息类专业系列教材

单慧琳 张银胜 王波 主编

基于软件无线电的综合系统设计实践教程

江苏大学出版社
JIANGSU UNIVERSITY PRESS
镇 江

图书在版编目(CIP)数据

基于软件无线电的综合系统设计实践教程 / 单慧琳，张银胜，王波主编. —镇江：江苏大学出版社，2021.1
ISBN 978-7-5684-1483-8

Ⅰ.①基… Ⅱ.①单… ②张… ③王… Ⅲ.①软件无线电-系统设计-教材 Ⅳ.①TN92

中国版本图书馆 CIP 数据核字(2020)第 246393 号

基于软件无线电的综合系统设计实践教程
Jiyu Ruanjian Wuxiandian de Zonghe Xitong Sheji Shijian Jiaocheng

主　　编/单慧琳　张银胜　王　波
责任编辑/李经晶
出版发行/江苏大学出版社
地　　址/江苏省镇江市梦溪园巷 30 号(邮编：212003)
电　　话/0511-84446464(传真)
网　　址/http://press.ujs.edu.cn
排　　版/镇江文苑制版印刷有限责任公司
印　　刷/江苏凤凰数码印务有限公司
开　　本/787 mm×1 092 mm　1/16
印　　张/17
字　　数/371 千字
版　　次/2021 年 1 月第 1 版
印　　次/2021 年 1 月第 1 次印刷
书　　号/ISBN 978-7-5684-1483-8
定　　价/50.00 元

如有印装质量问题请与本社营销部联系(电话:0511-84440882)

前　言

本书基于武汉易思达科技有限公司的 XSRP 软件无线电平台所编写。全书共列举了模拟和数字信号源、编码器和译码器、调制解调器、扰码解扰码器、PCM 传输系统等十多种综合系统，设计内容包括功能验证、模块设计、系统搭建和核心程序编写等。教材实例丰富，可提供全套 Verilog 源程序，本书可作为电子、通信、自动化相关专业的高年级本科生及研究生的实践教学指导用书，也可作为从事 FPGA 设计工作的工程师的参考书。

全书共十章：第一章为 XSRP 软件无线电平台简介，第二章为 FPGA 集成开发环境简介，第三章为信号源设计，第四章为编译码设计，第五章为调制解调器设计，第六章为卷积编码和维特比译码设计，第七章为扰码与解扰码设计，第八章为交织与解交织设计，第九章为同步信号提取设计，第十章为 PCM 传输系统设计。

本书是滨江学院与武汉易思达科技有限公司的校企共建教材。

本书的出版得到了 2019 年江苏高校一流专业（电子信息工程，No. 289）建设项目、2019 年无锡市信息技术（物联网）扶持资金（第三批）扶持项目即高等院校物联网专业新设奖励项目（通信工程，No. D51）、2020 年无锡信息产业（集成电路）扶持基金（高等学校集成电路专业新设奖励）项目（含电子信息工程、光电信息科学与工程、电子科学与技术专业）的大力支持。在此表示衷心感谢！

由于作者水平有限，书中难免会有一些不足之处，恳请读者提出宝贵意见。

编　者

二〇二〇年八月

目　录

第一章

XSRP 软件无线电平台简介

1.1 产品硬件介绍及组成

1.1.1 XSRP 简介

XSRP 正视图和软件显示界面如图 1.1 所示。

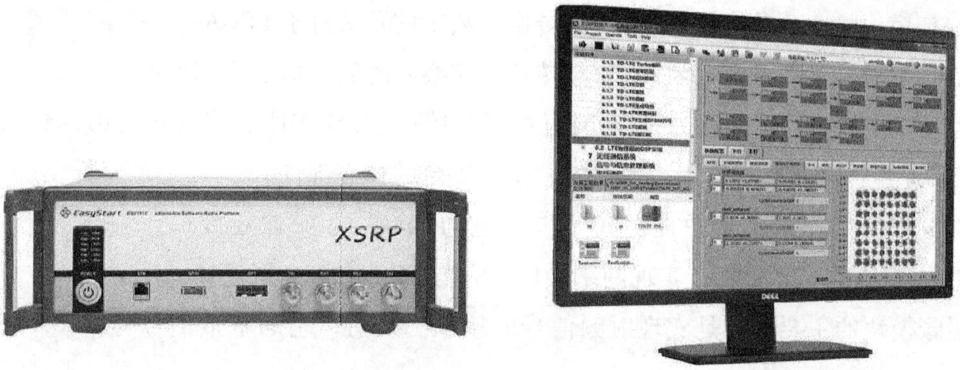

图 1.1 XSRP 正视图和软件显示界面

XSRP 软件无线电创新平台采用更加灵活的软件无线电架构，通过创新设计，将电脑、软件无线电平台、示波器等有机结合，以软硬结合、虚实结合等方式，构建了从基础实验到综合设计的立体实验操作体系，主要面向电子信息类专业的专业课程实验以及综合设计。该平台以工程应用为设计参考，采用全新的设计理念和实验方式，加强了实验的针对性和综合性，可完全替代传统实验箱，更加符合工程教育专业认证的要求。该平台同时支持通信原理、移动通信、数字信号处理等六门课程的实验，以及课程设计、综合设计、创新设计等综合应用，通过开放软硬件接口，以软件定义硬件功能的方式支持各种二次开发。

1.1.2 系统功能框图

系统功能框图如图 1.2 所示。

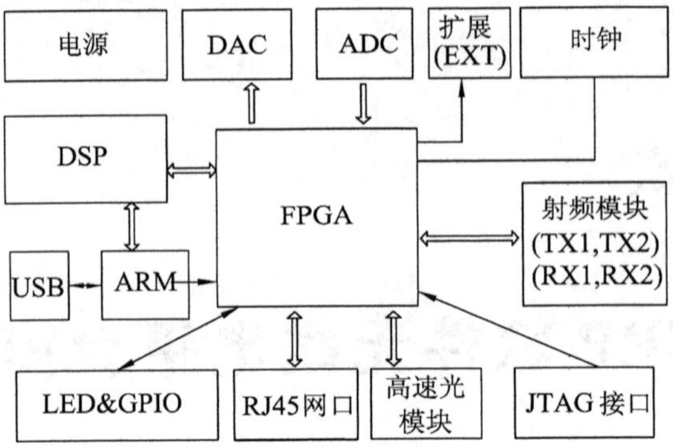

图 1.2　系统功能框图

1.1.3　模块功能说明

XSRP 主要由电源模块、DAC 模块、ADC 模块、时钟模块、FPGA 模块、GPIO 模块、RJ45 模块、射频模块、ARM 模块、DSP 模块等组成。

电路模块主要为各模块提供电源，主要有+5 V，+3.3 V，2.5 V，1.2 V 等。

DAC 模块的主要功能是实现数/模转换，数字信号来自于 FPGA。

ADC 模块的主要功能是实现模/数转换，转换后的数字信号给 FPGA。

时钟模块的主要功能是为各模块提供工作时钟，如 50 MHz，26 MHz，61.44 MHz 等。

FPGA 模块主要是可编程逻辑器件，是本平台的核心部件。

GPIO 模块主要是向用户提供 IO 接口，它与 FPGA 的 IO 脚连接。

RJ45 模块的主要功能是实现网络接口，它与 FPGA 的 IO 脚连接。

射频模块的主要功能是实现射频信号的接收和发射，它的基带信号与 FPGA 的 IO 脚连接。

ARM 模块的主要功能是实现与上位机的 USB 通信，可将控制命令发送给 FPGA。

DSP 模块的主要功能是进行数字信号处理，一端与 ARM 连接，另一端与 FPGA 连接。

1.1.4　XSRP 前面板

1）前面板接口外形

前面板接口如图 1.3 所示。

图 1.3　前面板接口

2）前面板接口说明

前面板接口说明如表 1.1 所示。

表 1.1　前面板接口说明

序号	标识	功能说明	备注
1	POWER	电源开关	
2	PWR	电源指示灯	
3	RUN	ARM 运行指示灯	
4	LED1	指示灯，不同的实验代表不同的含意	
5	LED2	指示灯，不同的实验代表不同的含意	
6	LED3	指示灯，不同的实验代表不同的含意	
7	LED4	指示灯，不同的实验代表不同的含意	
8	GPIO	GIPIO 外部扩展	
9	OPT	高速光模块扩展	（保留）
10	TX1	射频通道 1 发射	
11	RX1	射频通道 1 接收	
12	RX2	射频通道 2 接收	
13	TX2	射频通道 2 发射	

前面板接口详细描述如图 1.4 所示。

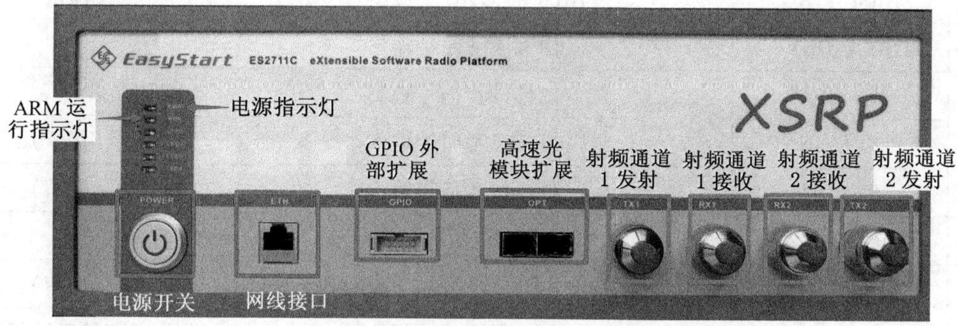

图 1.4　前面板接口详细描述

1.1.5　XSRP 后面板

1）后面板接口外形

后面板接口如图 1.5 所示。

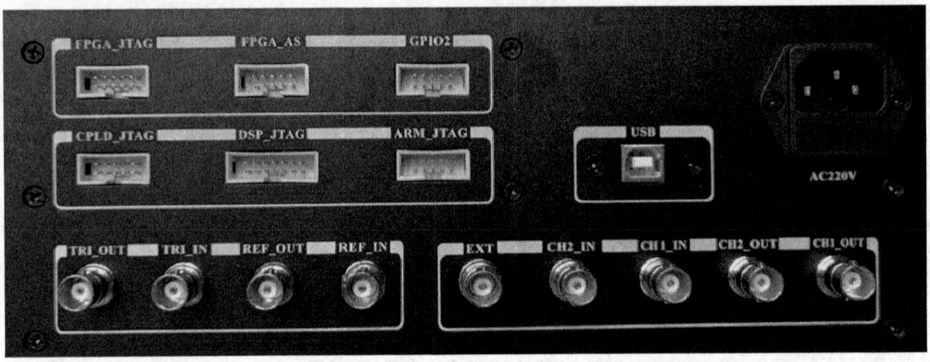

图 1.5 后面板接口

2）后面板接口说明

后面板接口说明如表 1.2 所示。

表 1.2 后背板接口说明

序号	标识	功能说明	备注
1	FPGA_JTAG	FPGA（4CGX75）的 JTAG 下载接口	
2	FPGA_AS	FPGA（4CGX75）的 AS 烧写接口	（保留）
3	GPIO2	GPIO 扩展接口	（保留）
4	CPLD_JTAG	CPLD 的 JTAG 下载接口	（保留）
5	DSP_JTAG	DSP（5000 系列）的 JTAG 下载接口	（保留）
6	ARM_JTAG	ARM 的 JTAG 下载接口	（保留）
7	REF_OUT	内部参考时钟输出	
8	TRI_OUT	内部同步信号输出	
9	REF_IN	外部参考时钟输入	（保留）
10	TRI_IN	外部同步信号输入	（保留）
11	USB1	ARM 与上位机的通信接口	
12	USB2	DSP（6000 系列）下载接口	（保留）
13	CH1_OUT	DAC 的通道 1 输出	可接示波器
14	CH2_OUT	DAC 的通道 2 输出	可接示波器
15	CH1_IN	ADC 的通道 1 输入	
16	CH1_IN	ADC 的通道 2 输入	
17	EXT	触发信号输出	可接示波器
18	AC220V	220 V 市电输入	

后背板接口详细描述如图 1.6 所示。

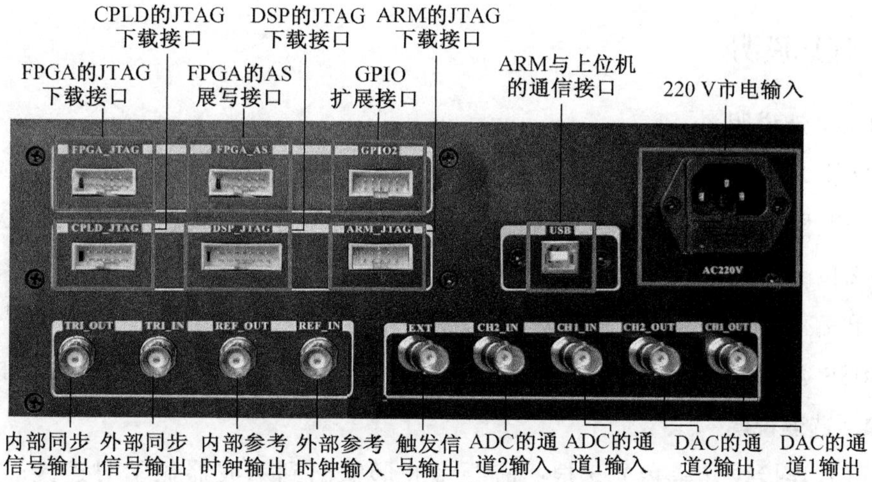

图 1.6　后背板接口详细描述

1.2　配件介绍

配件介绍如表 1.3 所示。

表 1.3　配件介绍

序号	名称	单位	数量	使用场景
1	仪表式主机箱	台	1	设备固有组件
2	射频转接头 N/SMA. JK（已装设备上）	个	4	
3	网线	根	1	必连
4	全频段天线（白色）	根	4	
5	单相三极电源线	根	1	
6	USB 方口打印线	根	3	必连 1 根
7	BNC 连接线（黑色）	根	3	需要将波形输出到示波器时连接
8	FPGA 下载器（Altera USB Blaster）	个	1	在通信原理、移动通信等课程的设计性实验时使用
9	DSP 仿真器	个	1	在数字信号处理设计型及综合型实验时使用
10	通用车载 FM 发射器	个	1	做课程设计时使用
11	12 V 门禁遥控开关	套	1	
12	5 口千兆交换机	台	1	配置双 IP 时使用
13	网线（与 5 口交换机配套使用）	根	1	

1.3 连线说明

1.3.1 必连说明

（1）网线 1 根：连接 XSRP 前面板的 ETH 接口和电脑的网线接口。

（2）全频段天线（白色）4 根：将 4 根天线依次插进 XSRP 前面板的 TX1，RX1，RX2 和 TX2 口，并旋紧。

（3）单相三极电源线 1 根：接 220 V 市电。

（4）USB 方口打印线 1 根：连接 XSRP 后面板的 USB 接口和电脑的 USB 接口。

1.3.2 选连说明

（1）BNC 连接线（黑色）3 根：需要将波形输出到示波器显示时连接；分别连接 XSRP 后面板的 CH1_OUT 和示波器的 CH1，XSRP 后面板的 CH2_OUT 和示波器的 CH2，XSRP 后面板的 EXT 和示波器的 EXT。

（2）FPGA 下载器 1 个：在通信原理、移动通信、光纤通信等课程的设计型实验时连接；下载器一端通过 USB 方口打印线连接电脑 USB 接口，另一端插入 XSRP 后面板的 FPGA_JTAG 接口。

（3）DSP 下载器 1 个：在数字信号处理设计型及综合型实验时连接；下载器一端通过 USB 方口打印线连接电脑 USB 接口，另一端插入 XSRP 后面板的 DSP_JTAG 接口。

1.4 设备测试

在做课程设计实验时，需要用 RF 收发软件来测试设备。具体操作步骤如下：

Step1：将“RF_Test”文件保存在非中文路径下，双击打开，如图 1.7 所示。

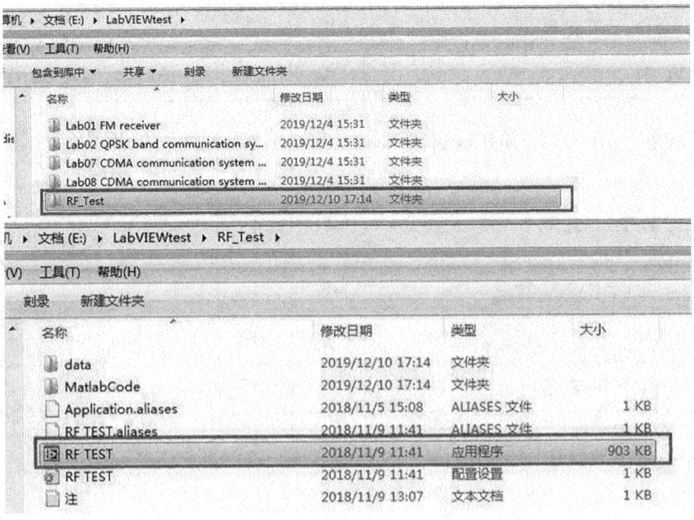

图 1.7 “RF_Test”文件存放的路径

Step2：打开“RF_Test”后进去的界面如图 1.8 所示。

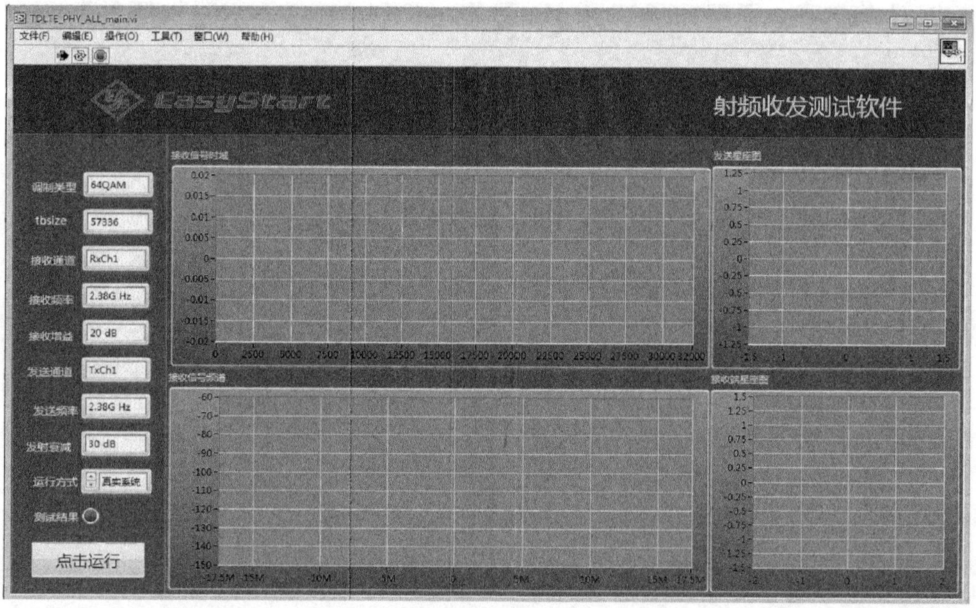

图 1.8　界面图

Step3：运行方式选择“真实系统”，点击“点击运行”按钮，若出现如图 1.9 所示的结果（测试结果灯不亮），则需要修改发射衰减参数。

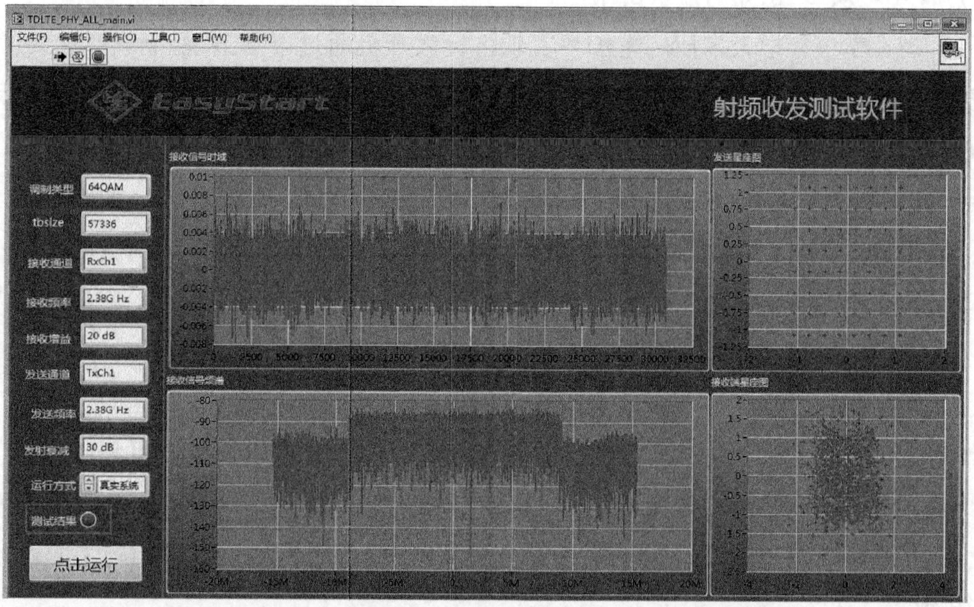

图 1.9　软件运行结果

Step4：修改发射衰减为 2 dB，点击“点击运行”按钮，出现如图 1.10 所示的结果（测试结果灯亮），说明设备正常。

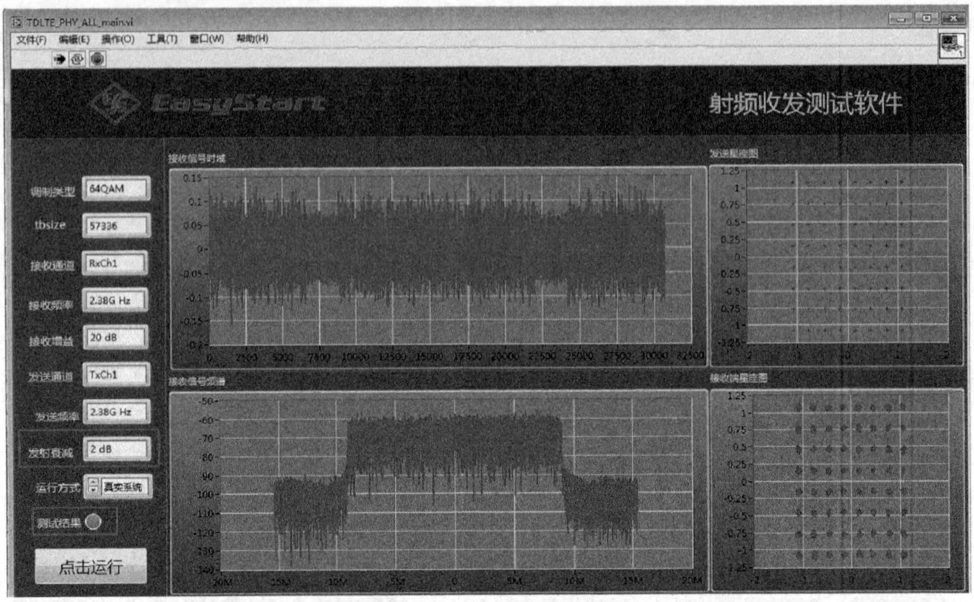

图 1.10　软件运行结果

1.5　使用注意事项

1.5.1　XSRP 双 IP 配置方法

1）XSRP 双 IP 配置的需求由来

（1）现在学校教学大多使用电子教室软件，教师机通过电脑 IP 控制学生机做控屏演示、教学等。PC 端通常只有一个网口，此时网口已经被连接到局域网的网线所占用，没有多的网口与 XSRP 设备通信。传统的使用方式是将 PC 连接到局域网的网线拔掉，用网线连接 XSRP 设备和电脑。

（2）XSRP 配置的和 PC 通信默认的 IP 分别为：XSRP 端为 192.168.1.166，PC IP 端为 192.168.1.180。如果仅将 PC 和 XSRP 直接通过网线连接，只需将 PC 端的 IP 设置为 192.168.1.180 即可。

（3）为了能够兼容电脑与教师机的通信、电脑与 XSRP 设备的通信，即确保 PC 既可以上外网，也可和 XSRP 通信，可通过增加一台 5 口千兆交换机解决。可将电脑和 XSRP 通过交换机连接到局域网中，在 PC 端配置可与局域网通信的 IP，同时在 PC 端新增和 XSRP 设备通信的 IP。这样就解决了 PC 不能与局域网和 XSRP 同时通信的问题，上述操作即为双 IP 配置。

2）预先制作 XSRP 与 PC 通信的 IP 对

原则是选择局域网中不常用的 IP 及网段，避免局域网 IP 冲突，此 PC IP 即为双 IP 配置中新增的 IP，用于 XSRP 和 PC 通信。

例如：

外网 1　IP（原有 IP，上网使用）：192.168.2.165
PC1　IP（新增 IP，XSRP 使用）：192.168.1.181
XSRP1　IP（FPGA 配置 IP）：192.168.1.167

外网 2　IP（原有 IP，上网使用）：192.168.2.167
PC2　IP（新增 IP，XSRP 使用）：192.168.3.182
XSRP2　IP（FPGA 配置 IP）：192.168.3.168

外网 3　IP（原有 IP，上网使用）：192.168.2.168
PC3　IP（新增 IP，XSRP 使用）：192.168.19.183
XSRP3　IP（FPGA 配置 IP）：192.168.19.169
……

3）双 IP 配置电脑端的操作方法

（1）在电脑自动获取 IP 的情况下，查询此时电脑获取的网络 IP（如果电脑已经有固定的上网 IP 则不需再查询，跳过此步），具体操作步骤如下：

Step1：右键打开网络图标，选择“属性”，可弹开如图 1.11 所示界面。

Step2：选择“更改适配器设置”，在弹出的窗口中找到“本地连接”图标，如图 1.12 所示。

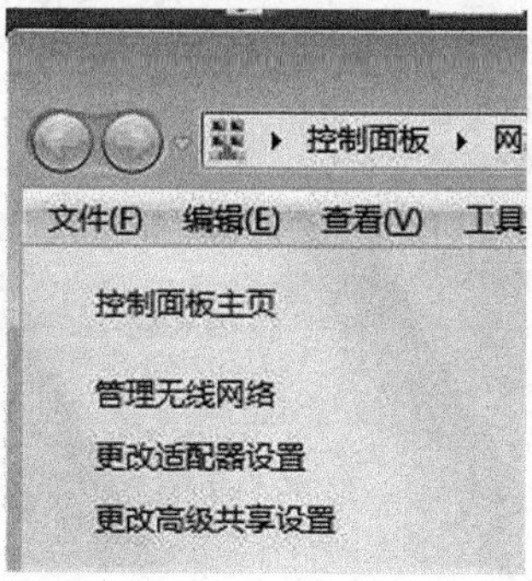

图 1.11　网络属性

图 1.12　“本地连接”图标

Step3：双击打开上述“本地连接”图标，弹出如图 1.13 所示界面。

Step4：点击“属性”，打开“Internet 协议版本 4（TCP/IPv4）”，弹出如图 1.14 所示界面。

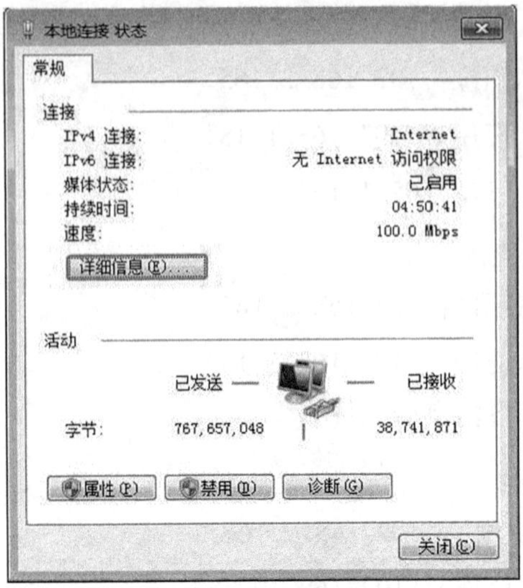

图 1.13　本地连接状态

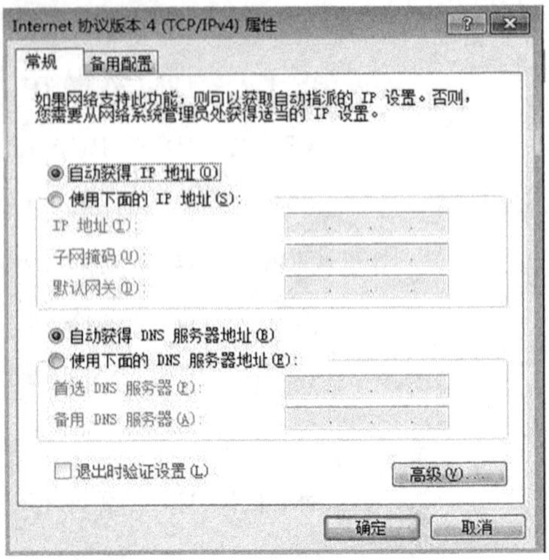

图 1.14　Internet 协议版本 4（TCP/IPv4）

Step5：选择“自动获得 IP 地址”和“自动获得 DNS 服务器地址”，点击“确定”按钮，即可完成自动获取 IP 地址。

（2）用电脑命令提示符查询自动获取的 IP 地址（Win+R 进入命令行，输入 cmd 进入 DOS 界面，输入 ipconfig /all 查询 IP 详细信息）。

（3）固化 IPv4 信息并配置双 IP，步骤如下：

Step1：鼠标右键点击如图 1.15 所示网络图标。

Step2：进入更改适配器界面，如图 1.16 所示。

Step3：进入本地连接，双击，如图 1.17 所示。

图 1.15　网络图标

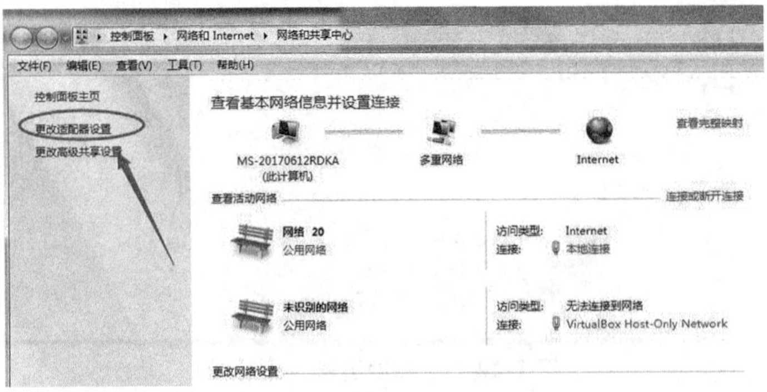

图 1.16　更改适配器

图 1.17　本地连接

Step4：更改属性，如图 1.18 所示。

Step5：配置 IPv4，如图 1.19 所示。

Step6：将获取的 IP 信息依次填写到 IPv4 相应位置中，最后点击“确定”按钮。

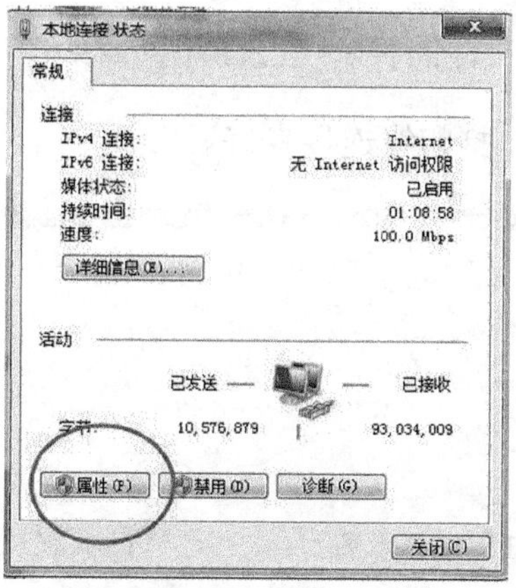

图 1.18　更改属性

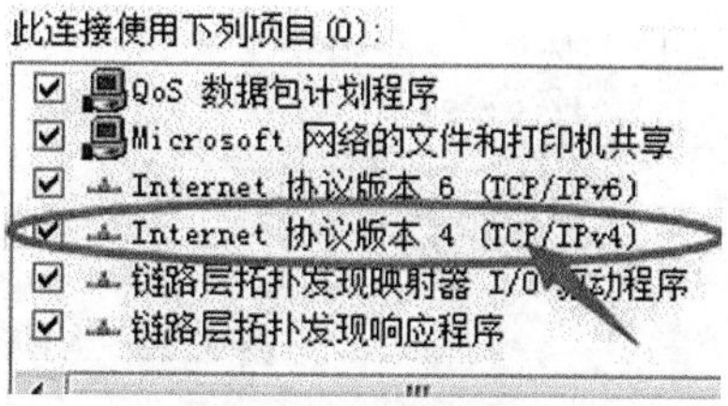

图 1.19　IPv4 选项

Step7：选择“高级”选项，在弹出的如图 1.20 所示界面设置中点击“添加”按钮，在弹出的“TCP/IP 地址”对话框中填写与 XSRP 连接的 IP，例如：192.168.1.181，子网掩码设置为 255.255.255.0，设置完成后点击“添加”按钮确认。

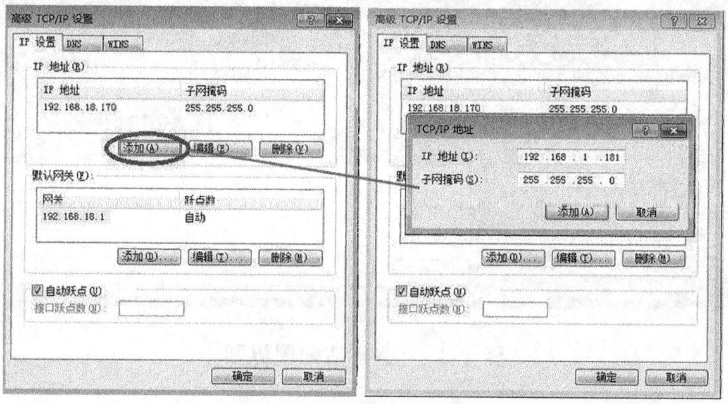

图 1.20　高级 TCP/IP 设置

Step8：查看如图 1.21 所示设置界面，可看到两个 IP 地址，点击最下方的“确定”按钮，完成双 IP 配置。

Step9：配置好了双 IP 之后，可以再用命令提示符（ipconfig /all）查一遍，确认是否配置成功。

注意：电脑的网卡必须是千兆网卡，否则不能满足 XSRP 设备的数据传输速率。

4）XSRP 设备端配置方法

（1）用 USB 转方口打印线连接 PC 和 XSRP，给设备上电。

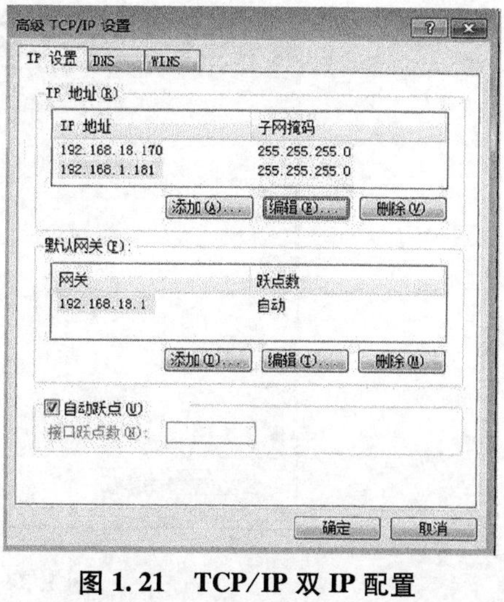

图 1.21　TCP/IP 双 IP 配置

（2）点击右键以管理员方式点击 XSRP 集成软件图标，打开页面如图 1.22 所示。此时 ARM 状态指示灯显示绿色，表示 USB 转方口打印线连接良好。

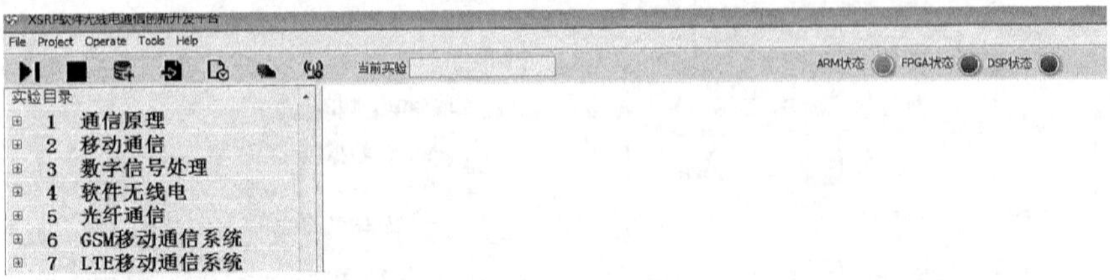

图 1.22　ARM 指示灯正常显示图

（3）点击图标，弹出如图 1.23 所示的界面。

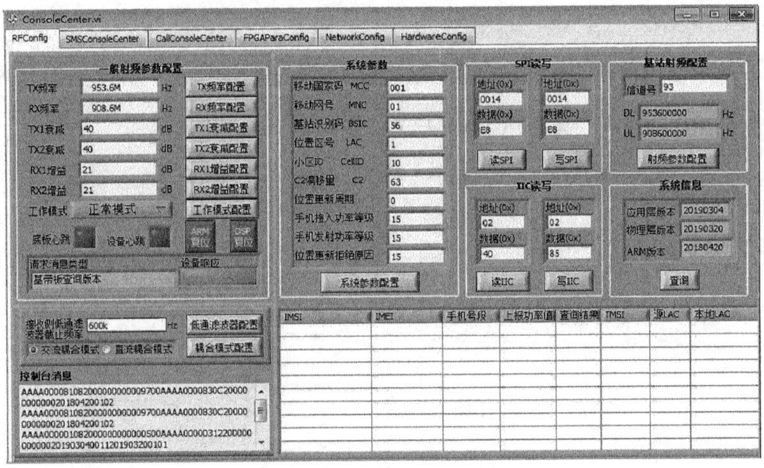

图 1.23　小基站配置界面

（4）选择“NetworkingConfig”，显示界面如图 1.24 所示。

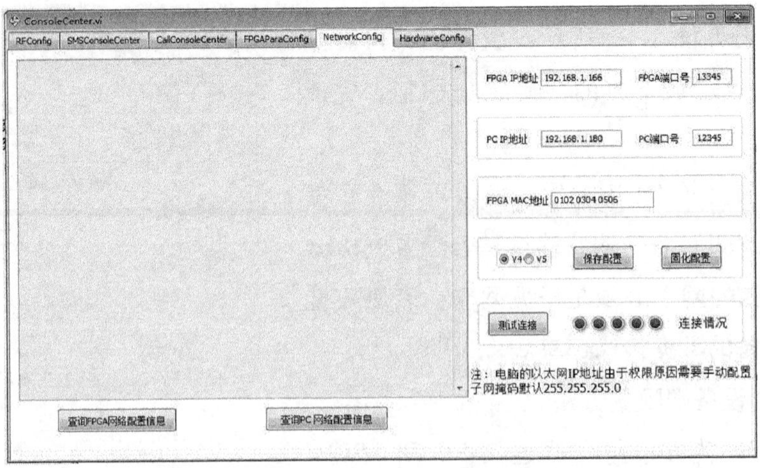

图 1.24　NetworkingConfig 设置界面

（5）将 PC 和 XSRP 通信的 IP 对写入 XSRP 设置中，如图 1.25 所示。例如，PC IP 设置为 192.168.1.181，XSRP IP 设置为 192.168.1.167。

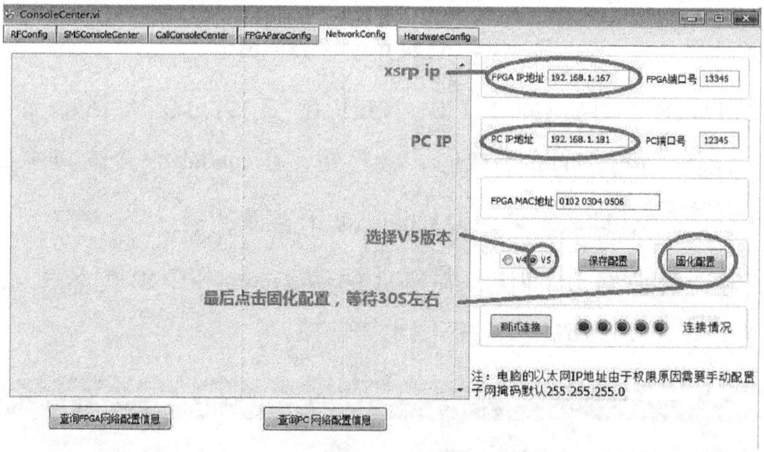

图 1.25　NetworkingConfig 设置

（6）点击图 1.25 中“固化配置”约 30 s 以后，点击“测试连接”，会显示连接成功，即表示 IP 配置成功。点击 ConsoleCenter 界面下方的“查询 FPGA 网络配置信息”和“查询 PC 网络配置信息”，可查询到配置到 PC 和 XSRP 中的 IP 信息，如图 1.26 所示。

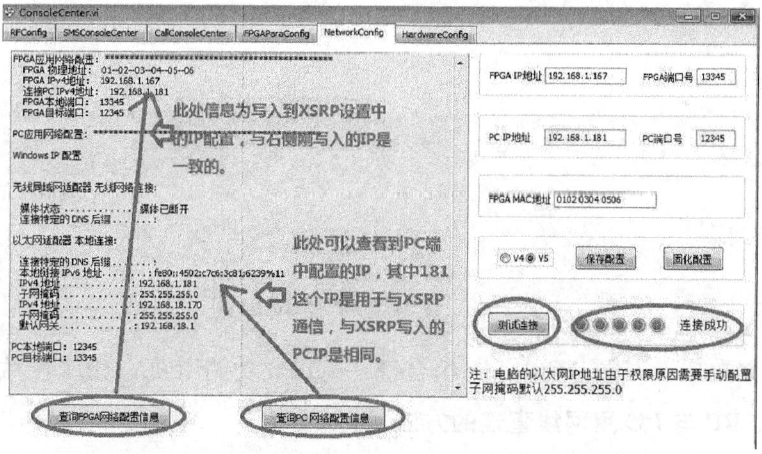

图 1.26　FPGA 网络配置和 PC 网络配置对比图

（7）此时切换到 XSRP 集成程序界面，点击图标 ，软件界面 FPGA 也能够点亮，，表示双 IP 配置成功，且 XSRP 端的 IP 配置成功。

（8）双 IP 配置以后，如果要在集成软件界面中进行编程练习模式的测试，需要打开 main 函数，如图 1.27 所示。

图 1.27　切换 main 函数的图示

（9）默认的 PC IP 为 192. 168. 1. 180，XSRP IP 为 192. 168. 1. 166。如果此处的 IP 不按照新的配置来操作，运行 main 函数时，会报错，在 matlab 命令窗口中显示如下内容：

```
Error in DA_OUT (line 81)
fopen(udp_obj);
```

，即表示调用 DA 接口的 IP 配置错误。

（10）为了避免局域网 IP 冲突，在刚才的例子中将 PC IP 配置成 192. 168. 1. 181，XSRP IP 配置成 192. 168. 1. 167，请按照图 1. 28 修改。

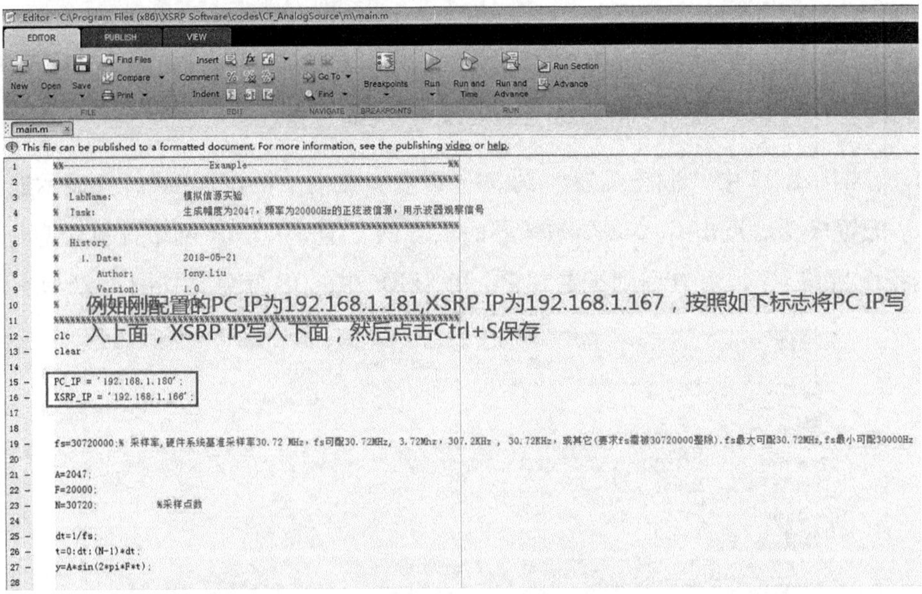

图 1. 28　IP 配置和 XSRP 配置

按照上述修改后，点击“Ctrl+S”组合键，即可成功调用 DA_OUT 函数。

1. 5. 2　XSRP 与 PC 用网线直连的方法

XSRP 配置的和 PC 通信的默认 IP 分别为：

（1）XSRP 端 IP 是 192. 168. 1. 166；

（2）PC 端 IP 是 192. 168. 1. 180。

如果仅将 PC 和 XSRP 直接通过网线连接，只需将 PC 端的 IP 设置为 192. 168. 1. 180，子网掩码设置成 255. 255. 255. 0 即可。

第二章

FPGA 集成开发环境简介

2.1 安装 Altera Quartus Ⅱ集成开发环境

2.1.1 Altera Quartus Ⅱ简介

Altera Quartus Ⅱ（以下简称 Quartus Ⅱ）是美国 Altera 公司发布的综合型 EDA 集成开发环境，支持原理图、VHDL、Verilog HDL 以及 AHDL 等多种设计输入形式，内嵌自带的综合器、模拟器、下载器驱动，可完成从设计输入到硬件配置的完整 EDA 设计流程。

2015 年，CPU 巨头 Intel 收购可编程器件巨头 Altera，标志着 Intel 将以最先进的 SoC/FPGA 技术拓展自身的芯片门类，而 Altera 产品借助 Intel 平台也获得了最好的制造工艺。

2.1.2 Quartus Ⅱ安装步骤

（1）运行 Quartus Ⅱ安装程序（QuartusSetup-13.1.0.162.exe），开始进入安装向导（见图 2.1），点击“Next”按钮。

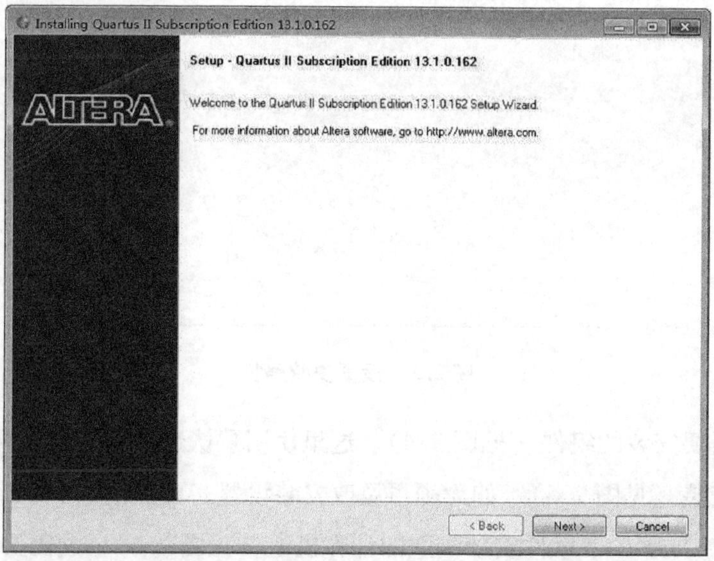

图 2.1 进入 Quartus Ⅱ安装向导

（2）在 License Agreement 界面（见图 2.2）选中“I accept the agreement”选项，点击“Next”按钮。

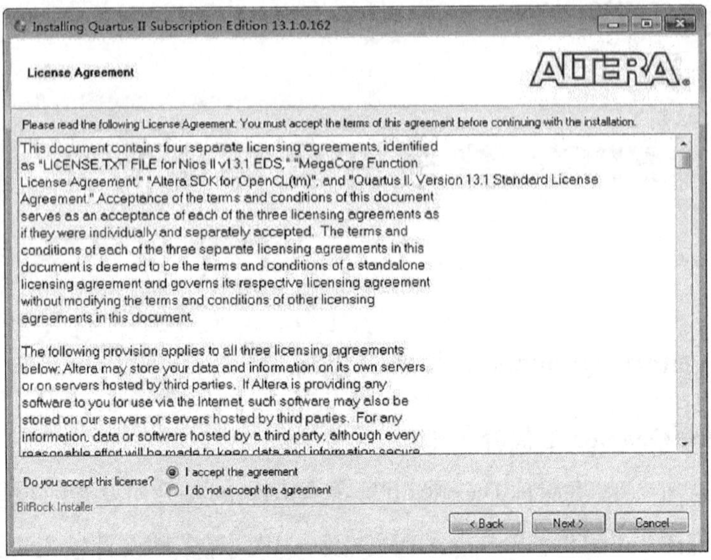

图 2.2　安装向导的 License Agreement 界面

（3）设置安装路径（见图 2.3），如需自定义安装路径，需要注意：安装路径不能包含空格、汉字及特殊符号。这里使用默认路径，点击“Next”按钮。

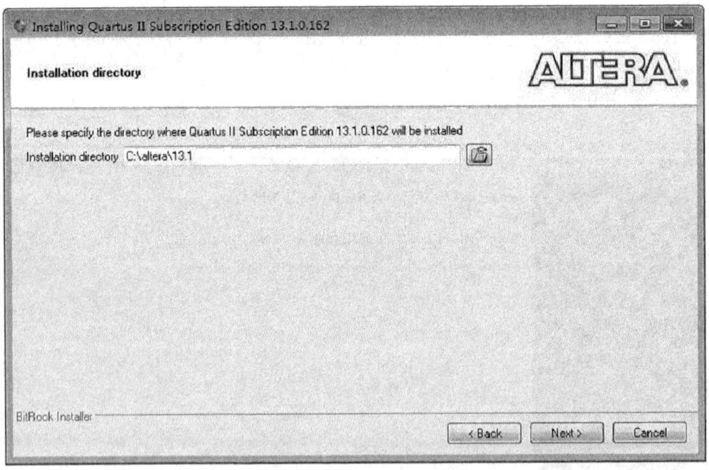

图 2.3　设置安装路径

（4）选择需要安装的组件（见图 2.4），这里使用默认选项，点击“Next”按钮。

（5）准备安装（见图 2.5），如无须再更改安装设置，可点击“Next”按钮继续。

（6）正在将 Quartus Ⅱ软件安装到您的计算机上（见图 2.6），这需要一定的时间，请耐心等待。

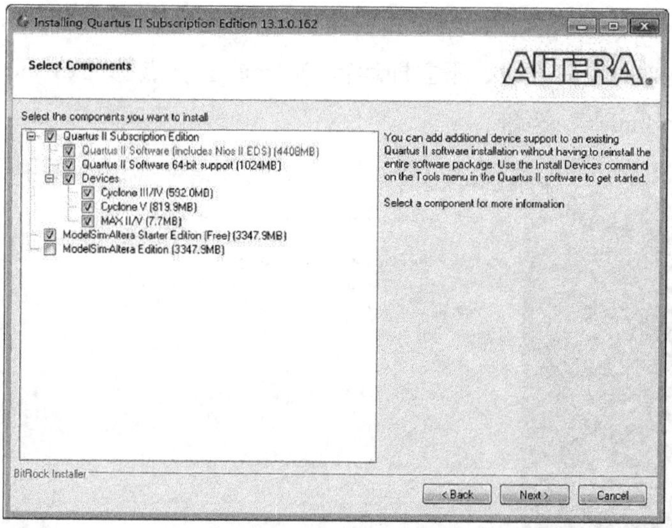

图 2.4　选择需要安装的组件

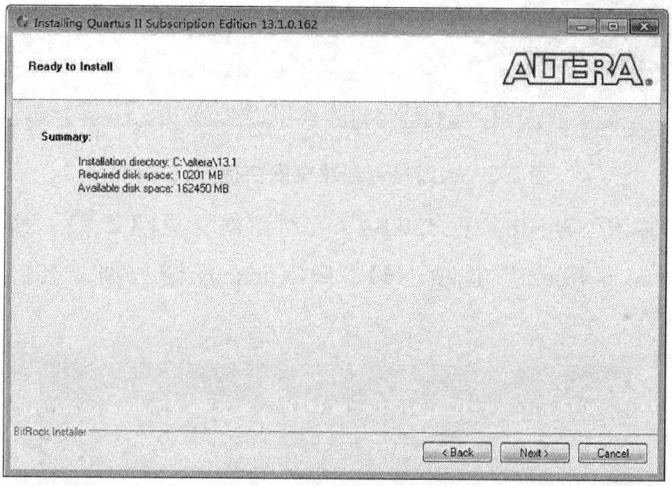

图 2.5　软件准备安装

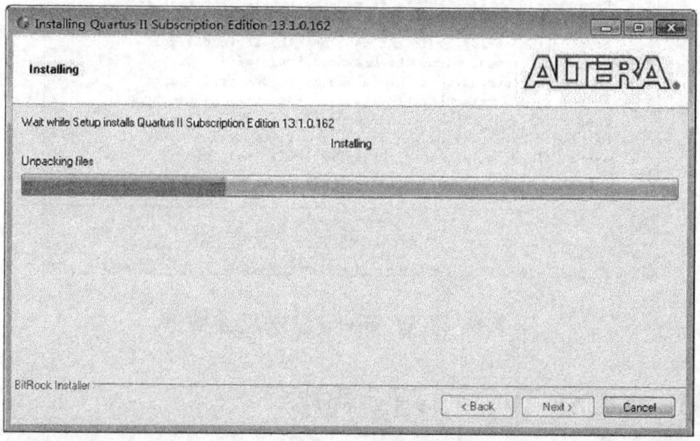

图 2.6　正在安装

(7) 安装完成后，安装程序询问是否创建桌面快捷方式，是否马上运行（见图2.7）。这里我们选择创建桌面快捷方式、不立即运行 Quartus Ⅱ，点选“Create Shortcuts on Desktop”选项，点击“Finish”按钮。

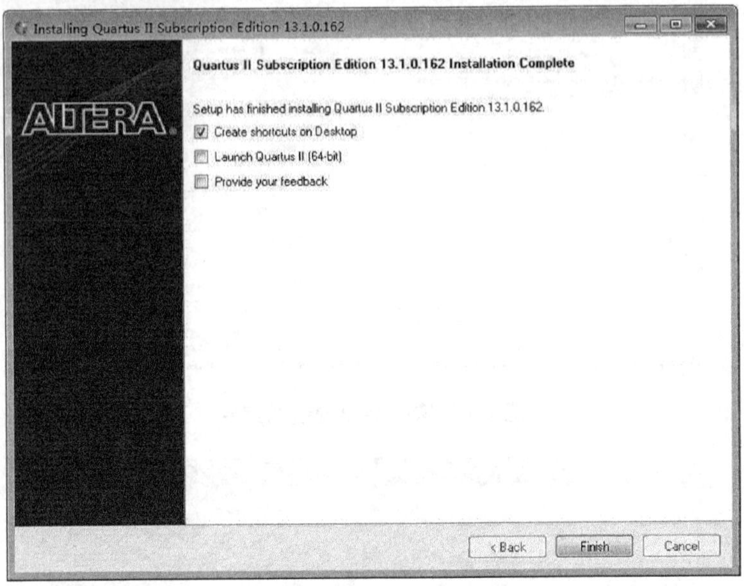

图2.7　询问是否创建桌面快捷方式界面

(8) 安装程序弹出“Quartus Ⅱ TalkBack”对话框（见图2.8），这里不钩选“Enable sending TalkBack data to Altera”选项，即不向 Altera 反馈数据，点击“OK”按钮结束安装。

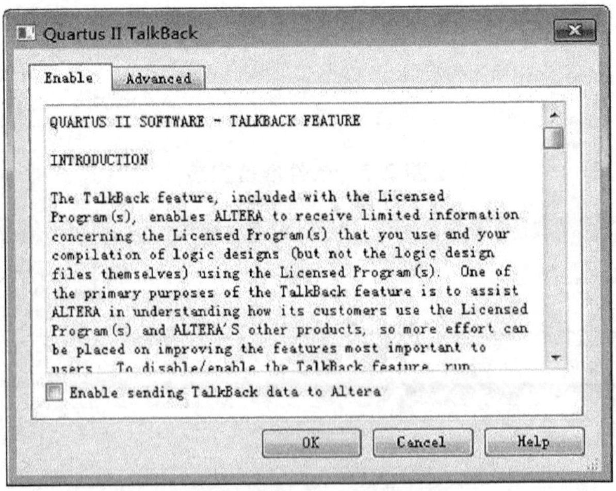

图2.8　不向 Altera 发送反馈数据

2.2　安装 Altera USB-Blaster 驱动程序

(1) 用USB电缆连接 Altera USB-Blaster 下载器，首次使用时，Windows 将提示发现新硬件，进入设备管理器（见图 2.9），在“其他设备”下，可看到 USB-Blaster。

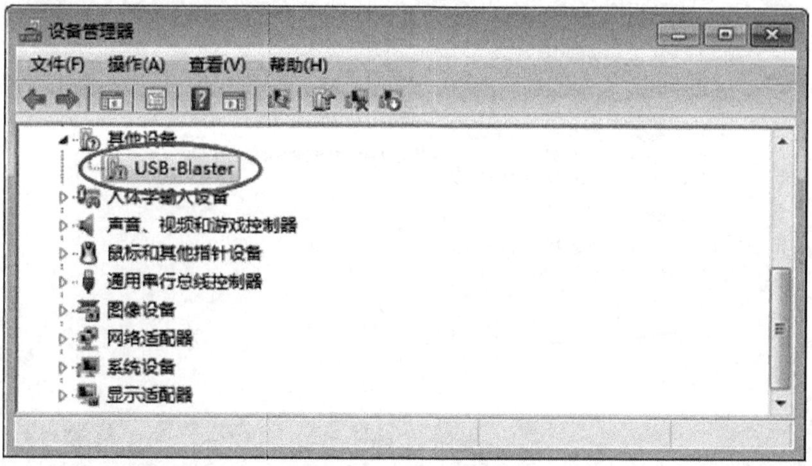

图 2.9 设备管理器

（2）用鼠标右键点击“USB-Blaster”项弹出快捷菜单（见图 2.10），点击“更新驱动程序软件”菜单项。

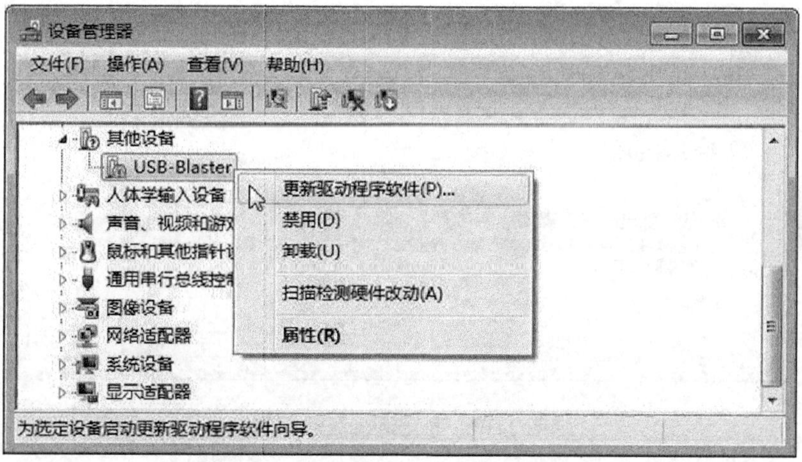

图 2.10 在设备管理器中更新驱动程序

（3）弹出“更新驱动程序软件”对话框（见图 2.11），点击“浏览计算机以查找驱动程序软件”。

（4）浏览选择驱动程序（见图 2.12），默认路径为 C：\altera\13.1\quartus\drivers\usb-blaster，点击“下一步”按钮。

（5）开始安装驱动程序。这个过程中 Windows 会弹出一个安全对话框，请钩选“始终信任来自 Delaware Altera Corporation 的软件”，再点击“安装”按钮继续安装（见图 2.13）。

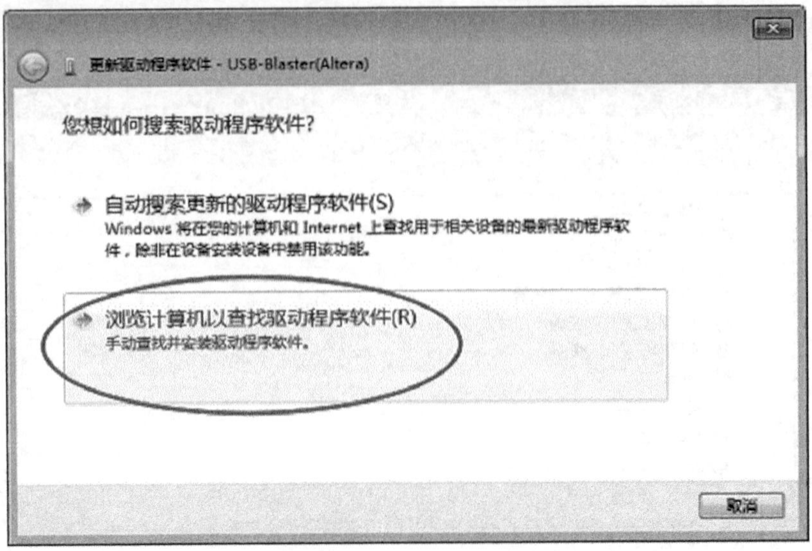

图 2.11　手动安装驱动程序

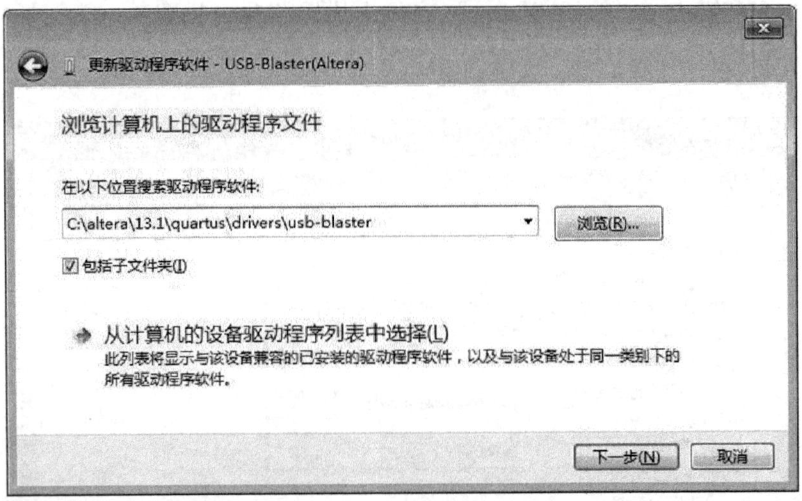

图 2.12　浏览选择驱动程序

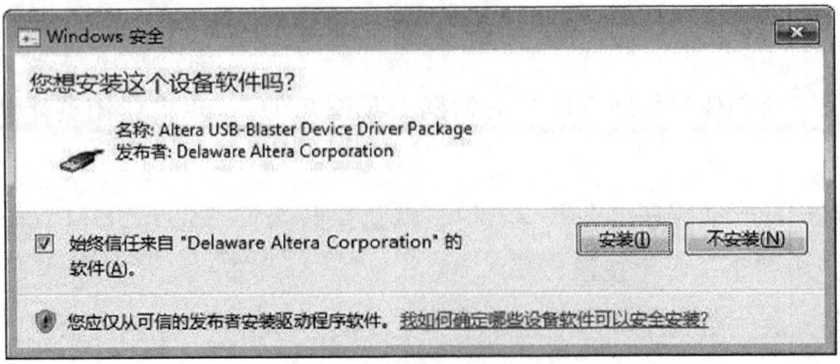

图 2.13　信任来自 Altera 公司的软件并继续安装

（6）当驱动程序安装完成，弹出“更新驱动程序软件”对话框（见图 2.14），点击“关闭”按钮。

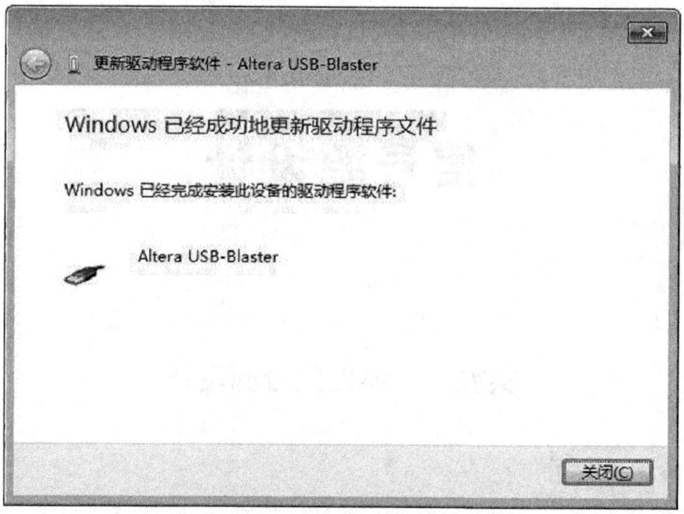

图 2.14　驱动程序安装完成

（7）回到设备管理器，在“通用串行总线控制器”界面下，可以看到 Altera USB-Blaster 驱动程序已正确安装（见图 2.15）。

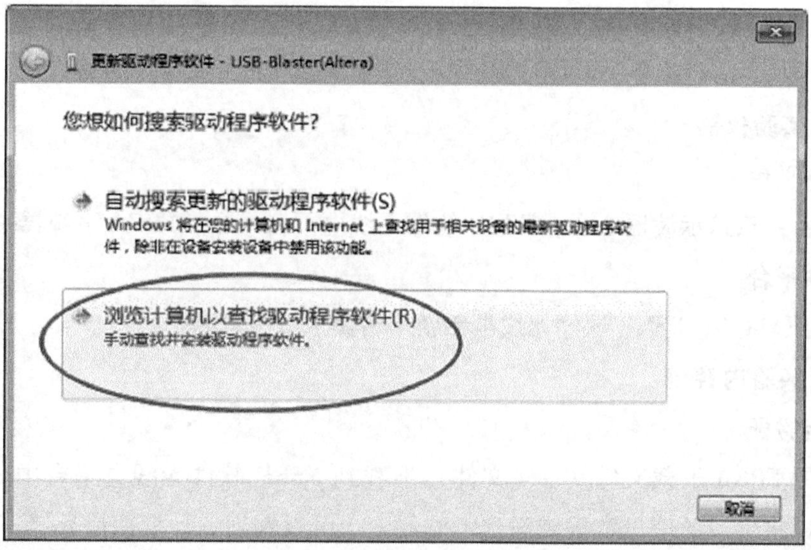

图 2.15　驱动程序已正确安装

第三章

信号源设计

实验一　模拟信号源设计

3.1.1　实验目的

（1）掌握通过 FPGA 产生三角波、正弦波、方波的原理及实现方法。

（2）学习 Verilog 语言，掌握实现模拟信号源控制（类型、频率、幅度）模块的编写方法。

（3）熟悉 FPGA 集成开发软件 Quartus Ⅱ的使用方法。

（4）熟悉使用 XSRP 软件无线电平台及其集成开发软件与示波器联调实测波形的方法。

3.1.2　实验仪器

1）硬件平台

电脑一台；双踪示波器一台；XSRP 软件无线电平台一台；FPGA 下载器一个。

2）软件平台

Quartus Ⅱ 11.0；XSRP 软件无线电创新平台集成开发软件。

3.1.3　实验内容

1）功能验证

将提供的 FPGA 下载文件（.sof 文件）下载到 XSRP 软件无线电平台中。通过 XSRP 集成开发软件将生成的信号数据传送到示波器上，可观察到三种模拟信号（正弦波、三角波、方波）的时域信号，并记录到“3.1.6.1　功能验证”中。

2）系统搭建

在 Quartus Ⅱ下，将提供的未完成连线的系统工程文件打开。了解各个模块的输入、输出引脚及功能后，将核心模块连线，搭建成完整工程系统，并编译、仿真、下载。用示波器观测波形，并记录到“3.1.6.2　系统搭建”中。

3）核心模块程序编写

在 Quartus Ⅱ下，通过硬件描述语言（Verilog）输入的方式，编写工程中的核心模块程序，进行软硬件联调。将编写的核心程序和示波器观察到的波形结果记录到“3.1.6.3　核心模块编写”中。

3.1.4　实验原理

3.1.4.1　模拟信号源原理

1）DDS 原理

FPGA 产生的模拟信号可采用直接数字频率合成（Direct Digital Synthesis，简称 DDS）技术。采用这种方法设计的信号源可工作于调制状态，对输出电平进行调节，也可输出各种波形。

DDS 主要由相位累加器、波形存储器、数模（D/A）转换器和低通滤波器四个大的结构组成。其结构框图如图 3.1 所示。

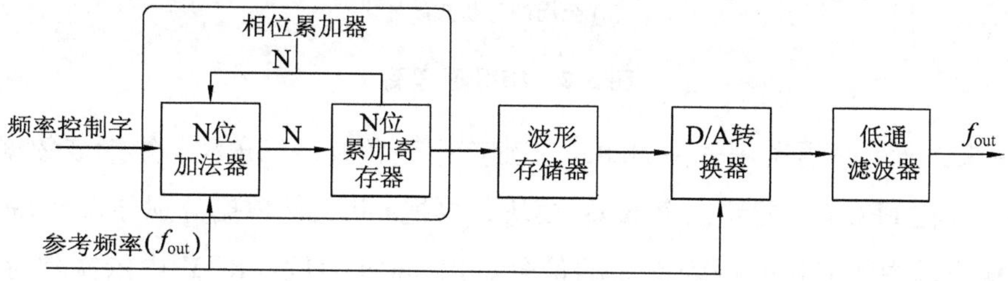

图 3.1　DDS 结构框图

图 3.1 中，相位累加器是由 N 位加法器与 N 位累加寄存器构成，它是 DDS 模块中一个极其重要的部分。在参考频率时钟的驱动下，DDS 模块开始工作：每来一个参考时钟，累加器就把频率控制字 K 与寄存器输出的值进行累加，将相加后的结果输入到寄存器中，而累加寄存器就将上一个参考时钟作用时产生的数据通过反馈的方式输送到累加器中。这样，在时钟的作用下，就可以不停地对频率控制字进行累加。此时，用相位累加器输出的数据作为地址在波形存储器中通过查找地址所对应的幅值表，就可以完成其从相位到幅值之间的转化。

简单来说，DDS 信号发生器可看作是一种查表输出数据。比如对于一个 $\sin\theta$ 信号，当 θ 取 0，0.1，0.2，0.3，0.4，0.5…，对应的值为 a，b，c，d，e，f…，再把这些值依次输入到 ADC 模块，则 ADC 模块的输出就是 $\sin\theta$；而改变输出的步进值，如依次输出 a，c，e…，则得到的信号频率就变为原来的两倍，如图 3.2（b）所示。若将 a，b，c 等值都乘一个常数 n，则得到的信号幅度就是原来的 n 倍。

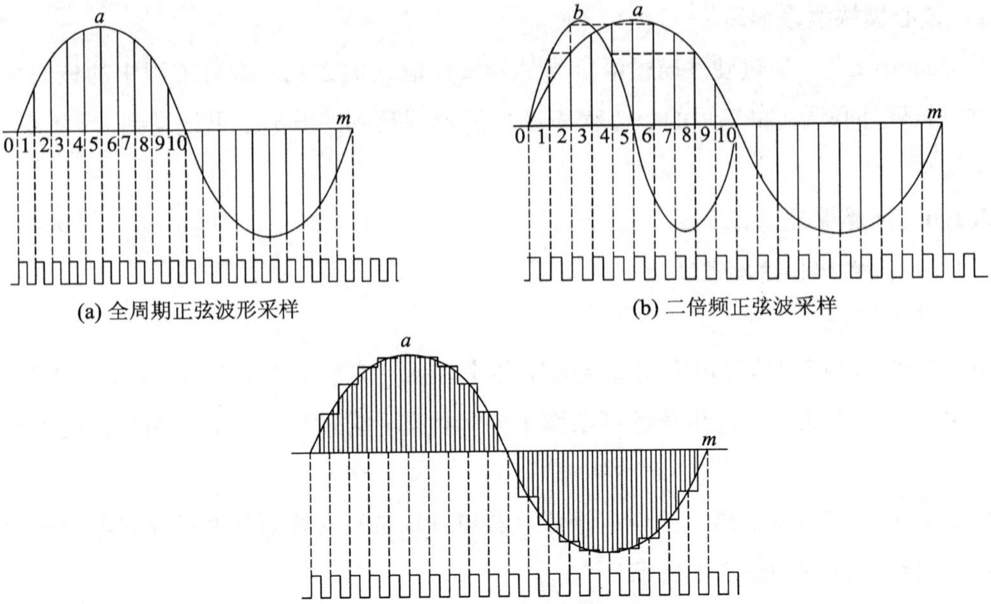

(a) 全周期正弦波形采样　　(b) 二倍频正弦波采样

(c) 全周期正弦波形量化

图 3.2　DDS 原理图

如此一来，我们只需利用软件 Matlab 分别产生正弦波、三角波、矩形波数据并保存为 ROM 文件，并在 FPGA 中配置三个 ROM 模块，再把 mif 文件数据分别导入 ROM 中，不同 ROM 依次输出其中数据就能得到不同的信号。以 $\sin\theta$ 为例：ROM 中依次保存的数据为 a，b，c，d，e，f…，则每次读取数据后地址加 1，则依次得到 a，b，c，d，e，f…，这样就可得到 $\sin\theta$；而每次读取数据后地址加 2，则得到 a，c，e…，该信号频率为原来的两倍；若要幅度为原来的 n 倍则数据乘 n 即可。

2）信号源整体构造方法

设计计数器：将计数器的输出作为 ROM 的读地址，将系统时钟或分频器的输出时钟作为计数器的计数时钟，计数器计数使 ROM 循环输出载波周期，如图 3.3 所示。

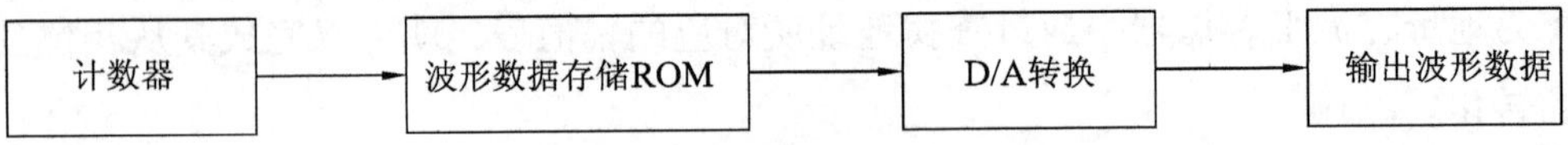

图 3.3　信号发生器实现原理框图

数据 ROM 存储构造：将一个载波周期用 2048 个样点均匀抽样，将抽样值存储在 ROM 中。

3.1.4.2　FPGA 设计原理及各模块介绍

产生模拟信号源的 FPGA 程序框图如图 3.4 所示。

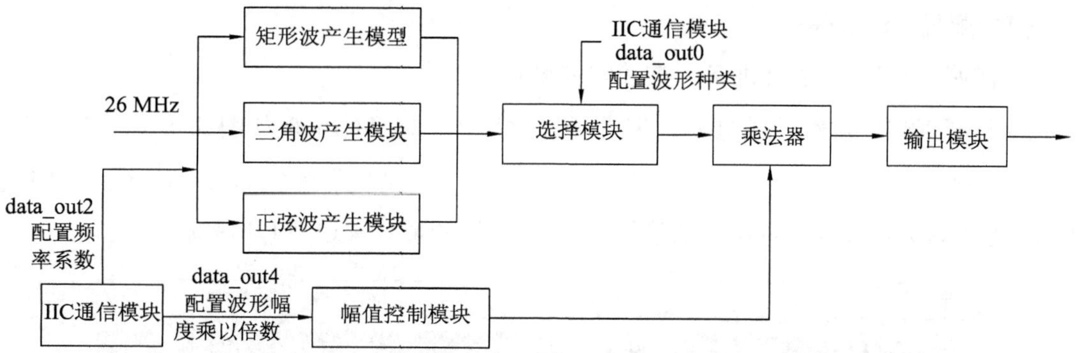

图 3.4　产生模拟信号源的 FPGA 程序框图

1）IIC 通信模块

IIC 通信模块如图 3.5 所示。

名称：arm_ iic_ reg_ top

符号文件：

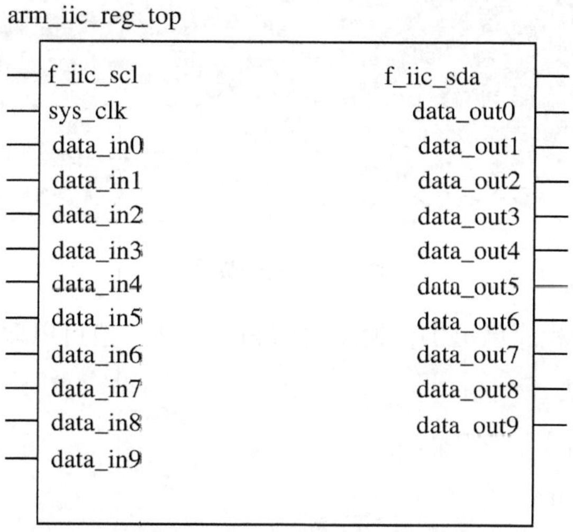

图 3.5　IIC 通信模块

（1）功能：FPGA 芯片与 XSRP 软件无线电平台开发软件通过此模块通信，并用于配置实验参数。

① data_ out0：配置选择的波形，连接选择模块的“wave_ type”信号，输入 1 则输出三角波信号，输入 2 则输出正弦波信号，输入 3 则输出方波信号。

② data_ out2：配置矩形波、正弦波、三角波产生模块的频率系数，连接模块的“freq_ div”信号。

③ data_ out3：配置输出模块的输出信号，连接输出模块的“dac_ data_ sel”信号。

④ data_ out4：配置幅值控制模块的波形幅值乘以倍数，连接幅值控制模块的“range”信号。

（2）配置方法步骤如下：

① 按照“3.1.1　验证准备”连接硬件设备。

② 打开 XSRP 软件无线电平台集成开发软件，点击 出现如图 3.6 所示界面。例如，在“地址”中输入“3”，“值”输入 1，点击“配置”即配置完成。注意：XSRP 软件无线电平台集成开发软件输入的信号都以 16 进制的形式发送到 FPGA 芯片中。

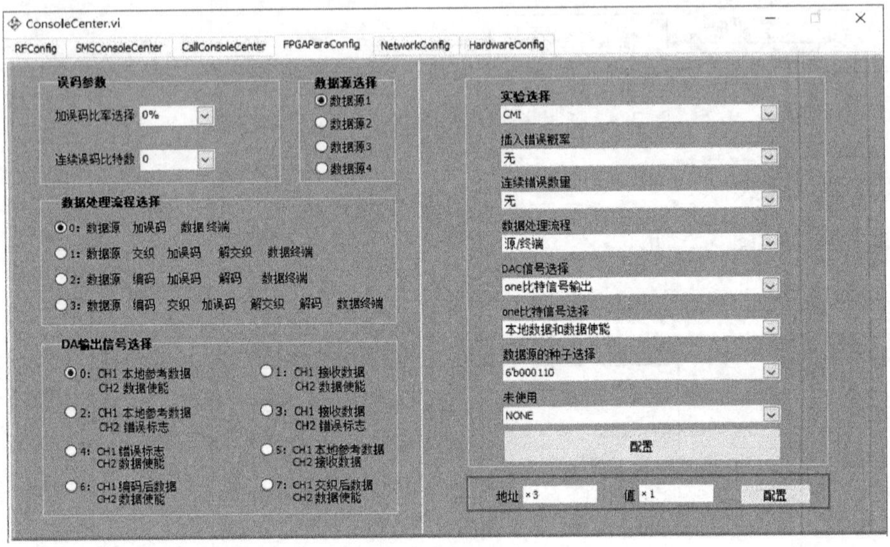

图 3.6　展开界面

（3）说明：此模块程序已提供，无须自己编写。注：值可以取 0x00 至 0xFF。

2）正弦波产生模块

正弦波产生模块如图 3.7 所示。

名称：sin_wave_gen

符号文件：

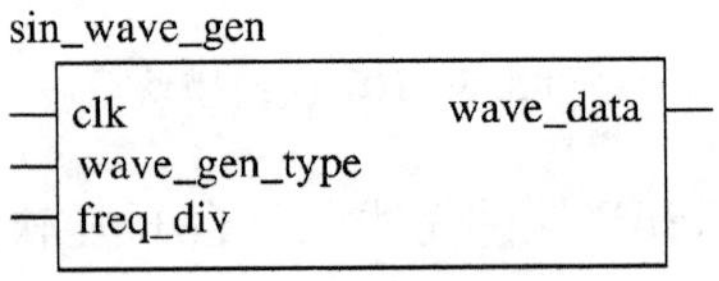

图 3.7　正弦波产生模块

（1）功能：产生正弦信号。

（2）输入参数：① clk：模块控制时钟。

② wave_gen_type：选择产生的波形类型。

③ freq_div：对信号倍频数，对信号 n 倍频等，控制信号频率。

（3）输出参数：wave_data：输出的正弦波数据。

注：要用到的正弦波 mif 文件为“wave_data”文件夹下的“sig_rom_sin.mif”。

3）三角波产生模块

三角波产生模块如图 3. 8 所示。

名称：tri_ wave

符号文件：

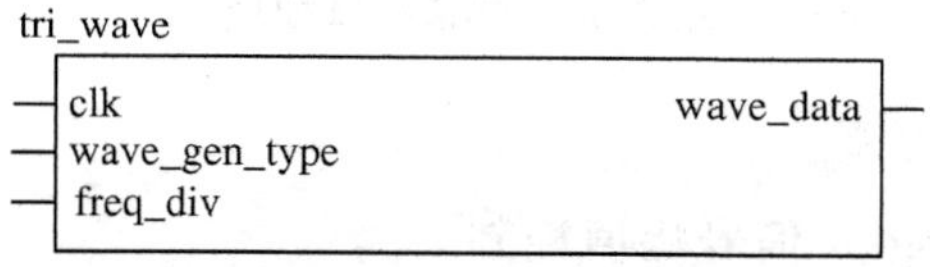

图 3. 8　三角波产生模块

（1）功能：产生三角波信号。

（2）输入参数：① clk：模块控制时钟。

② wave_ gen_ type：选择产生的波形类型。

③ freq_ div：对信号倍频数，对信号 n 倍频等，控制信号频率。

（3）输出参数：wave_ data：输出的三角波数据波数据。

注：要用到的正弦波 mif 文件为“wave_ data”文件夹下的“sig_ rom_ tri. mif”。

4）矩形波产生模块

矩形波产生模块如图 3. 9 所示。

名称：rect_ wave_ gen

符号文件：

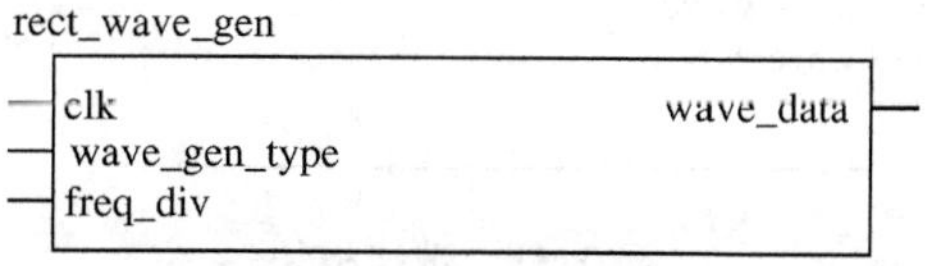

图 3. 9　矩形波产生模块

（1）功能：产生矩形波信号。

（2）输入参数：① clk：模块控制时钟。

② wave_ gen_ type：选择产生的波形类型。

③ freq_ div：对信号倍频数，对信号 n 倍频等，控制信号频率。

（3）输出参数：wave_ data：输出的三角波数据波数据。

注：要用到的正弦波 mif 文件为“wave_ data”文件夹下的“sig_ rom_ rec. mif”。

5）幅值控制模块

幅值控制模块如图 3. 10 所示。

名称：range_ limit

符号文件：

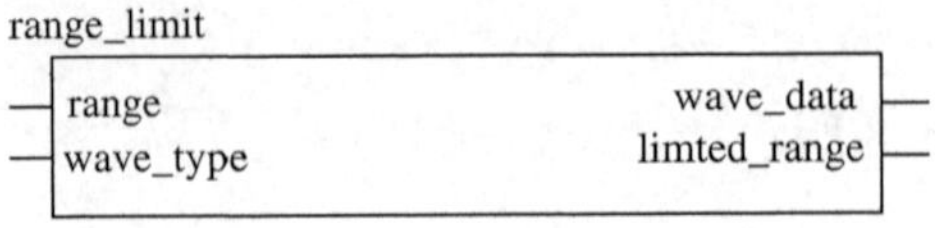

图 3.10　幅值控制模块

（1）功能：控制信号幅值。

（2）输入参数：① range：信号幅值控制。

② wave_ gen_ type：产生的波形类型。

（3）输出参数：① wave_ data：输出 0 信号（若是 3 种类型中的一种则输出 1 信号，否则输出 0 信号）。

② limted_ range：信号幅值增大的倍数。

6）选择模块

选择模块如图 3. 11 所示。

名称：select

符号文件：

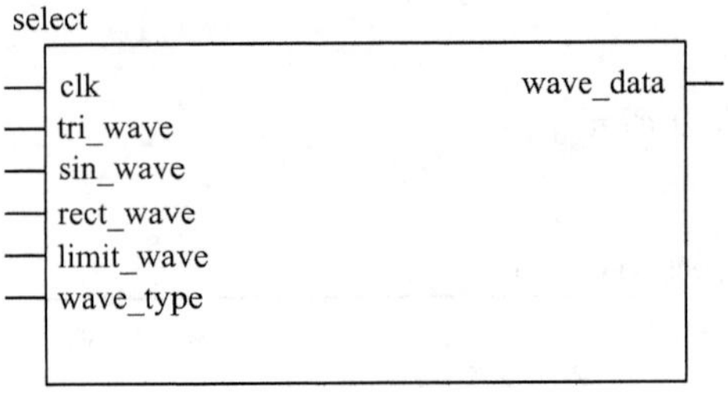

图 3.11　选择模块

（1）功能：控制信号幅值。

（2）输入参数：① clk：时钟信号。

② tri_ wave：三角波信号。

③ sin_ wave：正弦波信号。

④ rect_ wave：方波信号。

⑤ limit_ wave：0 信号。

⑥ wave_ tape：选择的波形类型。

（3）输出参数：wave_ data：输出选择后的信号。

7）乘法器

乘法器模块如图 3. 12 所示。

名称：mult1

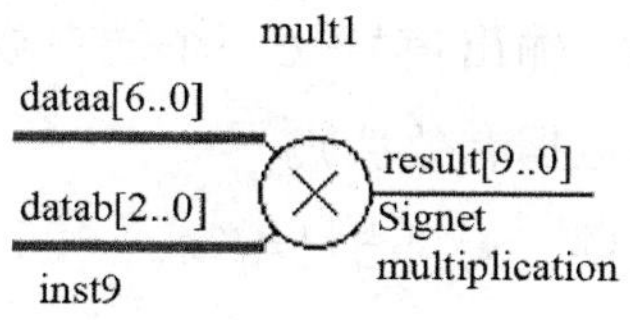

图 3.12　乘法器模块

（1）功能：将数据倍乘得出结果。

（2）输入参数：① dataa：7 bit 有符号数。

② datab：3 bit 有符号数。

（3）输出参数：result：相乘的结果。

（4）属性：Quartus Ⅱ 自带 IP 核。

8）输出模块

输出模块如图 3.13 所示。

名称：dac_busx8b_top

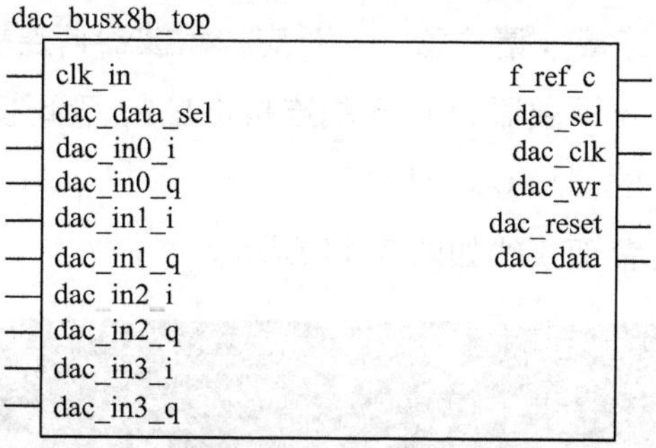

图 3.13　输出模块

（1）功能：将 IIC 通信模块选择的并行的两路信号转为符合硬件 DAC 芯片输入格式的串行信号，该信号可通过示波器显示。

（2）输入参数：① clk_in：模块控制时钟。

② dac_data_sel：选择输入通道（选择转换 dac_inx_i，dac_inx_q）。

③ dac_in0_i～dac_in3_i：要转换的 I 路数据。

④ dac_in0_q～ dac_in3_q：要转换的 Q 路数据。

（3）输出参数：① f_ref_c：工作使能信号，值为 1 即可。

② dac_sel：I，Q 数据有效控制信号，高电平时 I 路有效，低电平时 Q 路有效。

③ dac_clk：DAC 芯片时钟信号。

④ dac_wr：写信号。

⑤ dac_reset：DAC 芯片复位信号，高电平复位，低电平正常工作。

⑥ dac_data：输出信号（一个端口要输出 I，Q 两路数据，故要 dac_sel 来控制数据有效性）。

（4）说明：此模块程序已提供，无须自己编写。

3.1.5 实验步骤

3.1.5.1 实验准备

1）Step1：硬件环境准备

（1）将 XSRP 软件无线电创新平台连接电源线、USB 转串口线或方口 USB 线、FPGA 下载器、示波器连接线。

（2）连接方式有以下几种：

电源线：将 XSRP 软件无线电平台连接电源线。

网线：将 XSRP 软件无线电平台的网口通过网线连接到电脑上。

USB 线：将 XSRP 软件无线电平台通过方口 USB 线连接到电脑上。

示波器线：将 XSRP 软件无线电平台的“CH1_OUT”“CH2_OUT”“EXT”分别与示波器的 CH1，CH2 和 EXT 连接（请注意一一对应，示波器请连接好电源线）。

FPGA 下载器：将 FPGA 下载器的 USB 端连接电脑的 USB 接口，另一端 10pin 插头接 XSRP 软件无线电平台后面的“FPGA_JTAG”。

XSRP 软件无线电平台背面接线如图 3.14 所示。

图 3.14　XSRP 软件无线电平台背面接线图

2）Step2：软件环境准备

（1）将 USB Blaster 连接到电脑，找到“计算机”或者“我的电脑”，鼠标右键点击打开“管理”，进入“计算机管理”界面，如图 3.15 所示。

图 3.15　设备管理器界面

（2）选择左侧菜单栏中的“设备管理器”，展开“通用串行总线控制器”下拉列表，鼠标右键点击“Altera USB. Blaster”选项，选择第一项“更新驱动程序”，如图 3.16 所示。

图 3.16　Altera USB. Blaster 选项

（3）更新驱动程序：点击“更新驱动程序”选项后将出现如图 3.17 所示的界面，选择第二项“浏览我的计算机以查找驱动程序软件”。

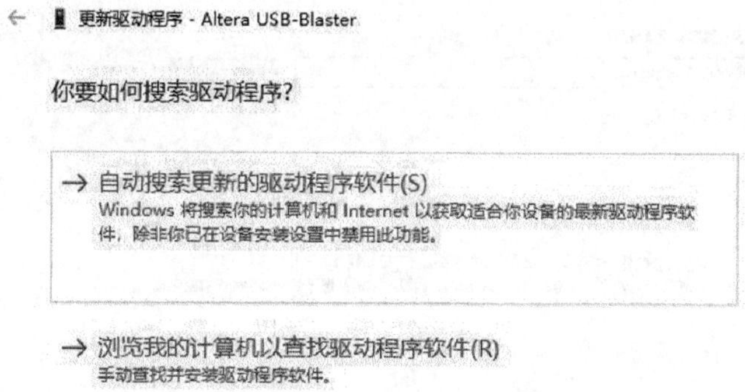

图 3.17　更新驱动程序

（4）搜索驱动程序：点击“浏览”按钮，找到本机 Quartus Ⅱ软件的安装路径下的 quartus 文件夹，选中，然后点击“确定”按钮，如图 3.18、图 3.19 所示。

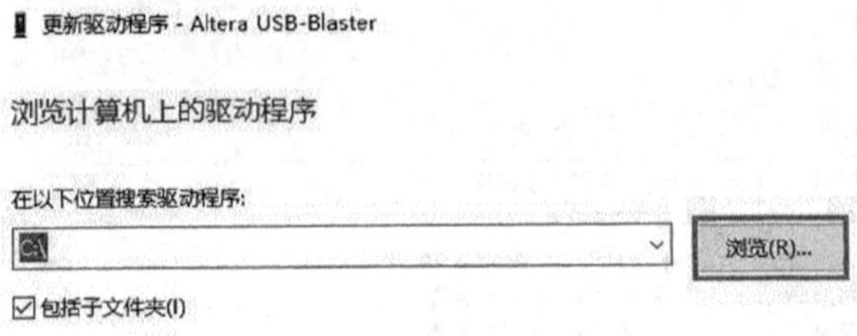

图 3.18　浏览搜索范围

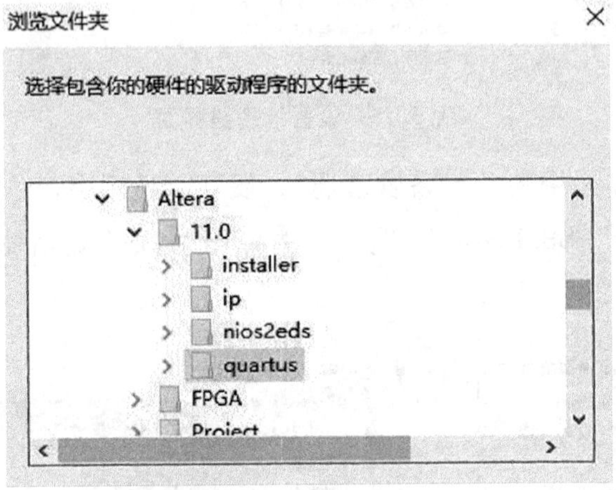

图 3.19　浏览文件夹

（5）安装驱动：选择“路径”后，搜索路径如图 3.20 所示，钩选“包括子文件夹”选项，然后点击“下一步”按钮。

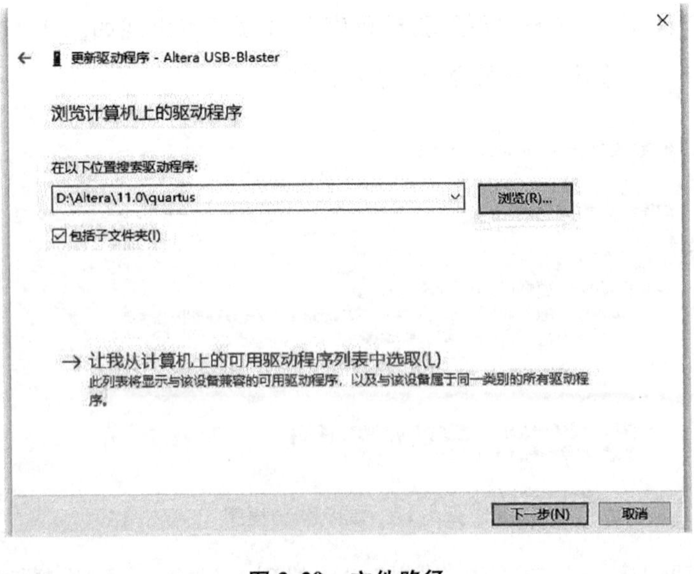

图 3.20　文件路径

搜索到驱动后，电脑将会自动安装并弹出如图 3.21 所示的系统提示框，选择第二项“始终安装此驱动程序软件”。

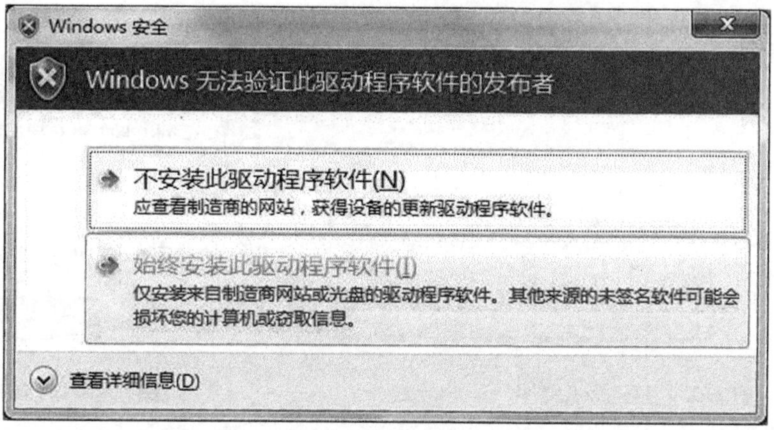

图 3.21　系统提示

（6）如图 3.22 所示，安装完成。

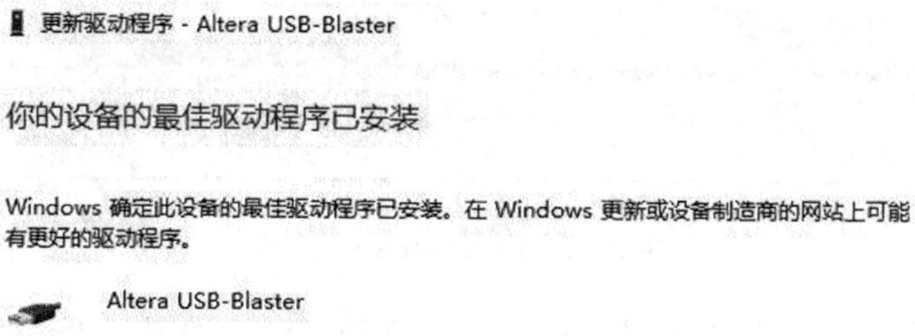

图 3.22　安装完成

3.1.5.2　功能验证

1）Step1：新建文件夹

新建一文件夹，名为“Analog_source_gen”（可命名为其他名称，但名称和所在路径不能含有中文字符）。

2）Step2：复制文件

打开软件中“实验一　模拟信号源设计实验（FPGA）”中“实验程序”文件夹下的“Level_1”文件夹，将其中的 fpga_an_single_top. sof 文件复制到自己新建的文件夹中。

3）Step3：下载程序

（1）打开复制后的 Level_1 文件夹，鼠标右键点击“. sof 文件”，选择“打开方式 ...”（见图 3.23）并选择“quartus. exe”（见图 3.24），钩选“始终使用此应用打开 . sof 文件选项”，然后点击“确定”按钮。

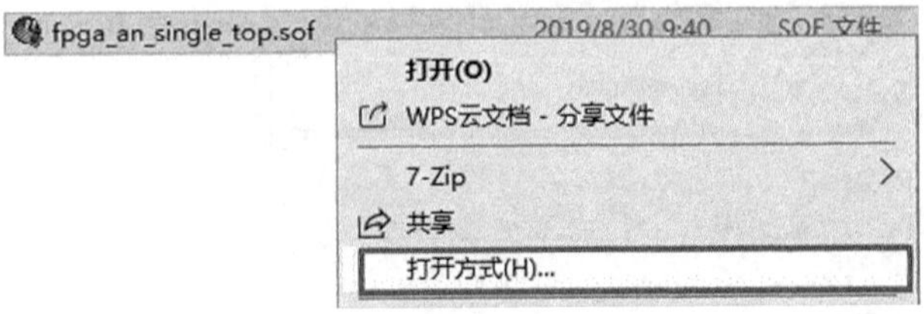

图 3.23　打开 sof 文件

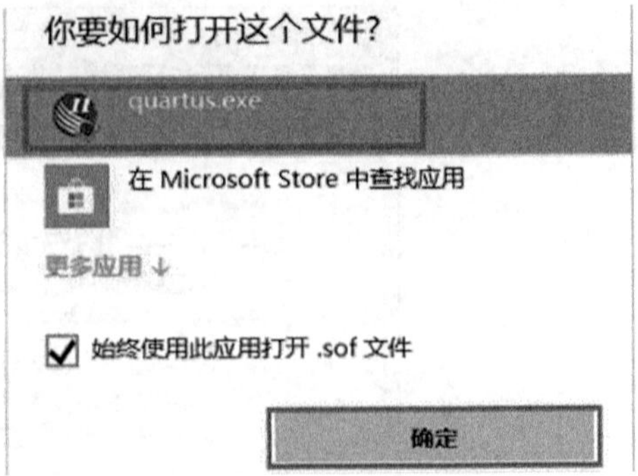

图 3.24　打开方式

弹出 Programmer 选项框，如图 3.25 所示，点击“Mode”下拉菜单，选择“JTAG”。

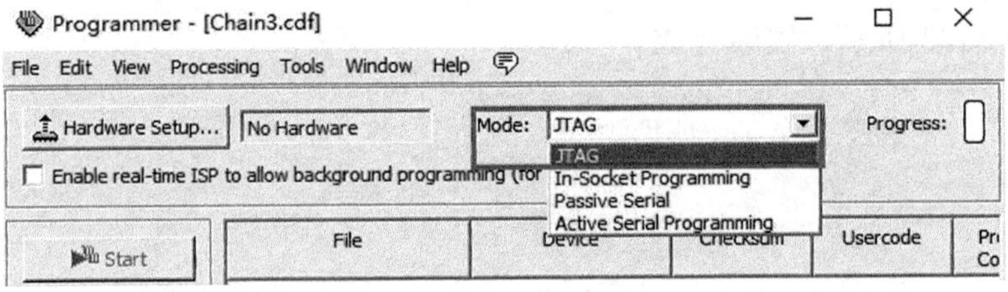

图 3.25　Programmer 选项框

（2）查找下载器：点击“Hardware Setup”按钮，弹出如图 3.26 所示界面。

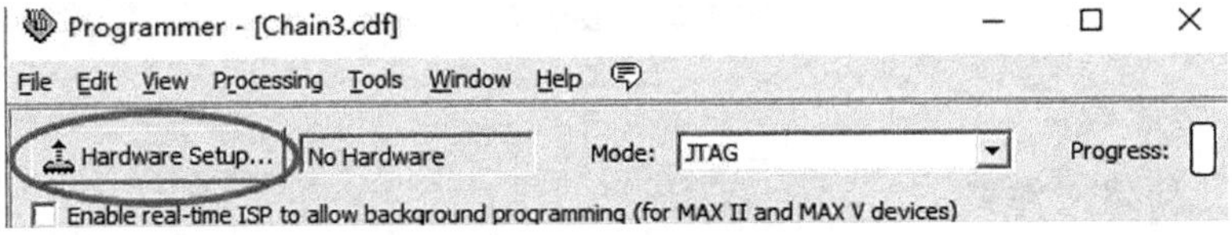

图 3.26　Hardware Setup 界面

选择“USB. Blaster 选项”，如图 3.27 所示（如果没有“USB-Blaster［USB. 0］”选项，请查看 FPGA 仿真器是否与电脑 USB 接口连接，并且仿真器驱动是否安装正确）。

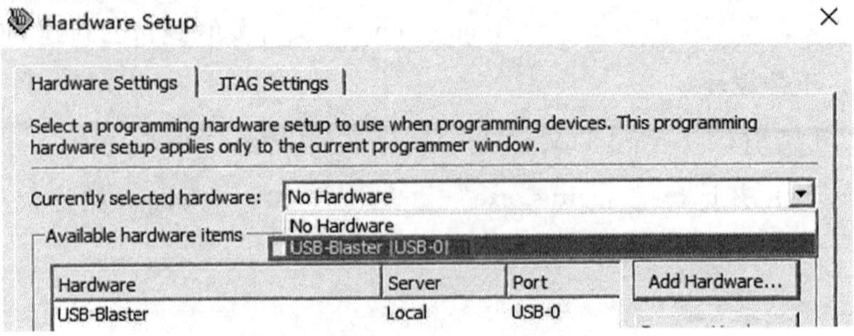

图 3.27　选择 hardware

选择“hardware”选项后，在“Program/Configure”选项处打钩，如图 3.28 所示。

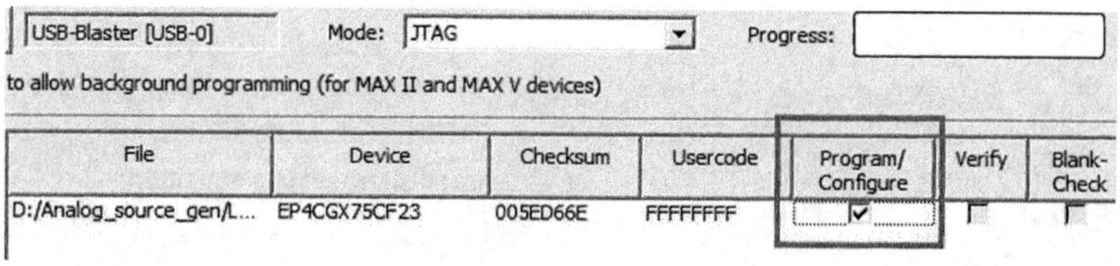

图 3.28　钩选 Program/Configure

（3）下载：点击左侧栏的"Start"选项后，程序将会下载，如图 3.29 所示。

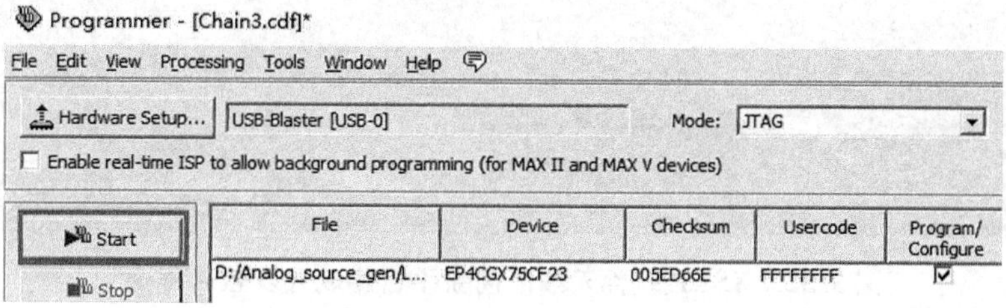

图 3.29　开始下载

下载过程中，会显示 Progress 进度条，直到 100%完成，如图 3.30 所示。

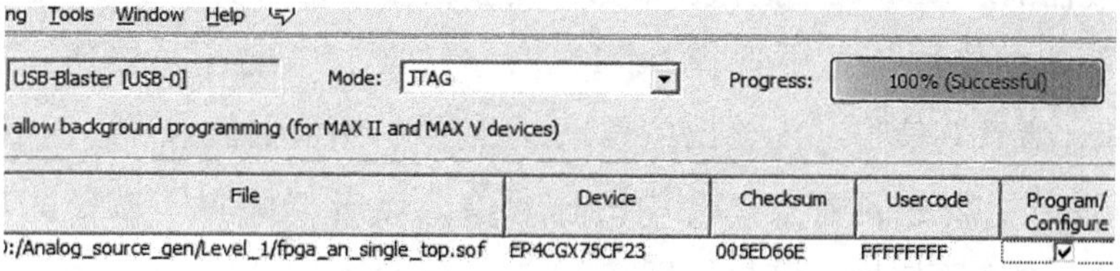

图 3.30　下载完成

4）Step4：利用 Quartus Ⅱ仿真进行观察

通过 Quartus 自带的 Signal Tap Ⅱ Logic Analyse 可进行仿真，观察波形，并且可以将各个模块运算的中间值参数显示出来，如图 3.31 所示。

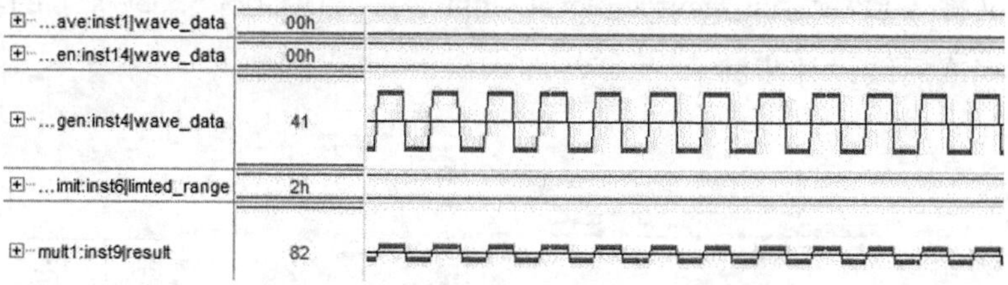

图 3.31　Signal Tap Ⅱ的仿真波形

5）Step5：用示波器观察波形

仿真结果无误后，打开 XSRP 软件无线电平台集成开发软件，出现如图 3.32 所示界面，在"实验选择"栏中选择"Analog_ source"选项。

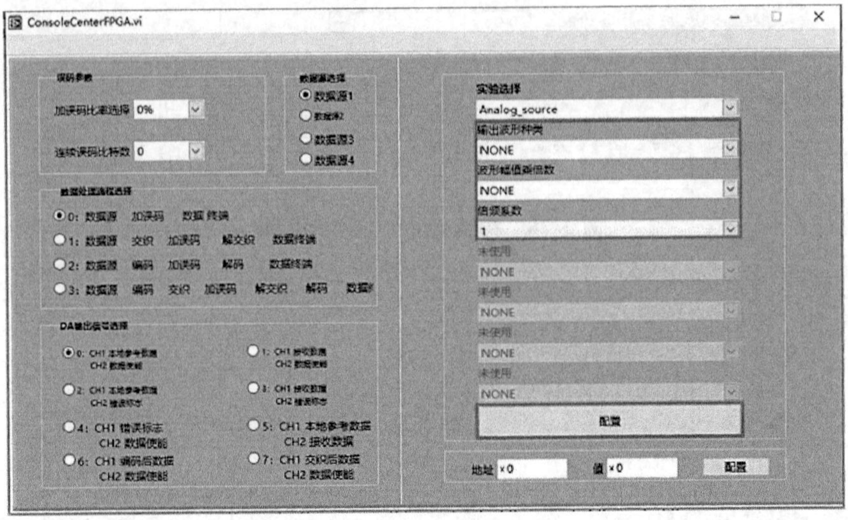

图 3.32　XSRP 软件无线电创新平台集成开发软件界面

在图 3.32“红框”标注的位置中配置：

在“输出波形种类”框中选择“三角波”或“正弦波”或“方波”，点击“配置”按钮，按下示波器的“Autoset”按钮，观察三角波信号、正弦波信号及方波信号。

在“波形幅值乘倍数”框中选择 0，1，2，3，点击“配置”按钮，按下示波器的“Autoset”按钮，观察 0 信号（无输出信号）、原信号、两倍幅值信号、三倍幅值信号。

在“倍频系数”框中选择 1～10 中的任意值，点击“配置”按钮，按下示波器的“Autoset”按钮，观察原信号、倍频信号。

3.1.5.3　系统搭建

1）Step1：复制文件

将软件中“实验一　模拟信号源设计实验（FPGA）”中“实验程序”文件夹下的“Level_2”工程文件夹复制到上述步骤中自己新建的文件夹中，在 Quartus Ⅱ 中打开该工程，点击顶层文件“FPGA_an_source_level2.qpf ”，出现如图 3.33 所示的实验框架，学生在该框架下完成后续设计步骤。

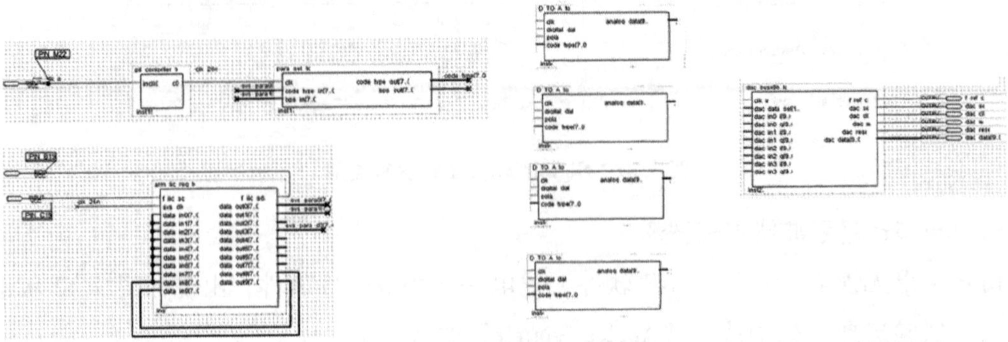

图 3.33　模拟信号源系统框图

2） **Step2：查看各模块功能和引脚定义**

依次双击打开“range_limit_top”“tri_wave_top”“sin_wave_gen_top”“rect_wave_gen_top”“select_top”“mult”模块，可以查看模块的功能定义和各个引脚定义。

例如，打开“range_limit_top”模块，显示页面如图 3.34 所示。

```
//幅度控制模块
//功能：根据输入的range和wave_type可以控制波形的幅度以及种类（只有三种）以防出错
//
//
//
module range_limit_top(
                input[7:0] range,          //波形幅度范围
                input[7:0] wave_type,      //波形类型

                output[6:0] wave_data,     //波形数据
                output[2:0] limted_range   //限制幅度范围输出
    );
```

图 3.34　range_limit_top 模块

可从模块的注释中获取信息。

模块功能：控制系统模拟信号源的波形幅度以及输出的波形。

引脚功能：① range：输入控制原信号幅值所要乘的倍数，达到控制信号源幅度的目的。

② wave_type：控制选择波形的类型。

③ wave_data：输出控制波形数据之一。

④ limted_range：输出选择的幅度乘倍数，不超过 7。

3） **Step3：完成连线**

在理解了每个核心组成模块的功能和引脚定义后，根据原理框图完成模块之间的连线，并将中间信号和最终的结果输出到 DAC 上进行转换输出，点击“保存”按钮。

4） **Step4：编译**

点击如图 3.35 所示“Quartus Ⅱ”中工具栏的编译键。

图 3.35　编译

若出现如图 3.36 所示错误，则说明有模块输入连线未完成，某模块缺失输入信号。

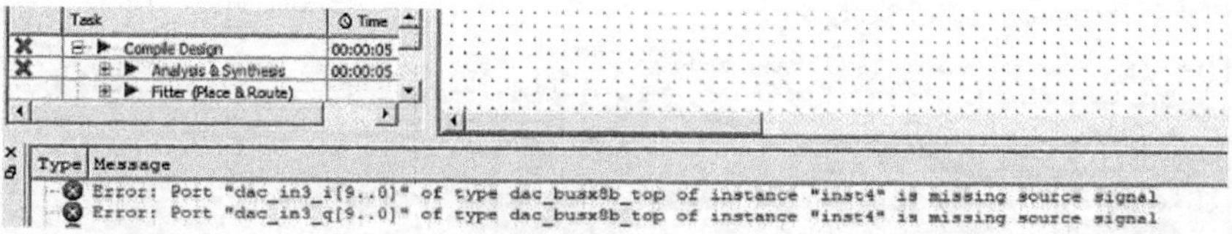

图 3.36　报错

若 Task 框中如图 3.37 所示，则说明编译通过，可以进行下载。

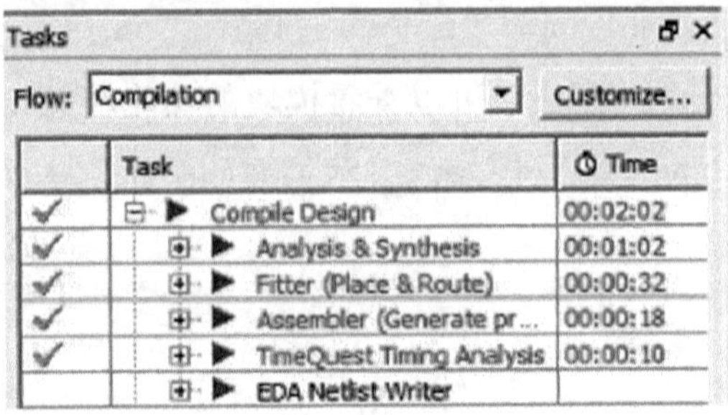

图 3.37　编译通过

5）Step5：下载（在已打开工程的前提下）

点击“Quartus Ⅱ”的工具栏中的“Programmer”选项，如图 3.38 所示。

图 3.38　Programmer

弹出“Programmer”选项框，如图 3.39 所示，并点击“Mode”下拉菜单，选择“JTAG”。

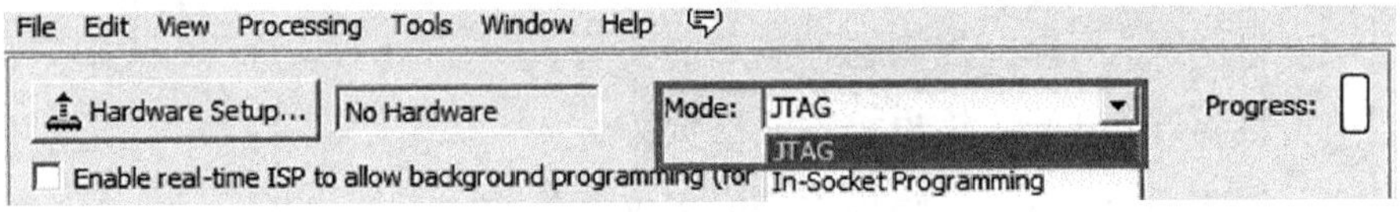

图 3.39　Programmer 选项框

查找下载器，如图 3.40、图 3.41 所示，选择“USB. Blaster”（若此处只有 No Hardware，则应检查是否安装了驱动）。

点击左侧菜单栏中的“Add File”，加入要下载的文件，如图 3.42 所示。

点击“Add File”按钮后出现如图 3.43 所示界面，找到当前工程生成的“＊. sof”文件。

点击“Open”按钮后，出现如图 3.44 所示的已打开文件，钩选“Program/Configure”选项。

点击左侧栏的“Start”按钮后，程序将会下载，如图 3.45 所示。

下载过程中，会显示 Progress 进度条，直到 100%完成，如图 3.46 所示。

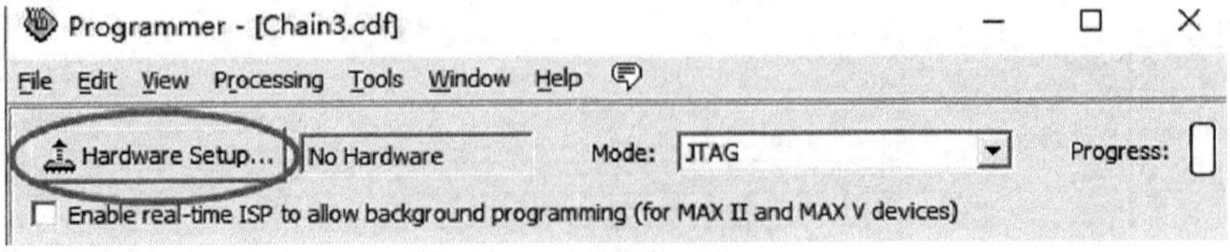

图 3.40　Hardware Setup

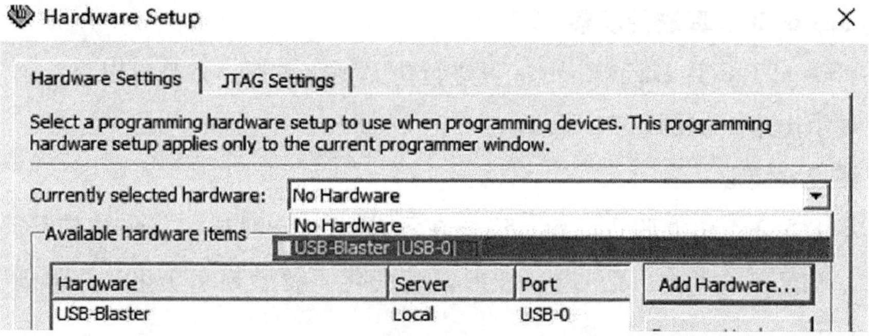

图 3. 41　选择“hardware”选项

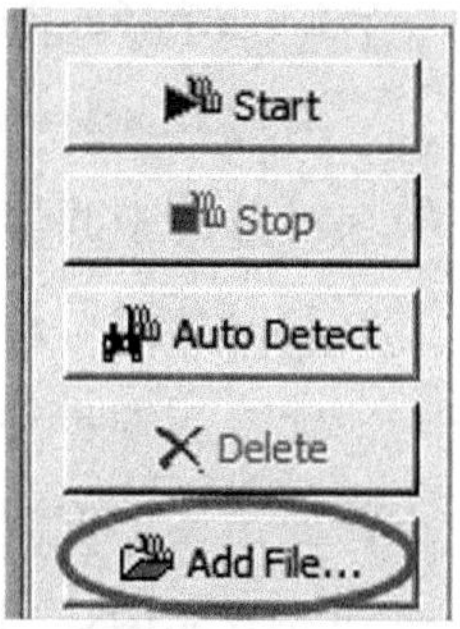

图 3. 42　Add File

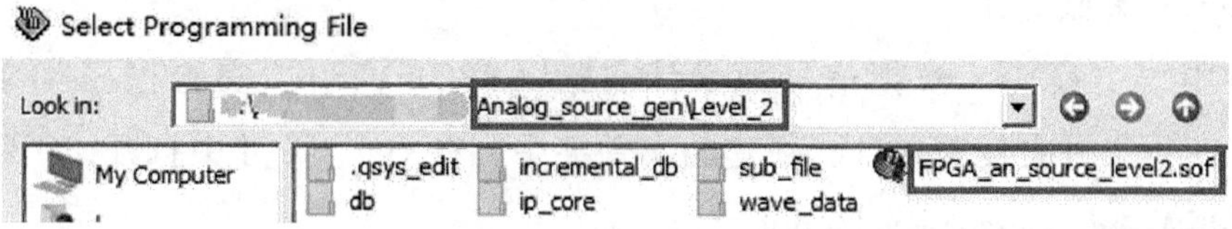

图 3. 43　选择“sof 文件”选项

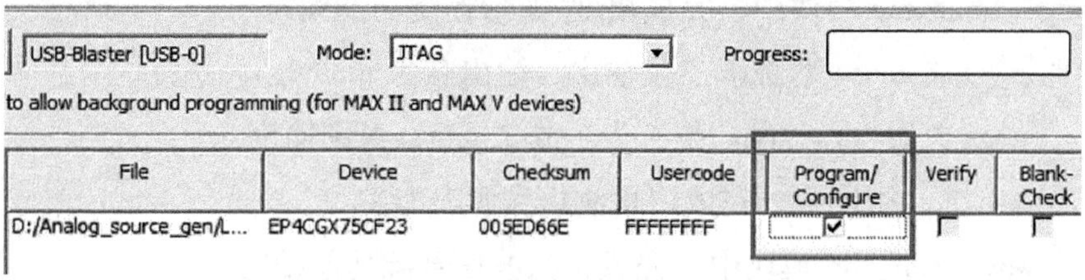

图 3. 44　钩选“Program/Configure”选项

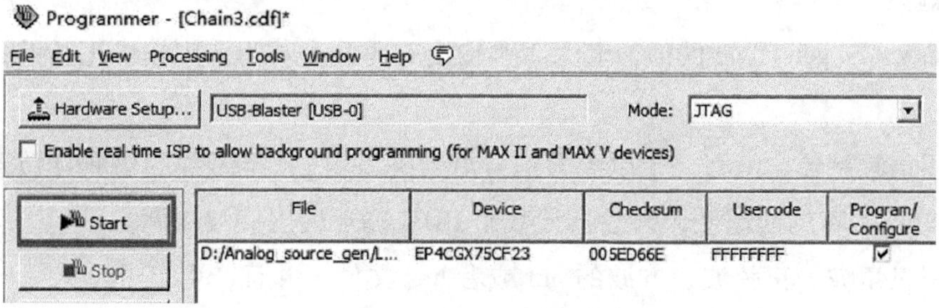

图 3. 45　开始下载

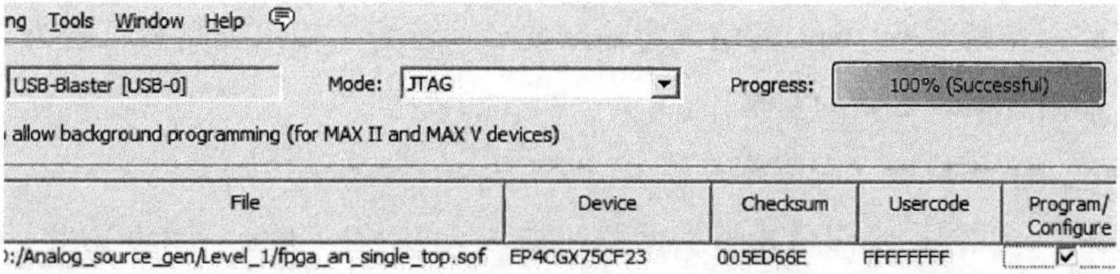

图 3. 46　下载完成

6）Step6：利用 Quartus Ⅱ仿真进行观察

通过 Quartus 自带的 Signal Tap Ⅱ Logic Analyse 可进行仿真观察波形，并且可以将各个模块运算的中间值参数显示出来，如图 3.31 所示。

7）Step7：用示波器观察波形

配置详细步骤见“3.1.5.2　功能验证　Step5”。在示波器上分别观察三角波信号、正弦波信号、方波信号、0 信号（无输出信号）、波形幅度变化、波形频率变化，并将观察到的波形记录到“3.1.6.2　系统搭建”中。

3.1.5.4　核心模块编写

1）Step1：复制文件

将软件中“实验一　模拟信号源设计实验（FPGA）”中“实验程序”文件夹下的“Level_3”工程文件夹复制到自己新建的文件夹中，在 Quartus Ⅱ中打开该工程，点击顶层文件“FPGA_an_source_level3.qpf”。

2）Step2：设计任务

（1）range_limit_top 模块中，完成幅度/波形控制功能编写。

设计思路：① 将 range 取最低三位输出，输出名为 limted_range；

② 判决 wave_type 是否为 1 或 2 或 3，否则输出 0。

（2）tri_wave_top 模块中，完成三角波信号源功能编写。

（3）sin_wave_gen_top 模块中，完成正弦波信号源功能编写。

（4）rect_wave_gen_top 模块中，完成方波信号源功能编写。

设计思路：

① 判断 wave_gen_type 的值：若为 1 则输出三角波；若为 2 则输出正弦波；若为 3 则输出方波。

② 利用倍频系数，编写一个以上升信号沿判决为 clk 系统时钟的倍频计数器。将计数器的输出作为 ROM 的读地址，计数器计数使 ROM 循环输出载波周期。

③ 编写三角波、正弦波、方波的 mif 或者 hex 文件，并且产生 IP 核。

④ 利用 IP 核和分频计数器产生输出的波形数据。

（5）select_top 模块中，完成选择输出信号功能编写。

设计思路：判断 wave_type 的值确定输出波形：若为 1 输出三角波；若为 2 输出正弦波；若为 3 输出方波，否则为空输出。

（6）mult_top 模块中，完成相乘器 IP 核构造。

设计思路：利用 IP 核构造相乘器函数，输入 dataa 为 7 bits，datab 为 3 bits；输出为 10 bits，两数据相乘都以有符号相乘（即最高位代表正负，0 为正数，1 为负数）。

3）Step3：功能要求

（1）幅度控制模块：双击“range_limit_top”模块，可以看到模块的功能定义和信号定义。

（2）信号源模块：在三角波生成模块双击“tri_wave_top”，正弦波生成模块对应双击“sin_wave_gen_top”、方波模块对应双击“rect_wave_gen_top”，可以看到各自模块的功能定义和信号定义。

在波形选择模块，双击“select_top”可以看到模块的功能定义和信号定义。

（3）相乘器模块：双击“mult_top”可以看到模块的功能定义和信号定义。

4）Step4：模块编程

根据模拟信号源生成原理，在“编程开始”和“编程结束”之间完成自己的代码，其他各个模块也需要以同样步骤编程。

5）Step5：编译、下载

详见“3.1.5.3 系统搭建”中的Step4，Step5。

6）Step6：利用 Quartus Ⅱ仿真进行观察

通过Quartus自带的Signal Tap Ⅱ Logic Analyse可进行仿真观察波形，并且可以将各个模块运算的中间值参数显示出来，如图3.1所示。

7）Step7：用示波器观察波形

配置详细步骤见“3.1.5.2 功能验证 Step5”。在示波器上分别观察三角波信号、正弦波信号、方波信号、0信号（无输出信号）、波形幅度变化、波形频率变化，并将观察到的波形记录到“3.1.6.3 核心模块编写”中。

3.1.6 实验记录

3.1.6.1 功能验证

1）不同 wave_type 情况下记录实验波形结果

① 当 wave_type=1 时，为三角波   ② 当 wave_type=2 时，为正弦波   ③ 当 wave_type=3 时，为方波   ④ 当 wave_type 不等于 1/2/3 时，输出为0

2）改变 freq_div 的值，观察并记录波形变化

① freq_div 为 0 ② freq_div 为 3 ③ freq_div 为 6

3）改变 range 的值，观察并记录波形变化

① range 为 1 ② range 为 2 ③ range 为 4

3.1.6.2 系统搭建

1）搭建后的结果

① 总体布局 ② 放大后的细节

2）波形结果（结果同“3.1.6.1 功能验证”，故图略）

（1）不同 wave_type 的情况下记录实验波形结果。

① 当 wave_type=1 时，为三角波   ② 当 wave_type=2 时，为正弦波   ③ 当 wave_type=3 时，为方波   ④ 当 wave_type 不等于 1/2/3 时，输出为 0

（2）改变 freq_div 的值，观察并记录波形变化。

① freq_div 为 0   ② freq_div 为 3   ③ freq_div 为 6

（3）改变 range 的值，观察并记录波形变化。

① range 为 1   ② range 为 2   ③ range 为 4

3.1.6.3 核心模块编写

1）模块编程代码（包括实现 IP 核）

① range_limit_top 要求：将包含所有输入输出引脚定义的 range_limit_top.v 下的全部程序粘贴在表中（删除不必要的注释） 答案： ② tri_wave_top（三种波形发生器结构类似，只需更改 IP 核调用和 define type 即可，故粘贴一个程序即可） 要求：将包含所有输入输出引脚定义的 tri_wave_top.v 下的全部程序粘贴在表中（删除不必要的注释） 答案： ③ select_top 要求：将包含所有输入输出引脚定义的 select_top.v 下的全部程序粘贴在表中（删除不必要的注释） 答案： ④ rom_tri [三种波形 IP 核结构类似，只需更改调用 mif 文件（需要自己编写），故粘贴一个程序即可] 要求：将利用 IP 核实现的所有输入、输出引脚定义的 rom_tri.v 下的全部程序粘贴在表中（删除不必要的注释） 答案： ⑤ mult1 要求：将利用 IP 核实现的，包含所有输入输出引脚定义的 mult1.v 下的全部程序粘贴在表中（删除不必要的注释） 答案：

2）波形结果（结果同“3.1.6　功能验证”，故图略）

（1）不同 wave_ type 的情况下记录实验波形结果。

① 当 wave_ type = 1 时，为三角波 ② 当 wave_ type = 2 时，为正弦波 ③ 当 wave_ type =时，为方波 ④ 当 wave_ type 不等于 1/2/3 时，输出为 0

（2）改变 freq_ div 的值，观察并记录波形变化。

① freq_ div 为 0 ② freq_ div 为 3 ③ freq_ div 为 6

（3）改变 range 的值，观察并记录波形变化。

① range 为 1 ② range 为 2 ③ range 为 4

实验二　数字信号源设计

3.2.1　实验目的

（1）熟悉 FPGA 集成开发软件 Quartus 的使用方法。

（2）掌握 Verilog 编写程序的方法。

（3）掌握数字信号源设计的理论原理。

（4）掌握通过 FPGA 产生 PN 序列、单极性波形、双极性波形、单极性归零波形、双极性归零波形、差分波形的原理及实现方法。

3.2.2　实验仪器

1）硬件平台

电脑一台；双踪示波器；XSRP 软件无线电创新平台。

2）软件平台

XSRP 软件无线电创新平台集成开发软件；Quartus Ⅱ 11.0。

3.2.3　实验内容

1）功能验证

将提供的 FPGA 下载文件下载到 XSRP 软件无线电创新平台中，通过 XSRP 软件无线电创新平台集成开发软件设置输出波形，用示波器观察 PN15 序列的单极性波形、双极性波形、单极性归零波形、双极性归零波形、差分波形，并记录到实验记录中。

2）系统搭建

在 Quartus Ⅱ下，将提供的顶层文件通过原理图输入的方式，构建成系统，编译、仿真、下载，用示波器观测波形，并记录到实验记录中。

3）核心模块程序编写

在 Quartus Ⅱ下，通过硬件描述语言（Verilog 语言）编写核心模块的程序，并进行系统联调，用示波器观测波形，将观测到的波形和核心代码记录到实验记录中。

3.2.4　实验原理

3.2.4.1　通过 FPGA 进行数字信号源设计的原理

1）m 序列的产生

m 序列的产生主要采用 D 触发器，使用它可以构成线性反馈移位寄存器来产生 m 序列作为基带码元信号，m 序列是最长线性反馈移位寄存器序列的简称。它是由带线性反馈的移位寄存器产生的周期最长的序列，一个 n 级的线性反馈移位寄存器产生的 m 序列周期为(2^n-1)，周期中包含除全“0”状态之外的所有可能状态。线性反馈移位寄存器原理框图如图 3.47 所示。

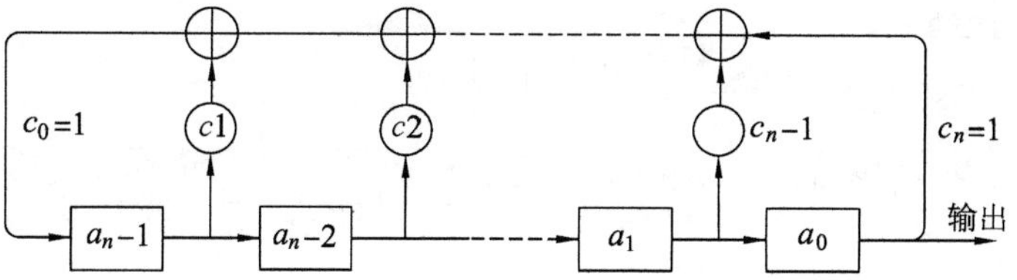

图 3.47　线性反馈移位寄存器原理框图

图中各级移存器的状态用 a_i 表示，$a_i=0$ 或 1，i 为整数。反馈线状态用 c_i 表示，$c_i=1$ 表示此线接通，参与反馈，反之表示断开。可知，反馈线的连接状态不同就可能改变此移位寄存器输出序列的周期。现用特征多项式来表示 c_i 的取值：

$$f(x)=c_0+c_1x+\cdots+c_nx^n \tag{3.1}$$

式中，x^i 存在仅代表 c_i 取值为 1，x 本身无实际意义，例如 $f(x)=1+x+x^4$ 表示 $c_0=c_1=c_4=1$，其余 $c_i=0$。能够产生 m 序列的特性多项式称为本原多项式，常用本原多项式如表 3.1 所示。

表 3.1　常用本原多项式

n	本原多项式		n	本原多项式	
	代数式	8 进数表示法		代数式	8 进数表示法
2	x^2+x+1	7	14	$x^{14}+x^{10}+x^6+x+1$	42103
3	x^3+x+1	13	15	$x^{15}+x+1$	100003
4	x^4+x+1	23	16	$x^{16}+x^{12}+x^3+x+1$	210012
5	x^5+x^2+1	45	17	$x^{17}+x^3+1$	400011
6	x^6+x+1	103	18	$x^{18}+x^7+1$	1000201
7	x^7+x^3+1	211	19	$x^{19}+x^5+x^2+x+1$	2000047
8	$x^8+x^4+x^3+x^2+1$	435	20	$x^{20}+x^3+1$	4000011
9	x^9+x^4+1	1021	21	$x^{21}+x^2+1$	10000005
10	$x^{10}+x^3+1$	2011	22	$x^{22}+x+1$	20000003
11	$x^{11}+x^2+1$	4005	23	$x^{23}+x^5+1$	40000041
12	$x^{12}+x^6+x^4+x+1$	10123	24	$x^{24}+x^7+x^2+x+1$	100000207
13	$x^{13}+x^4+x^3+x+1$	20033	25	$x^{25}+x^3+1$	200000011

注：详细原理见樊昌信、曹丽娜：《通信原理（第 7 版）》，国防工业出版社，2016 年，384-386。

3.2.4.2　FPGA 设计原理及各模块介绍

数字信号源设计系统框图，如图 3.48 所示。

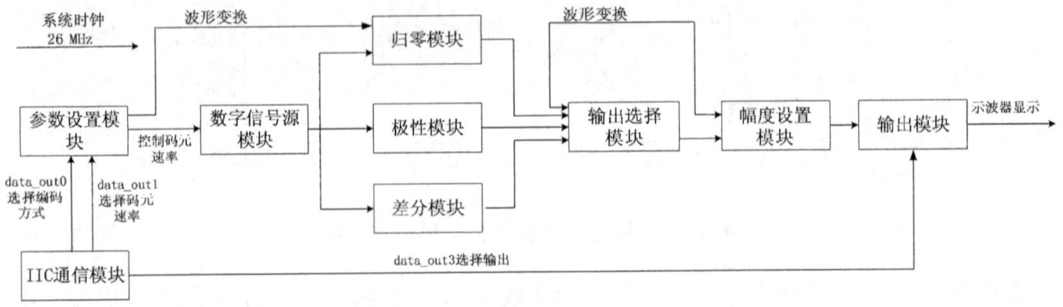

图 3.48　数字信号源设计系统框图

1）IIC 通信模块

IIC 通信模块如图 3.49 所示。

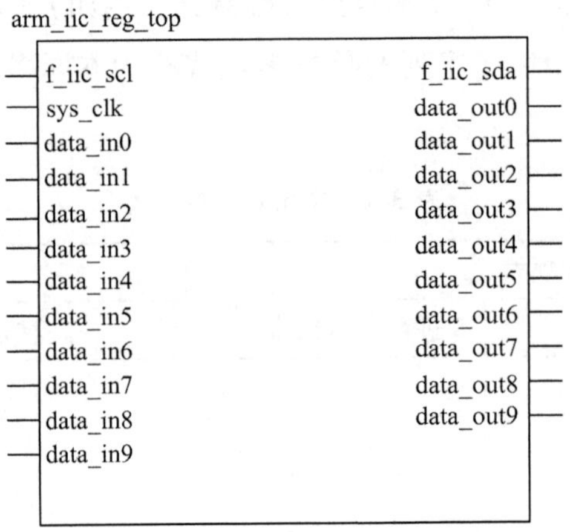

图 3.49　IIC 通信模块

功能：FPGA 芯片与 XSRP 软件无线电平台集成开发软件通过此模块通信，用于配置实验参数，各参数的默认值为 0。

（1）data_out0：选择波形变换方式，连接归零模块、输出选择模块和幅度设置模块的“code_type”信号。0——单极性波形；1——双极性波形；2——双极性归零波形；3——单极性归零波形；4——差分波形。

（2）data_out1：选择码元速率，连接数字信号源和归零模块的“bps”信号。0——码元宽度为 100；1——码元宽度为 150；2——码元宽度为 200。

（3）data_out3：选择输出模块输出的信号，连接输出模块的“dac_data_sel”信号。

2）模式选择模块

模式选择模块如图 3.50 所示。

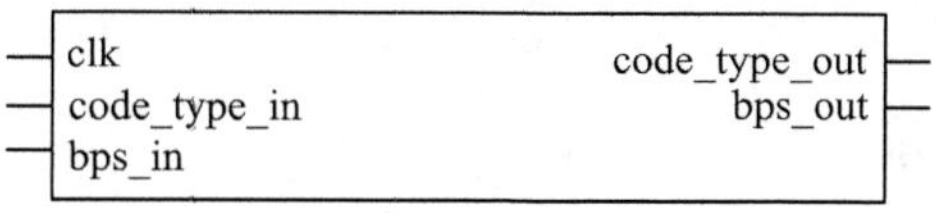

图 3. 50　模式选择模块

(1) 功能：根据 IIC 通信模块输入的输出波形选择信号和码元速率，选择 5 种信号波形设置和 3 种码元，速率如下：

输出波形设置：code_ type_ out = 0，单极性。

code_ type_ out = 1，双极性。

code_ type_ out = 2，双极性归零。

code_ type_ out = 3，单极性归零。

code_ type_ out = 4，差分。

码元速率设置：bps_ in = 0，码元速率为 100。

bps_ in = 1，码元速率为 150。

bps_ in = 2，码元速率为 200。

(2) 输入参数：① clk：时钟信号。

② code_ type_ in [7. . 0]：输出波形选择信号。

③ bps_ in：码元速率选择信号。

(3) 输出参数：① code_ type_ out [15.. 0]：波形选择信号输出，具体数值见“(1) 功能”部分。

② bps_ out [7.. 0]：码元速率输出，具体数值见“(1) 功能”部分。

3) 数字信号源模块

数字信号模块如图 3. 51 所示。

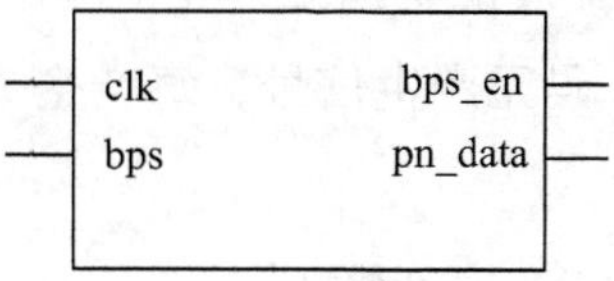

图 3. 51　数字信号模块

(1) 功能：产生码元速率可变的 PN15 序列。

(2) 输入参数：① clk：输入时钟。

② bps [7.. 0]：码元速率设置信号，该信号由参数设置模块控制。

(3) 输出参数：① bps_ en：码元生成信号，即每产生一个新的码元，该信号置 1。

② pn_ data：产生 PN15 序列。

4）极性模块

极性模块如图 3. 52 所示。

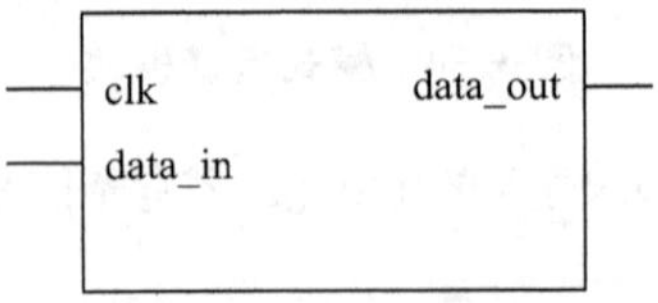

图 3. 52　极性模块

（1）功能：将输入的信号以单极性信号或双极性波形的形式输出。

（2）输入参数：① clk：输入的时钟信号。

② data_ in：信号源产生 PN 序列。

（3）输出参数：data_ out：单极性（双极性）波形输出。

5）归零模块

归零模块如图 3. 53 所示。

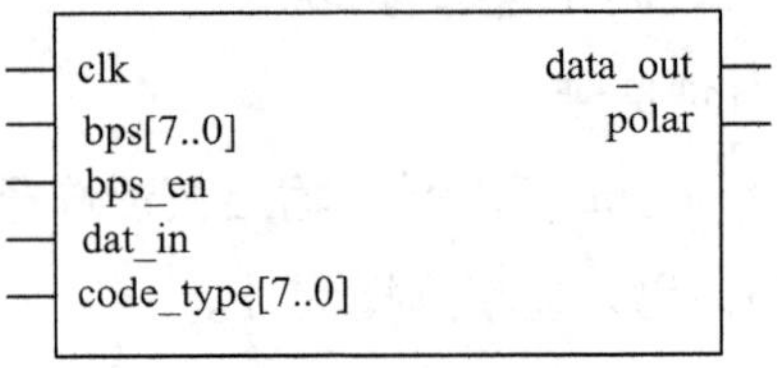

图 3. 53　归零模块

（1）功能：将输入的信号以单极性归零和双极性归零的形式输出。

（2）输入参数：① clk：输入的时钟信号。

② bps［7.. 0］：码元速率信号，由信号源模块输出，用于设置归零信号在码元宽度的中点处归零。

③ bps_ en：码元产生信号，每产生一个高电平，有一个 PN 序列的数据输入。

④ data_ in：PN 序列输入。

⑤ code_ type［7.. 0］：输出模式选择信号。

（3）输出参数：① data_ out：输出的单极性（双极性）归零波形。

② polar：极性信号，若输出模式选择为 2，即双极性归零波形，则该信号为 1，否则为 0。

6）差分模块

差分模块如图 3. 54 所示。

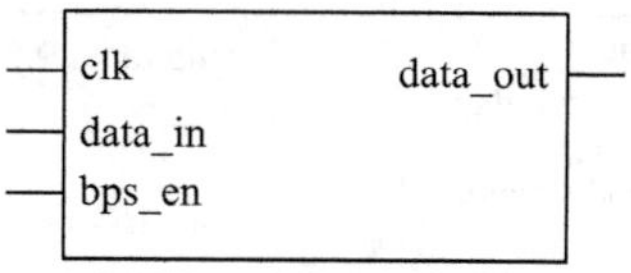

图 3. 54　差分模块

（1）功能：将输入的信号以差分波形的形式输出。

（2）输入参数：① clk：输入时钟信号。

② data_ in：PN 序列输入。

③ bps_ en：码元产生信号，每产生一个码元，该信号产生一次高电平。

（3）输出参数：data_ out：差分波形输出。

7）输出选择模块

输出选择模块如图 3. 55 所示。

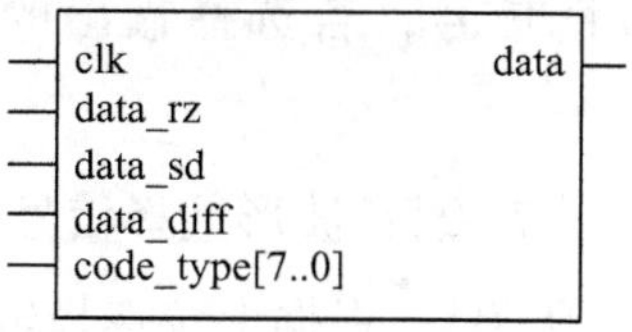

图 3. 55　输出选择模块

（1）功能：通过 code_ type 选择输出极性模块、归零模块、差分模块中的一种波形。

code_ type = 0 | 1，输出为极性模块时输出的序列。

code_ type = 2 | 3，输出为归零模块时输出的序列。

code_ type = 4，输出为差分模块时输出的序列。

（2）输入参数：① clk：时钟信号。

② data_ rz：归零模块输出的信号。

③ data_ sd：极性模块输出的信号。

④ data_ diff：差分模块输出的信号。

⑤ code_ type ［7.. 0］：输出模式选择信号。

（3）输出参数：data：输出信号。

8）幅度设置模块

幅度设置模块如图 3. 56 所示。

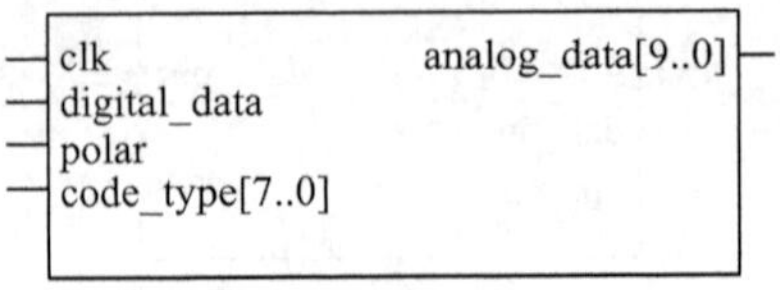

图 3.56　归零模块

（1）功能：为了方便在示波器上查看，将输入序列设置相应的幅值，具体设置如下：

单极性：500（1），0（0）。

双极性：500（1），.500（0）。

单极归零性：500（1），0（0）。

双极性归零：500（1），.500（0）。

差分：幅度的绝对值为500。

（2）输入参数：① clk：时钟信号。

② digital_data：输出模式选择模块输出时的序列信号。

③ polar：极性信号，若选择输出的是双极性归零波形，则该信号为1。

④ code_type［7..0］：波形选择信号。

（3）输出参数：analog_data［9..0］：根据上位选择输出的波形。

9）输出模块

输出模块如图3.57所示。

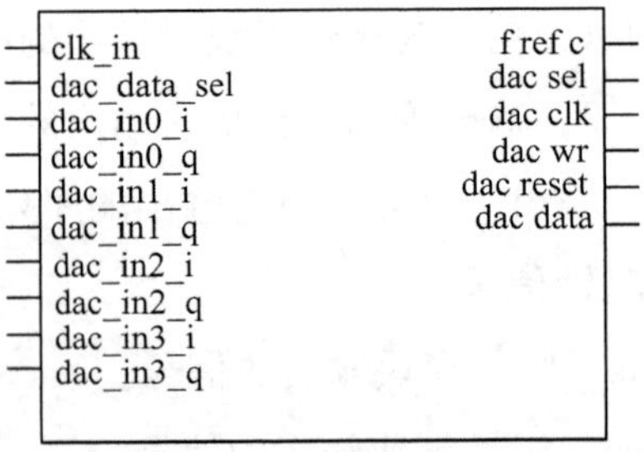

图 3.57　输出模块

（1）功能：将IIC通信模块选择的并行的两路信号转为符合硬件DAC芯片输入格式的串行信号，该信号可通过示波器显示。

① dac_data_sel=0，dac_data为dac_in0_i和dac_data_q输入转换成的串行信号，连接示波器后，示波器的CH1为dac_in0_i的波形，CH2为dac_in0_q的波形。

② dac_data_sel=1~3，以此类推。

3.2.5　实验步骤

3.2.5.1　实验准备

参见本章“实验一　模拟信号源设计”中的“3.1.5.1　实验准备”。

3.2.5.2　功能验证

1）Step1：新建文件夹

新建文件夹命名为“digital_ source”，可命名为其他，但是文件夹的路径不能包含中文字符。

2）Step2：复制文件

打开软件中“实验5：数字信号源设计实验（FPGA）”中“实验程序”文件夹下的“Level1”文件夹，将提供的FPGA下载文件复制到自己的新建文件夹下。

3）Step3：下载

用Quartus Ⅱ 软件打开下载文件，将它下载到XSRP软件无线电创新平台中。下载过程参见本章“实验一　模拟信号源设计实验（FPGA）”中的“3.1.5.2　功能验证”。

4）Step4：输出波形选择

打开XSRP软件无线电创新平台集成开发软件，选择“实验选择”下拉选项“Digital Source”，如图3.58、图3.59所示。

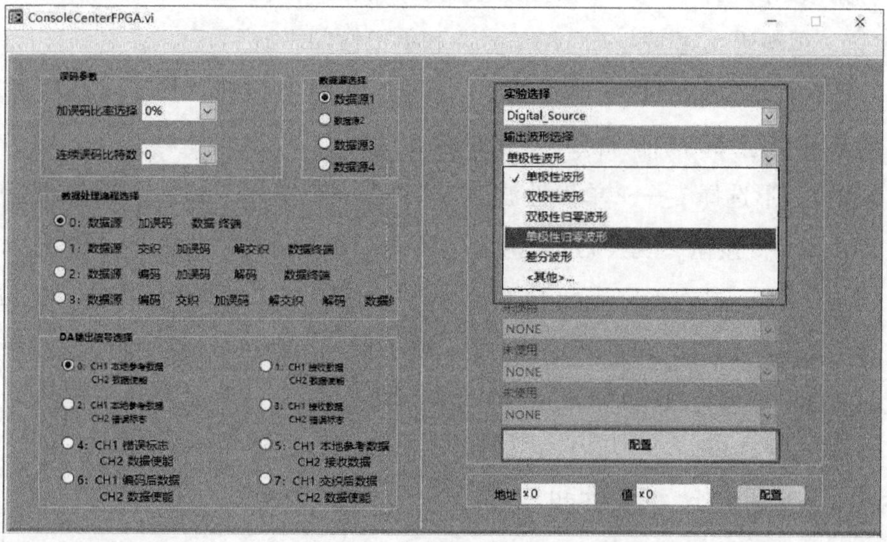

图3.58　单极性波形配置

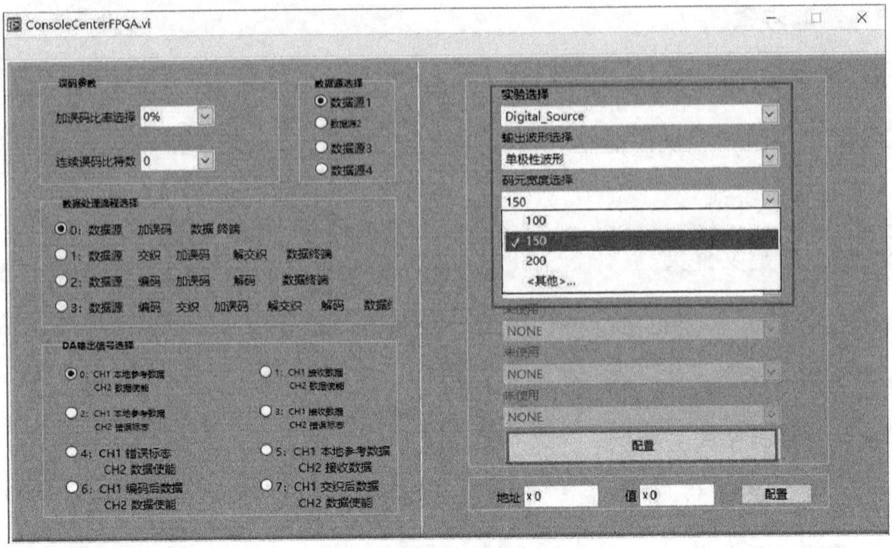

图 3.59　码元宽度设置

（1）“输出波形选择”——单极性波形，点击“配置”按钮，按下示波器“Auto”按钮，观察码元宽度为 100 的信号源和单极性波形。

（2）“输出波形选择”——双极性波形，点击“配置”按钮，按下示波器“Auto”按钮，观察码元宽度为 100 的信号源和双极性波形。

（3）“输出波形选择”——双极性归零波形，点击“配置”按钮，按下示波器“Auto”按钮，观察码元宽度为 100 的信号源和双极性归零波形。

（4）“输出波形选择”——单极性归零波形，点击“配置”按钮，按下示波器“Auto”按钮，观察码元宽度为 100 的信号源和单极性归零波形。

（5）“输出波形选择”——差分波形，点击“配置”按钮，按下示波器“Auto”按钮，观察码元宽度为 100 的信号源和差分波形。

（6）“输出波形选择”——单极性波形，“码元宽度”——150，点击“配置”按钮，按下示波器“Auto”按钮，观察码元宽度为 150 的信号源和单极性波形。

（7）“输出波形选择”——单极性波形，“码元宽度”——200，点击“配置”按钮，按下示波器“Auto”按钮，观察码元宽度为 200 的信号源和单极性波形。

将上述观察的波形记录到“3.1.6.1　功能验证”中。

3.2.5.3　系统搭建

1）Step1：复制文件、打开工程

将软件中“实验 5：数字信号源设计实验（FPGA）”中“实验程序”文件夹下的“Level2”工程文件夹，复制到上述自己新建的文件夹中。用 Quartus Ⅱ 打开工程，点击顶层文件“fpga_digital_source_2”，出现如图 3.60 所示的实验框架，学生在该框架下完成后续设计步骤。

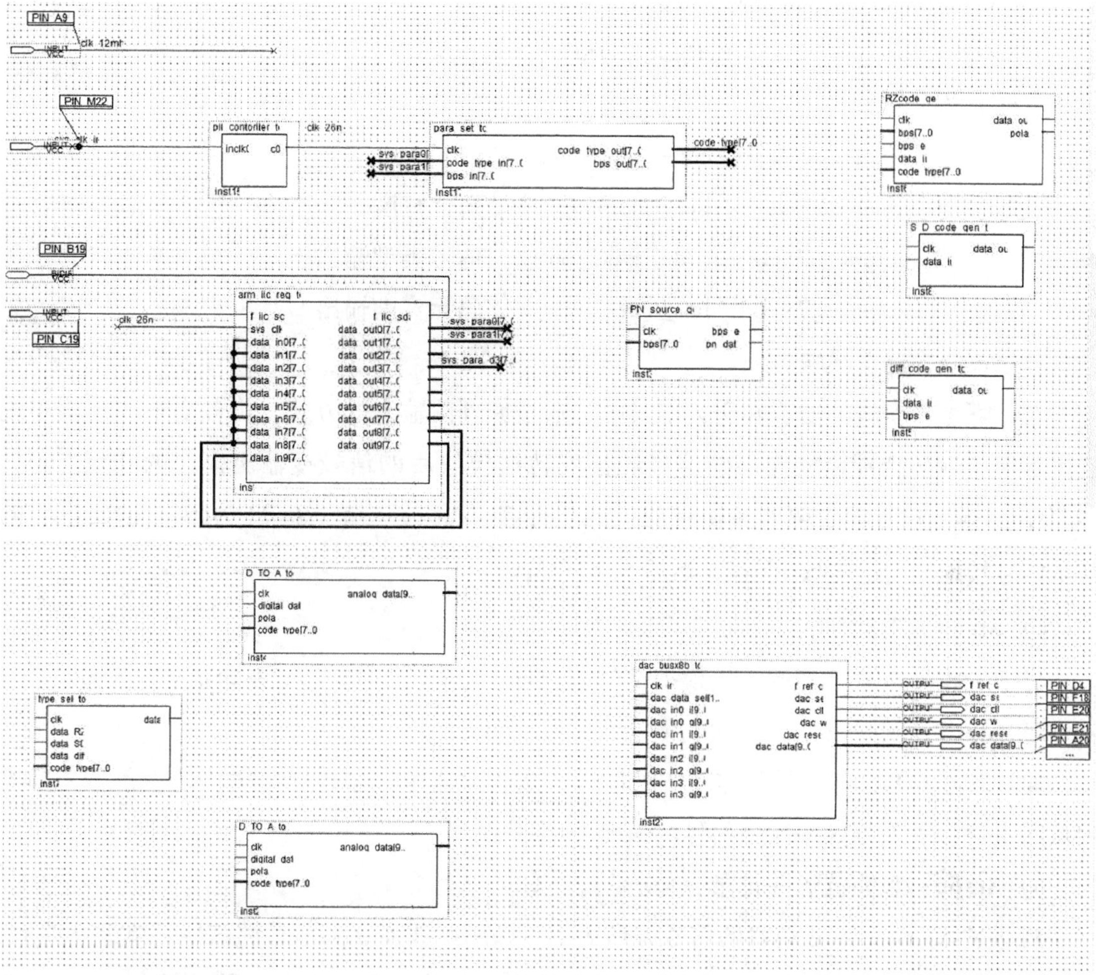

图 3.60　实验框架

2）Step2：打开模块

依次打开“para_set_top”“PN_source_gen_top”“RZcode_gen_top”“S_D_code_gen_top”“diff_code_gen_top”模块等，查看各模块的功能定义和引脚定义，例如，打开 para_set_top 模块，查看功能和引脚定义，如下所示。

模块功能：通过 IIC 通信模块输入选择的信号类型和码元宽度。

code_type_out=0，单极性

code_type_out=1，双极性

code_type_out=2，单极性归零

code_type_out=3，双极性归零

code_type_out=4，差分

bps_ in=0，码元宽度为 100

bps_ in=1，码元宽度为 150

bps_ in=2，码元宽度为 200

引脚定义：input　　　　　clk,

input［7：0］　code_ type_ in,　//信号类型

input［7：0］　bps_ in,　　　　//码元宽度

output［7：0］　code_ type_ out,　//信号类型输出

output［7：0］　bps_ out　　　　//码元宽度输出

3） Step3：连接模块

在了解每个模块的功能和引脚定义后，通过原理图输入的方式，将各个组成模块用线连接起来（输出选择模块输出的信号经幅度转换模块后的信号接输出模块的 data_ in0_ i［9.. 0］引脚，信号源经幅度转换模块后的信号接 data_ in0_ q［9.. 0］引脚，输出模块的其余信号接地），点击保存，然后点击编译。

4） Step4：下载

详细过程见本章“实验一　模拟信号源设计”中的“3. 1. 5. 3　系统搭建　Step5”。

5） Step5：观察信号

通过 Signal Tap Ⅱ显示和捕获实时信号，观察信号源信号、极性模块产生信号、归零模块产生信号、差分模块产生信号。

6） Step6：观察波形并记录

若通过 Signal Tap Ⅱ观察的信号波形无误，则用示波器观察信号源信号、单极性波形、双极性波形、单极性归零波形、双极性归零波形、差分波形，观察步骤见“3. 2. 5. 2　功能验证　Step4”，将观察到的波形记录到“3. 2. 6. 2　系统搭建”中。

3. 2. 5. 4　*核心模块程序编写*

1） Step1：复制文件、打开工程

将软件中“实验 5：数字信号源设计实验（FPGA）”中“实验程序”文件夹下的“Level3”工程文件夹，复制到上述自己新建的文件夹中。用 Quartus Ⅱ打开工程，点击顶层文件“fpga_ digital_ source_ 3”。

2） Step2：设计任务

（1）在“PN_ source_ gen”模块下编程，要求：产生 PN15 序列。

设计思路：

① 控制码元速率：设计一个模为码元宽度信号的计数器。

② 根据本原多项式 $x^{15}+x+1$ 和 $x^{23}+x^{5}+1$ 产生 PN15 和 PN23 序列，编写一个移位寄存

器，当计数器计数到10时，寄存器内的数值循环右移一位，第0位输出的信号即为PN序列。

③ 每当计数器计数到20时，码元生成信号置1，作为标志信号。

（2）在“RZcode_gen”模块下编程，要求：可以产生单极性归零和双极性归零的信号，当选择以双极性归零的方式输出时，设置极性信号值为“1”。

设计思路：

① 定义一个8位寄存器cnt，两个3位寄存器cstate和nstate，两个1位寄存器data_out_r，polar_r。

② 当cstate=0时，开始对cnt计数。

③ 赋值：将nstate的值赋给catate。

④ 设计一个状态机，有5个状态，分别为：等待信号输入（0），1（1）；1码元归零（2），0（3）；0码元归零（4）。nstate初始值为0，有信号输入且输入1，nstate转为1，输入0，nstate转为3，没有信号输入，nstate一直为0；当nstate=1，若cnt=码元宽度的一半，状态nstate转为2，否则nstate一直为1；当nstate=2，若cnt=码元宽度减10，状态nstate转为0，否则nstate一直为2；当nstate=3，若cnt=码元宽度的一半，状态nstate转为4，否则nstate一直为3；当nstate=4，若cnt=码元宽度减10，状态nstate转为0，否则nstate一直为4。

⑤ 当cstate=1或者cstate=3并且极性信号为1时，输出1；否则输出0。

⑥ 极性信号等于输入信号。

（3）在“S_D_code_gen_top”模块下编程，要求：输出的波形与输入的波形一致。

（4）在“diff_code_gen_top”模块下编程，要求：当输入信号为1时，输出信号反向；若输入信号为0，则输出信号不变。

3）Step3：编程

（1）双击“PN_source_gen”模块，可以看到模块的功能定义和引脚定义，在“开始编程”和“结束编程”之间按照功能和引脚的定义以及设计任务的要求，编写代码。

（2）双击“RZcode_gen”模块，可以看到模块的功能定义和引脚定义，在“开始编程”和“结束编程”之间按照功能和引脚的定义以及设计任务的要求，编写代码。

（3）双击“S_D_code_gen_top”模块，可以看到模块的功能定义和引脚定义，在“开始编程”和“结束编程”之间按照功能和引脚的定义以及设计任务的要求，编写代码。

（4）双击“diff_code_gen_top”模块，可以看到模块的功能定义和引脚定义，在“开始编程”和“结束编程”之间按照功能和引脚的定义以及设计任务的要求，编写代码。

4）Step4：编译

上述模块全部编程之后，点击▸编译。

5）Step5：下载

点击下载，下载过程详见本章“实验一　模拟信号源设计”的“3.1.5.2　功能验证”。

6）Step6：观察

下载完成后，用示波器观察信号，具体过程详见“3.2.5.2　功能验证　Step4”，将观察到的波形记录到“3.2.6.3　核心模块程序编写”中。

7）Step7：记录代码

若示波器显示的波形无误，则将设计要求中的模块代码记录到“3.2.6.3　核心模块程序编写”中。

3.2.6　实验记录

3.2.6.1　功能验证

信号源和单极性波形（码元速率为 100）	
信号源和单极性波形（码元速率为 150）	
信号源和单极性波形（码元速率为 200）	

信号源产生的 信号波形及 双极性波形 （码元速率为 100）	
信号源产生的 信号波形及 单极性归零波形 （码元速率为 100）	
信号源产生的 信号波形及 双极性归零波形 （码元速率为 100）	
信号源产生的 信号波形及 差分波形 （码元速率为 100）	

3.2.6.2　系统搭建

原理图连线
信号源波形及单极性波形（码元宽度为 100）

信号源波形及双极性波形（码元宽度为 100）
信号源波形及单极性归零波形（码元宽度为 100）
信号源波形及双极性归零波形（码元宽度为 100）
信号源波形及差分波形（码元宽度为 100）
信号源波形及单极性波形（码元宽度为 150）
信号源波形及单极性波形（码元宽度为 200）

3. 2. 6. 3 核心模块程序编写

信号源波形及单极性波形（码元宽度为 100）
信号源波形及单极性波形（码元宽度为 150）

信号源波形及单极性波形（码元宽度为 200）
信号源波形及双极性波形（码元宽度为 100）
信号源波形及单极性归零波形（码元宽度为 100）
信号源波形及双极性归零波形（码元宽度为 100）
信号源波形及差分波形（码元宽度为 100）
PN_source_gen 模块代码
RZcode_gen 模块代码
S_D_code_gen 模块代码
diff_code_gen 模块代码

第四章

编译码设计

实验一　PCM编译码器设计

4.1.1　实验目的

（1）掌握通过 FPGA 完成 PCM 编码和解码的原理及实现方法。

（2）学习 Verilog 语言，掌握实现 PCM 编译码模块的编写方法。

（3）熟悉 FPGA 集成开发软件 Quartus Ⅱ的使用方法。

（4）熟悉使用 XSRP 软件无线电平台和其集成开发软件与示波器联调实测波形的方法。

4.1.2　实验仪器

1）硬件平台

电脑一台；双踪示波器一台；XSRP 软件无线电平台一台；FPGA 下载器一个。

2）软件平台

Quartus Ⅱ 11.0；XSRP 软件无线电创新平台集成开发软件。

4.1.3　实验内容

1）功能验证

将提供的 FPGA 下载文件（.sof 文件）下载到 XSRP 软件无线电平台中，通过 XSRP 集成开发软件将生成的信号数据传送到示波器上，可观察到 A 律和 μ 律两种编码方式下编码前和编码后的波形，并记录到“4.1.6.1　功能验证”中。

2）系统搭建

在 Quartus Ⅱ下，将提供的未完成连线的系统工程文件，通过了解各个模块的输入、输出引脚及功能，将核心模块连线，搭建成完整工程系统，编译、仿真、下载，用示波器观测波形，并记录到“4.1.6.2　系统搭建”中。

3）核心模块程序编写

在 Quartus Ⅱ下通过硬件描述语言（Verilog）输入的方式，编写工程中的核心模块程

序，进行软硬件联调，并将编写的核心程序以及观察到的波形结果记录到“4.1.6.3 核心模块编写”中。

4.1.4 实验原理

4.1.4.1 PCM 调制原理

PCM 即脉冲编码调制，在通信系统中完成语音信号数字化功能。PCM 的实现主要包括三个步骤：抽样、量化、编码，分别完成时间上离散、幅度上离散及量化信号的二进制表示。根据 CCITT 的建议，为改善小信号量化性能，采用压扩非均匀量化有两种建议方式：A 律和 μ 律方式。我国采用 A 律方式。由于 A 律压缩实现过程复杂，常使用 13 折线法编码，采用非均匀量化 PCM 编码示意图如图 4.1 所示。

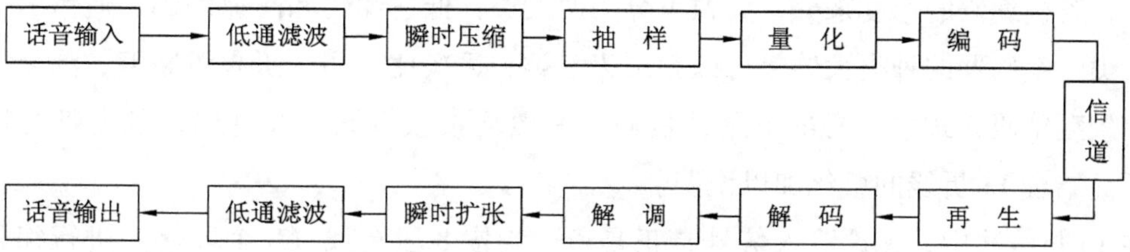

图 4.1 PCM 编译码示意流程图

4.1.4.2 PCM 编码中抽样、量化及编码的原理

1）抽样

所谓抽样，就是对模拟信号进行周期性扫描，把时间上连续的信号变成时间上离散的信号。该模拟信号经过抽样后还应当包含原信号中的所有信息，也就是说，能无失真地恢复原模拟信号。它的抽样速率的下限是由抽样定理确定的。

2）量化

从数学上来看，量化就是把一个连续幅度值的无限数集合映射成一个离散幅度值的有限数集合。如图 3.2 所示，量化器 Q 输出 L 个量化值 y，$k=1, 2, 3, \cdots, L$。Y_k 常称为重建电平或量化电平。当量化器输入信号幅度 x 落在 x 与 $x^{\#}$之间时，量化器输出电平为 Y_k。这个量化过程可以表达为

$$y=Q(x)=Q\{x_k<x\leqslant x_{k+1}\}=y_k, \quad k=1, 2, 3, \cdots, L$$

这里，x_k 称为分层电平或判决阈值。通常 $\Delta_k=x_{k+1}-x_k$ 称为量化间隔。

拟信号的量化分为均匀量化和非均匀量化。由于均匀量化存在的主要缺点是：无论抽样值大小如何，量化噪声的均方根值都固定不变。因此，当信号 Δk 较小时，信号量化噪声功率比也就很小。这样，弱信号时的量化信噪比就难以达到要求。通常，把满足信噪比要求的输入信号取值范围定义为动态范围，可见，均匀量化时的信号动态范围将受到较大的限制。为了克服这个缺点，实际中，往往采用非均匀量化。

非均匀量化常用有A律和μ律两种：

① A律：具有以下特性

$$y=\frac{Ax}{1+\ln A},\quad 0<x\leqslant\frac{1}{A}$$

$$y=\frac{1+\ln Ax}{1+\ln A},\quad \frac{1}{A}\leqslant x\leqslant 1$$

② μ律：具有以下特性

$$y=\frac{\ln(1+\mu x)}{\ln(1+\mu)},\quad 0\leqslant x\leqslant 1$$

3）编码

所谓编码就是把量化后的信号变换成代码，其相反的过程称为译码。当然，这里的编码和译码与差错控制编码和译码是完全不同的，前者属于信源编码的范畴。在现有的编码方法中，若按编码的速度来分，大致可分为两大类：低速编码和高速编码。通信中一般采用第二类。编码器的种类大体上可以归结为三类：逐次比较型、折叠级联型、混合型。在逐次比较型编码方式中，无论采用几位码，一般均按极性码、段落码、段内码的顺序排列。下面结合13折线的量化加以说明。

在13折线法中，无论输入信号是正是负，均按8段折线（8个段落）进行编码。若用8位折叠二进制码来表示输入信号的抽样量化值，其中，第一位表示量化值的极性，其余七位（第二位至第八位）则表示抽样量化值的绝对大小。具体的做法：用第二至第四位表示段落码，它的8种可能状态分别代表8个段落的起点电平。其他四位表示段内码，它的16种可能状态分别代表每一段落的16个均匀划分的量化级。这样处理的结果是，8个段落被划分成$2^7=128$个量化级。段落码和8个段落之间的关系如表4.1所示；段内码与16个量化级之间的关系如表4.2所示。

表4.1　段落码和8个段落之间的关系

段落序号	段落码
8	111
7	110
6	101
5	100
4	011
3	010
2	001
1	000

表4.2　段内码与16个量化级之间的关系

量化级	段内码
15	1111
14	1110
13	1101
12	1100
11	1011
10	1010
9	1001
8	1000
7	0111
6	0110
5	0101
4	0100
3	0011
2	0010
1	0001
0	0000

4.1.4.3 FPGA 设计原理及各模块介绍

PCM 编译码的 FPGA 程序框图如图 4.2 所示。

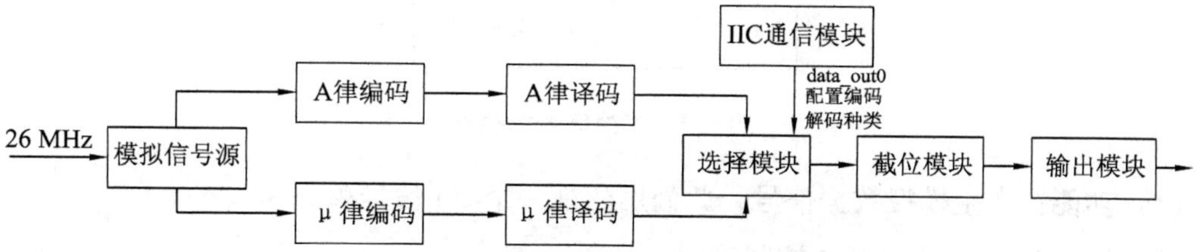

图 4.2 PCM 编译码的 FPGA 程序框图

1）IIC 通信模块

IIC 通信模块如图 4.3 所示。

名称：arm_iic_reg_top

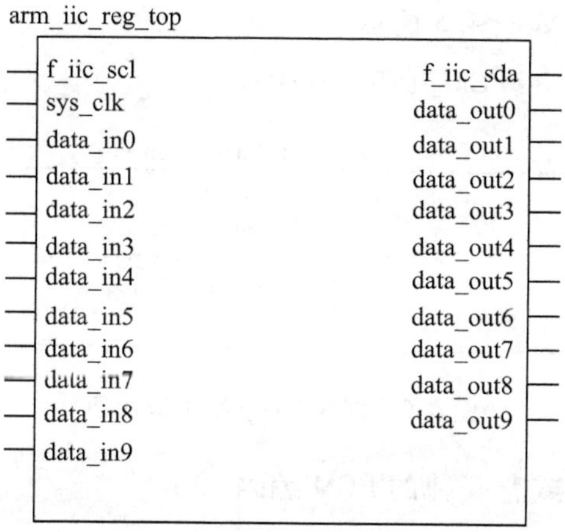

图 4.3 IIC 通信模块

（1）功能：FPGA 芯片与 XSRP 软件无线电平台开发软件通过此模块通信，用于配置实验参数。

data_out0：配置编解码种类，为 0 时选择 A 律编解码，为 1 时选择 μ 律编解码，连接各个模块的“encode_type”信号。

（2）说明：此模块程序已提供，无须自己编写。注：值可以取 0x00 至 0xFF。

2）模拟信号源模块

模拟信号源模块如图 4.4 所示。

名称：Source_wave_gen

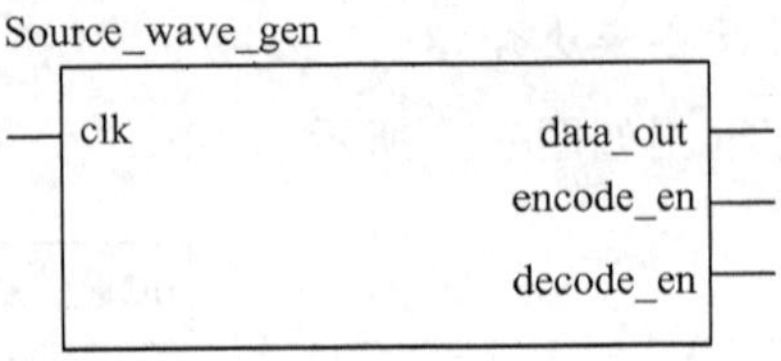

图 4.4　模拟信号源模块

（1）功能：产生模拟数据信号，此处用的是一个 sin 信号源。

（2）输入参数：clk：模块控制时钟。

（3）输出参数：① data_out：输出的模拟信号数据。

② encode_en：编码使能信号。

③ decode_en：译码使能信号。

3）PCM. A/μ 律编码模块

PCM. A/μ 律编码模块如图 4.5 所示。

名称：PCM_a13_encode/PCM_u15_encode

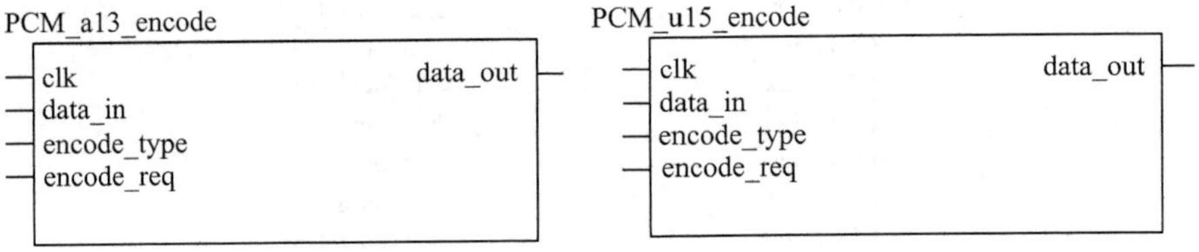

图 4.5　PCM. A/μ 律编码模块

（1）功能：进行 A 律或者 μ 律的 PCM 编码。

（2）输入参数：① clk：模块控制时钟。

② encode_type：选择编码的类型。

③ data_in：输入的模拟信号数据。

④ encode_req：编码使能端，若为高电平则开始编码。

（3）输出参数：data_out：输出的编码数据。

4）PCM. A/μ 律译码模块

PCM. A/μ 律译码模块如图 4.6 所示。

名称：PCM_a13_decode/PCM_u15_decode

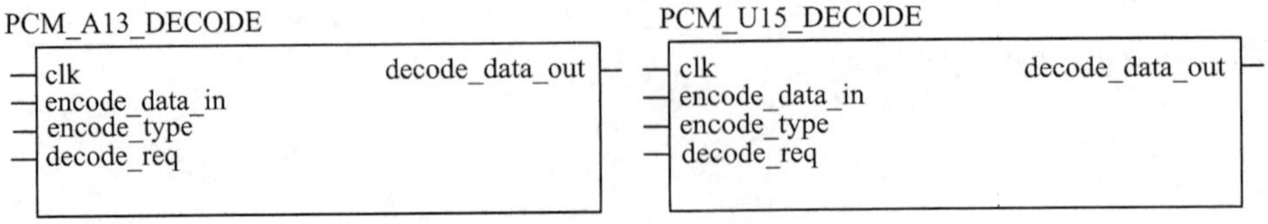

图 4.6　PCM. A/μ 律译码模块

（1）功能：产生矩形波信号。

（2）输入参数：① clk：模块控制时钟。

② encode_type：对应的译码类型。

③ encode_data_in：输入的编码后信号数据。

④ decode_req：译码使能端，若为高电平则开始编码。

（3）输出参数：decode_data_out：输出的译码后数据。

5）选择模块

选择模块如图 4.7 所示。

名称：select

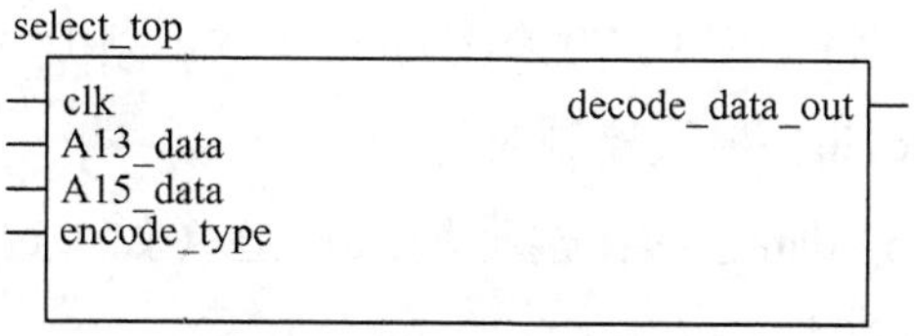

图 4.7 选择模块

（1）功能：传输 A/μ 律两种编码方式后的输出数据之一。

（2）输入参数：① clk：模块控制时钟。

② A13_data：A 律编码解码后输出数据。

③ U15_data：μ 律编码解码后输出数据。

④ decode_type：数据选择端，选 A 律或 μ 律。

（3）输出参数：decode_data_out：最终输出的数据。

6）截位模块

截位模块如图 4.8 所示。

名称：DacData_convert_top

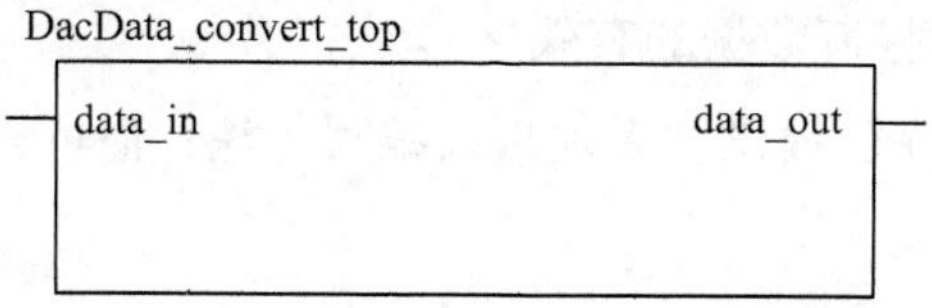

图 4.8 截位模块

（1）功能：将输出的信号进行 12 位转换为 10 位的截位输出。

（2）输入参数：data_in：12 位输入。

（3）输出参数：data_out：10 位输出。

7）输出模块

输出模块如图 4.9 所示。

名称：dac_busx8b

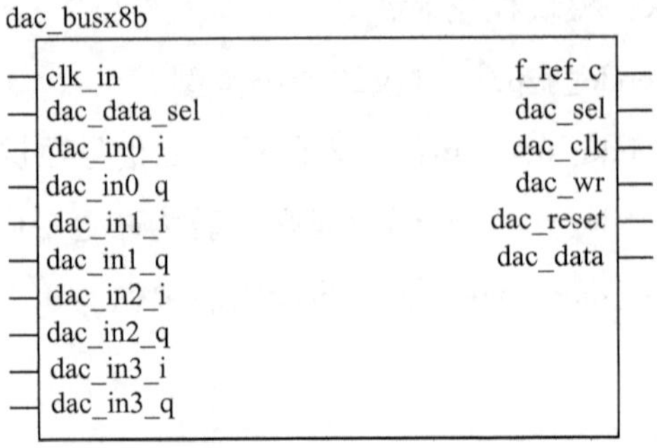

图 4.9　输出模块

（1）功能：数模转换，将 FPGA 产生的数字信号输出到 DAC，由 DAC 输出模拟信号。

（2）输入参数：① clk_in：模块控制时钟。

② dac_data_sel：选择输入通道（如：选择转换 dac_in0_i，dac_in0_q 还是 dac_in1_i，dac_in1_q）。

③ dac_in0_i～dac_in3_i：要转换的 I 路数据（DAC 可以同时转换 I，Q 两路数据）。

④ dac_in0_q～dac_in3_q：要转换的 Q 路数据。

（3）输出参数：① f_ref_c：外部触发信号，用于与在线的逻辑分析仪 trig 相连。

② dac_sel：I，Q 数据有效控制信号，高电平时 I 路有效，低电平时 Q 路有效。

③ dac_clk：DAC 芯片时钟信号。

④ dac_wr：写信号。

⑤ dac_reset：DAC 芯片复位信号。

⑥ dac_data：输出信号（一个端口要输出 I，Q 两路数据，故要 dac_sel 来控制数据的有效性）。

（4）说明：此模块程序已提供，无须自己编写。注：值可以取 0x00 至 0xFF。

4.1.5　实验步骤

4.1.5.1　实验准备

1）Step1：硬件环境准备

参见第三章“实验一　模拟信号源设计”中“3.1.5.1　实验准备”。

2）Step2：软件环境准备

参见第三章“实验一　模拟信号源设计”中“3.1.5.1　实验准备”。

4.1.5.2　功能验证

1）Step1：新建文件夹

新建一文件夹，名为“PCM”（可命名为其他名称，但名称和所在路径不能含有中文字符）。

2）Step2：复制文件

打开“实验二　PCM 编译码设计实验（FPGA）”中“实验程序”文件夹下的“Level_1”文件夹，将其中的“fpga_pcm_encode.sof”文件复制到自己新建的文件夹中。

3）Step3：下载程序

参见第三章“实验一　模拟信号源设计”中“3.1.5.2　功能验证”。

4）Step4：利用 Quartus Ⅱ仿真进行观察

通过 Quartus 自带的 Signal Tap Ⅱ Logic Analyse 可进行仿真观察波形，并且可以将各个模块运算的中间值参数显示出来，如图 4.10 所示。

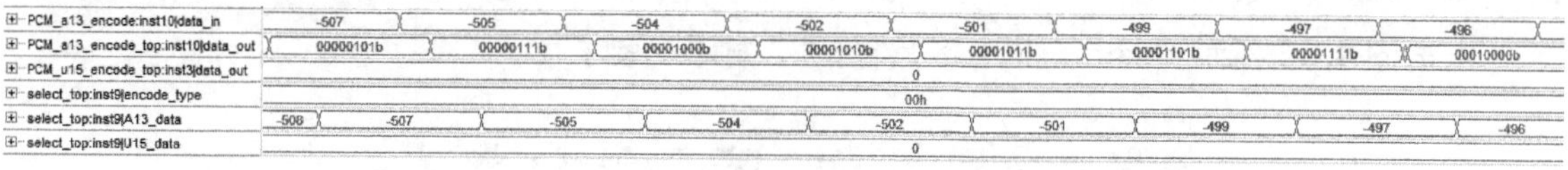

图 4.10　Signal Tap Ⅱ仿真波形

4.1.5.3　系统搭建

1）Step1：复制文件

将软件中“实验二　PCM 编译码设计实验（FPGA）”中“实验程序”文件夹下的“Level_2”工程文件夹复制到上述步骤中自己新建的文件夹中。在 Quartus Ⅱ中打开该工程，点击顶层文件“FPGA_PCM_Level2.qpf”，出现如图 4.11 所示的实验框架，学生在该框架下完成后续设计步骤。

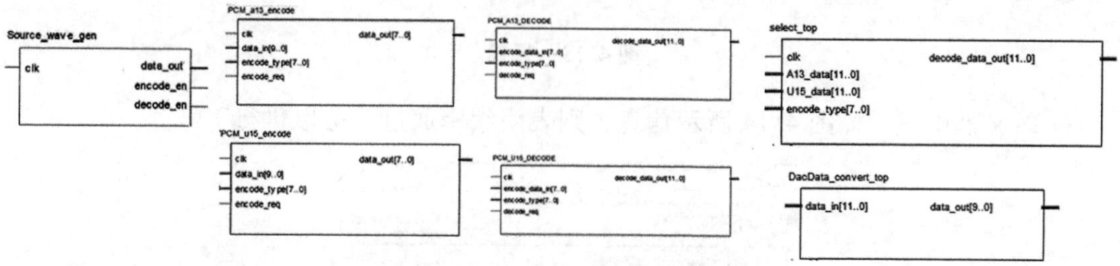

图 4.11　PCM 系统需要的功能模块

2）Step2：查看各模块功能和引脚定义

依次双击打开“Source_wave_gen_top”“PCM_a13_encode_top/PCM_u15_encode_top”“PCM_a13_decode_top/PCM_u15_decode_top”“select_top”模块，可以查看模块的

功能定义和各个引脚定义。

可从模块的注释中获取信息：

（1）模块功能：根据数据源模块传来的需要编码的数据，进行判断极性、确定段码和范围码的运算及输出。

（2）引脚功能：① clk：输入系统时钟。

② data_in：从数据源模块发来的需要编码的数据。

③ encode_type：控制选择编码的方式。

④ encode_req：该信号为高电平时开始编码。

⑤ data_out：输出编码后数据。

3） Step3：完成连线

在理解了每个核心组成模块的功能和引脚定义后，根据原理框图 4.2，完成模块之间的连线，并将中间信号和最终的结果输出到 DAC 上进行输出，点击“保存”按钮。

4） Step4：编译

点击图 4.12 所示 Quartus Ⅱ中工具栏的“编译”键。

图 4.12 编译

若出现如图 4.13 所示错误，则说明有模块输入连线未完成，某模块缺失输入信号。

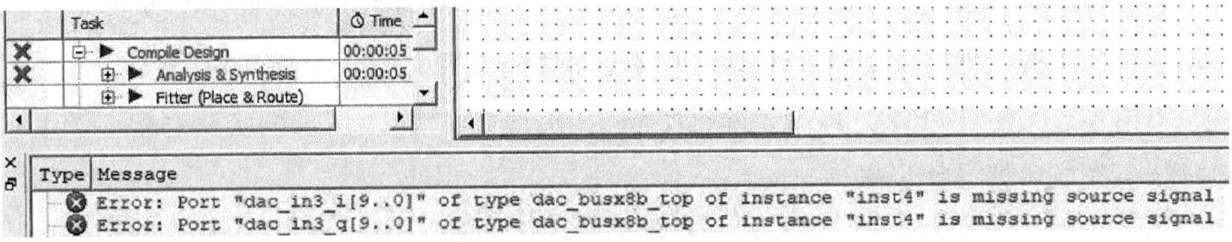

图 4.13 报错

若 Task 框中显示如图 4.14 所示信息，则表明编译通过，可以进行下载。

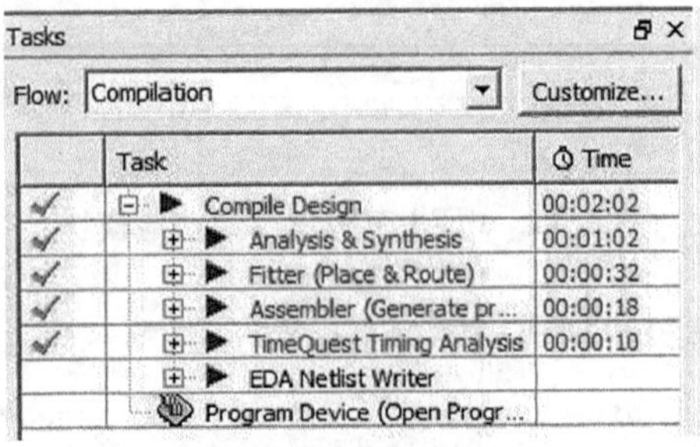

图 4.14 编译通过

5）Step5：下载（在已打开工程的前提下）

参见第三章“实验一 模拟信号源设计”中的“3.1.5.3 系统搭建”。

6）Step6：利用 Quartus Ⅱ仿真进行观察

通过 Quartus 自带的 Signal Tap Ⅱ Logic Analyse 可进行仿真观察波形，并且可以将各个模块运算的中间值参数显示出来，将图记录到“4.1.6.1 功能验证”中。

4.1.5.4 核心模块编写

1）Step1：复制文件

将软件中“实验二 PCM 编译码设计实验（FPGA）”中“实验程序”文件夹下的“Level_3”工程文件夹复制到自己新建的文件夹中，在 Quartus Ⅱ中打开该工程，点击顶层文件“FPGA_PCM_Level3.bdf”。

2）Step2：设计任务

（1）在“Source_wave_gen_top”模块中，完成 NRZ 码元生成模块编写。

设计思路：

① 利用系统时钟 clk 编写一个循环计数器。

② 将计数器作为地址输入，控制 IP 核产生数据源信号。

③ 编码信号和译码信号隔 10 个时钟。

（2）在“PCM_a13_encode_top/PCM_u15_encode_top”模块中，完成 A 律和 μ 律编码模块的编写。

设计思路：

① 编写状态机，先判断极性，再判断段落码，最后计算范围码。

② 判断极性：定义两个内部寄存器，一个为 8 位寄存器，一个为 10 位寄存器。根据输入的 data_in 的最高位进行判决：若为 0 则为正数，将 data_in 数据存入 10 位寄存器中，并将 8 位寄存器最高位赋值 0；若为 1 则为负数，将 data_in 数据取反加 1 存入 10 位寄存器中，并将 8 位寄存器最高位赋值 1。

③ 判断段落码：根据预先定义的 8 个 section，根据其数值对应编写。例如，在 0~15 的属于第一段，则将八位寄存器中的 4，5，6 位赋值 000。并且定义在每个段区间的量化间隔，A 律为（1，1，2，4，8，16，32，64），μ 律为（1，2，4，8，16，32，64，128）。

④ 计算范围码：根据预先定义的量化间隔，根据 10 位寄存器中的值所在段落区间，进行量化间隔的逐一累加计算。例如，某数小于“所在段码区间值+5×该段码区间量化间隔”且大于“所在段码区间值+4×该段码区间量化间隔”，则赋 8 位寄存器最后四位值为 0100。

（3）在“PCM_a13_decode_top/PCM_u15_decode_top”模块中，完成 A 律和 μ 律译码模块的编写。

设计思路：

① 编写状态机，先判断段落码，计算范围码，最后再判断极性。

② 判断段落码：判断 encode_data_in 的 6，5，4 三位的数值。例如，值为 1 的属于第二段，则 section 初值存在寄存器中为 16，且量化间隔记为 1；根据 A 律为（1，1，2，4，8，16，32，64），μ 律为（1，2，4，8，16，32，64，128），可反推其他区间值判决如何编写。

③ 计算范围码：判断 encode_data_in 的最后 4 位数值，根据是段落码判决时得出的所在区间的初值和量化间隔。计算方法如下：若某数在段落码判决中值为 2，则可得所在区间初值为 32，量化间隔为 2。判断最后 4 位数值为 5，则以公式“区间初值+量化间隔×5”，可以得到无符号的数值结果 42。

④ 判断极性：判断 encode_data_in 最高位，如果为 0，则直接输出计算范围码部分计算得到的结果；若为 1，则取反加 1 得到有符号的负值后输出。

（4）在“DacData_convert_top”模块中，完成截位模块的编写。

设计思路：将输入的 12 位数值取低 10 位输出，便于输出模块进行 DAC 转换输出。

3）Step3：功能要求

（1）信号源生成模块：双击“Source_wave_gen_top”模块，可以看到模块的功能定义和信号定义。

（2）编码模块：双击“PCM_a13_encode_top”/“PCM_u15_encode_top”模块，可以看到模块的功能定义和信号定义。

（3）译码模块：双击“PCM_A13_DECODE_top”/“PCM_U15_DECODE_top”模块，可以看到模块的功能定义和信号定义。

（4）截位模块：双击“DacData_convert_top”模块，可以看到模块的功能定义和信号定义。

4）Step4：模块编程

根据模拟信号源生成原理，在“编程开始”和“编程结束”之间完成自己的代码，其他各个模块也需要同样步骤进行编程。

5）Step5：编译、下载

参见第三章“实验一　模拟信号源设计”中的“3.1.5.2　功能验证”。

6）Step6：利用 Quartus Ⅱ仿真进行观察

通过 Quartus 自带的 Signal Tap Ⅱ Logic Analyse 可进行仿真观察波形，并且可以将各个模块运算的中间值参数显示出来，将图记录到“4.1.6.1　功能验证”中。

4.1.6　实验记录

4.1.6.1　功能验证

记录在不同 encode_type 情况下的原码波形、编码后波形、译码后波形。

① 当 encode_type = 0 时，编码方式为 A 律编码
曲线图：

具体数值图：

② 当 encode_type = 1 时，编码方式为 μ 律编码
曲线图：

具体数值图：

4.1.6.2　系统搭建

1）搭建后结果

① 总体布局

② 放大后细节

2）波形结果（结果同"4.1.6.1　功能验证"，故图略）

记录在不同 encode_type 情况下的原码波形、编码后波形、译码后波形。

① 当 encode_type = 0 时，编码方式为 A 律编码

② 当 encode_type = 1 时，编码方式为 μ 律编码

4.1.6.3 核心模块编写

① Source_wave_gen_top 要求：将包含所有输入输出引脚定义的 Source_wave_gen_top.v 下的全部程序粘贴在表中（删除不必要的注释） 答案：
② PCM_A13_DECODE_top（两种编码结构类似，只需更改预定义，故粘贴一个程序即可） 要求：将包含所有输入输出引脚定义的 PCM_A13_DECODE_top.v 下的全部程序粘贴在表中（删除不必要的注释） 答案：
③ PCM_a13_encode_top（两种编码结构类似，只需更改预定义，故粘贴一个程序即可） 要求：将包含所有输入输出引脚定义的 PCM_a13_encode_top.v 下的全部程序粘贴在下表中（删除不必要的注释） 答案：
④ DacData_convert_top 要求：将包含所有输入输出引脚定义的 DacData_convert_top.v 下的全部程序粘贴在表中（删除不必要的注释） 答案：

4.1.6.4 波形结果（结果同“4.1.6.1 功能验证”，故图略）

记录在不同 encode_type 情况下的原码波形、编码后波形、译码后波形。

① 当 encode_type=0 时，编码方式为 A 律编码
② 当 encode_type=1 时，编码方式为 μ 律编码

实验二　CMI 编译码器设计

4.2.1　实验目的

（1）熟悉 FPGA 集成开发软件 Quartus 的使用方法。

（2）掌握 Verilog 编写程序的方法。

（3）掌握 CMI 编译码设计的理论原理。

（4）掌握通过 FPGA 产生 PN 序列、CMI 编译码的原理及实现方法。

4.2.2　实验仪器

1）硬件平台

电脑一台；双踪示波器；XSRP 软件无线电创新平台。

2）软件平台

XSRP 软件无线电创新平台集成开发软件；Quartus Ⅱ 11.0。

4.2.3　实验内容

1）功能验证

将提供的 FPGA 文件下载到 XSRP 软件无线电创新平台中，通过示波器观察信号源波形、CMI 编码波形、CMI 译码波形、位同步信号波形，并记录到“4.2.6　实验记录”中。

2）系统搭建

在 Quartus Ⅱ下，将提供的顶层文件通过原理图输入的方式，构建成系统，编译、仿真、下载，用示波器观测波形，并记录到“4.2.6　实验记录”中。

3）核心模块程序编写

在 Quartus Ⅱ下，通过硬件描述语言（Verilog 语言）编写核心模块的程序，并进行系统联调，用示波器观测波形，将观测到的波形和核心代码记录到“4.2.6　实验记录”中。

4.2.4　实验原理

4.2.4.1　通过 FPGA 进行 CMI 编译码设计的原理

本实验 CMI 编码中，码字“0”由“01”表示，码字“1”由“00”，“11”交替表示。其变换规则如表 4.3 所示。

表 4.3　变换规则表

输入码	CMI 编码	
	模式 1	模式 2
1	00	11
0	01	01

译码过程中除了要处理数据的变换外，还需要做的工作是位同步提取。位同步提取的

方法一般有数字锁相环法和滤波法等。

4.2.4.2　FPGA 设计原理及各模块介绍

CMI 编译码设计系统框图如图 4.15 所示。

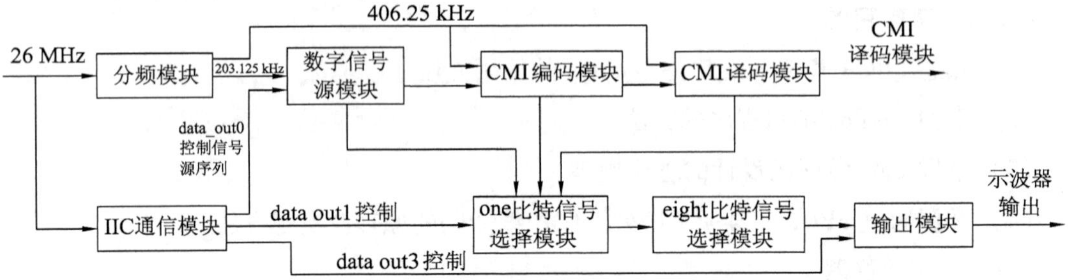

图 4.15　CMI 编译码设计系统框图

1）IIC 通信模块

IIC 通信模块如图 4.16 所示。

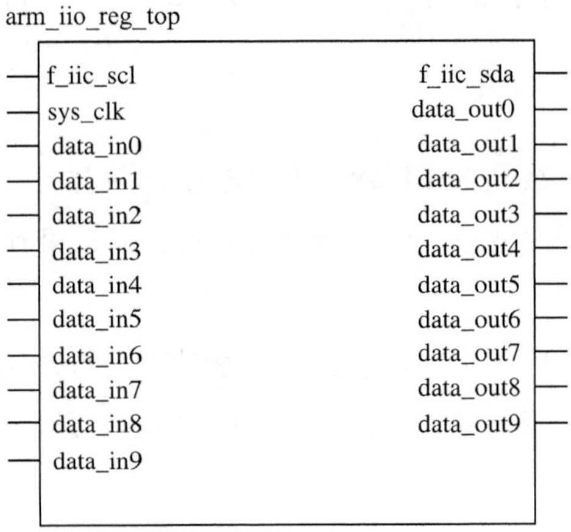

图 4.16　IIC 通信模块

（1）功能：FPGA 芯片与 XSRP 软件无线电平台集成开发软件通过此模块通信，用于配置实验参数，各参数的默认值为 0。

① data_out0：选择数字信号源输出波形，连接数字信号源模块的“nrz_source_sel”信号。0——PN6 序列；1——15 位固定序列；3——32 位固定序列。

② data_out1：选择 one 比特信号选择模块输出的信号，连接 one 比特信号选择模块的“data_sel”信号。

③ data_out3：选择输出模块输出的信号，连接输出模块的“dac_data_sel”信号。

（2）注：值可以取 0x00 至 0xFF。

2）分频模块

分频模块如图 4.17 所示。

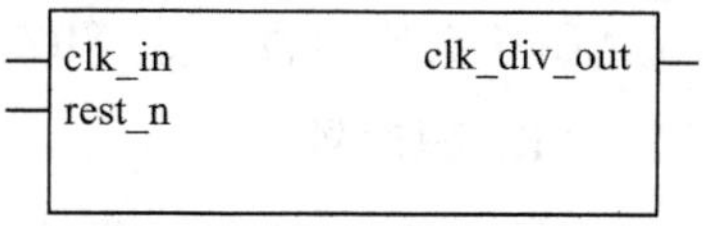

图 4.17　分频模块

（1）功能：对输入的时钟分频，输出 16 位信号，学生可选择其中任一 bit 作为其他模块的时钟。若选择输出的第 0 位为输入时钟的 2 分频，则第 1 位为输入时钟的 4 分频，第 2 位为 8 分频，以此类推（2^N 分频，N 为选择的位数）。

（2）输入参数：① clk_in：系统时钟。

② rest_n：复位信号，此处置 1。

（3）输出参数：clk_div_out：输出的计数数据，用以分频。

3）数字信号源模块

数字信号源模块如图 4.18 所示。

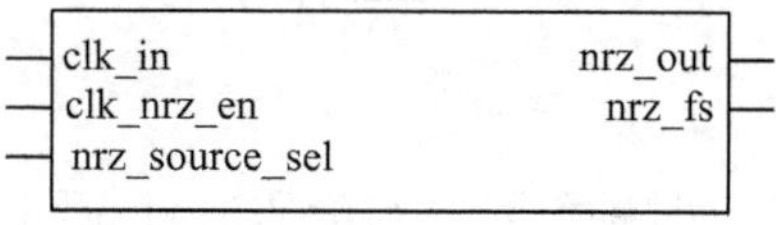

图 4.18　数字信号源模块

（1）功能：产生 8 种码型。当 nrz_source_sel ＝0～7 时，输出码型分别为伪随机码、15 位任意码型、32 位任意码型、64 位任意码型、256 位数据，只有 8 位非 0、1024 位数据，只有 8 位非 0、64 位全 0 码、64 位全 1 码。

（2）输入参数：① clk_in：时钟信号。

② clk_nrz_en：使能端，在本实验中置 1。

③ nrz_source_sel：选择信号源模块输出的码型。

（3）输出参数：① nrz_out：输出的信号源波形。

② nrz_fs：NRZ 码的周期性脉冲信号。

4）CMI 编码模块

CMI 编码模块如图 4.19 所示。

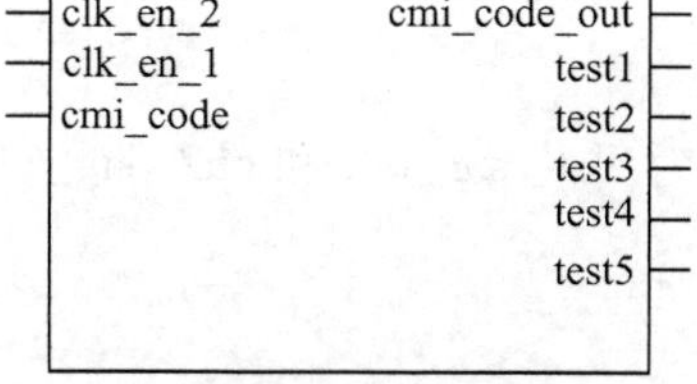

图 4.19　CMI 编码模块

（1）功能：将输入的序列进行 CMI 编码。

（2）输入参数：① clk_ en_ 2：CMI 编码时钟，是 NRZ 码时钟的 2 倍。

② clk_ en_ 1：NRZ 码时钟。

③ cmi_ code：即信号源产生的信号输入，用作 CMI 编码。

（3）输出参数：① cmi_ code_ out：CMI 编码信号输出。

② test1～5：输出的信号都是编码信号（测试用）。

5）CMI 译码模块

CMI 译码模块如图 4. 20 所示。

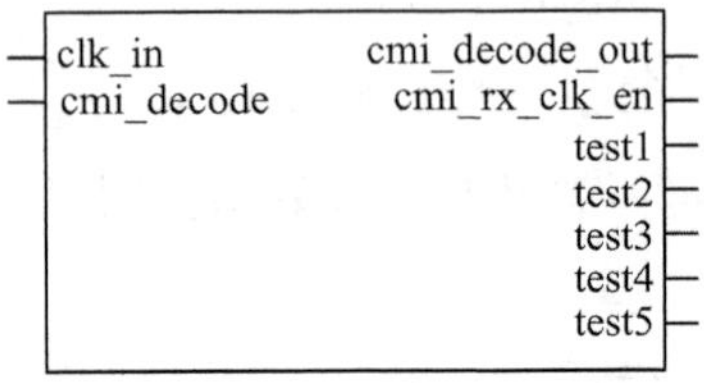

图 4. 20　CMI 译码模块

（1）功能：CMI 译码。

（2）输入参数：① clk_ in：时钟信号，与编码时钟相同。

② cmi_ decode：编码信号输入。

（3）输出参数：① cmi_ decode_ out：CMI 译码输出。

② cmi_ rx_ clk_ en：位同步提取信号。

③ test1～5：输出的都是 CMI 译码信号（测试用）。

6）one 比特信号选择模块

one 比特信号选择模块如图 4. 21 所示。

功能：通过 IIC 通信模块选择输入信号中的两路，将选择的信号进行变换后输出。变换方式：输入值为 1，转换成 8′hff；输入值为 0，转换成 8′h0。作此变换是为了便于在示波器上进行观察。

① data_ sel＝0，ch1_ sig_ out＝data_ 0_ a 变换后的信号，ch2_ sig_ out＝data_ 0_ b 变换后的信号。

② data_ sel＝1，ch1_ sig_ out＝data_ 1_ a 变换后的信号，ch2_ sig_ out＝data_ 1_ b 变换后的信号。

③ data_ sel＝2～7，则输出为 ch1_ sig_ out 和 ch2_ sig_ out，以此类推。

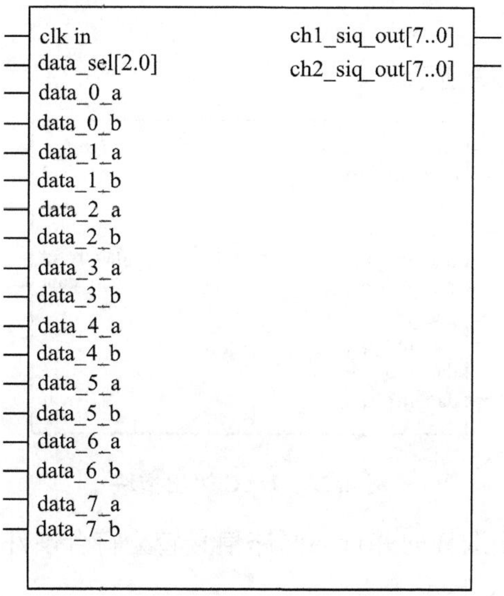

图 4.21　one 比特信号选择模块

7） eight 比特信号选择模块

eight 比特信号选择模块如图 4.22 所示。

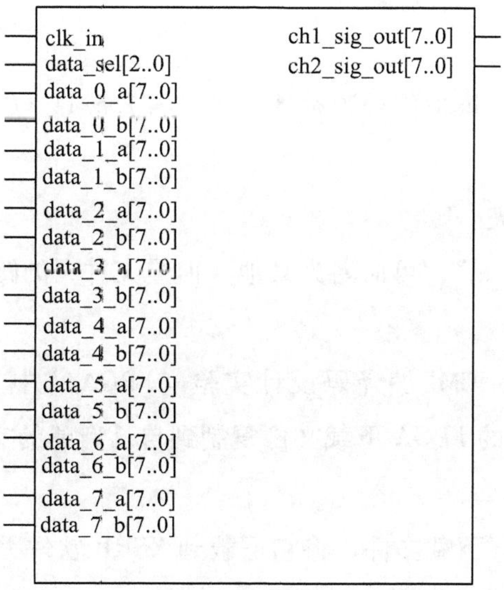

图 4.22　eight 比特信号选择模块

（1） 功能：通过 IIC 通信模块选择输入信号中的两路，将选择的信号变换后输出。

（2） 输入参数：① clk：输入时钟信号。

② data_ sel ［2.. 0］：输出选择的信号。

③ data0 a （b） ~data7a （b）：信号输入。

（3） 输出参数：ch1_ sig_ out （ch2_ sig_ out）：信号输出。

8）DAC 输出模块

DAC 输出模块如图 4.23 所示。

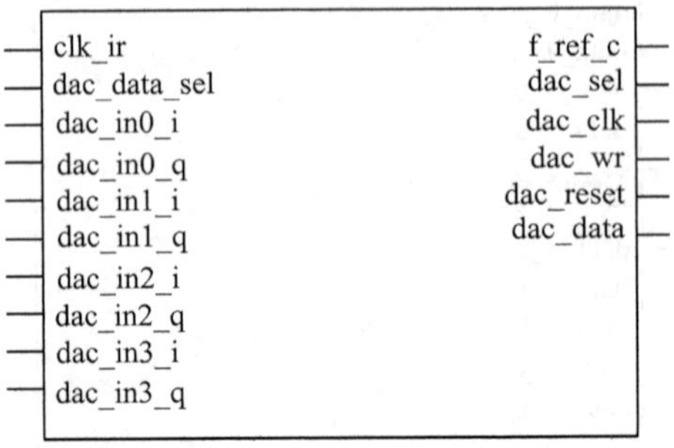

图 4.23　DAC 输出模块

功能：将 IIC 通信模块选择的并行的两路信号转为符合硬件 DAC 芯片输入格式的串行信号，该信号可通过示波器显示。

① dac_data_sel=0，dac_data 为 dac_in0_i 和 dac_data_q 转换成的串行信号，连接示波器后，示波器的 CH1 为 dac_in0_i 波形，CH2 为 dac_in0_q 波形。

② dac_data_sel=1~3，以此类推。

4.2.5　实验步骤

4.2.5.1　实验准备

参见第三章“实验一　模拟信号源设计”的“3.1.5.1　实验准备”。

4.2.5.2　功能验证

1）Step1：新建文件夹

新建文件夹命名为“cmi”，可命名为其他，但是文件夹的路径不能包含中文字符。

2）Step2：复制文件

打开软件中“实验 6　CMI 编译码设计实验（FPGA）”中“实验程序”文件夹下的“Level1”文件夹，将提供的 FPGA 下载文件复制到自己新建的文件夹下。

3）Step3：下载

用 Quartus Ⅱ 软件打开下载文件，将它下载到 XSRP 软件无线电创新平台中。下载过程参见第三章“实验一　模拟信号源设计”的“3.1.5.2　功能验证”。

4）Step4：观察和记录

下载完成后，打开 XSRP 软件无线电创新平台集成开发软件，“实验选择”——CMI。

（1）“信号源选择”——NRZ 码；“DAC 信号选择”——信号源和编码信号，点击“配置”按钮，按下示波器“Auto”按钮，观察信号源和 CMI 编码信号；

（2）“信号源选择”——NRZ 码；“DAC 信号选择”——信号源和译码信号，点击“配置”按钮，按下示波器“Auto”按钮，观察信号源和 CMI 译码信号；

(3)“信号源选择”——NRZ 码；“DAC 信号选择”——信号源和恢复时钟，点击“配置”按钮，按下示波器“Auto”按钮，观察信号源和位同步信号。

将上述观察到的波形记录到“4.2.6.1　功能验证”中。

4.2.5.3　系统搭建

1）Step1：打开文件

将软件中“实验 6：CMI 编译码设计实验（FPGA）”中“实验程序”文件夹下的“Level2”工程文件夹，复制到上述自己新建的文件夹中。用 Quartus Ⅱ打开工程，点击顶层文件“fpga_cmi_2”，出现如图 4.24 所示的实验框架，学生在该框架下完成后续设计步骤。

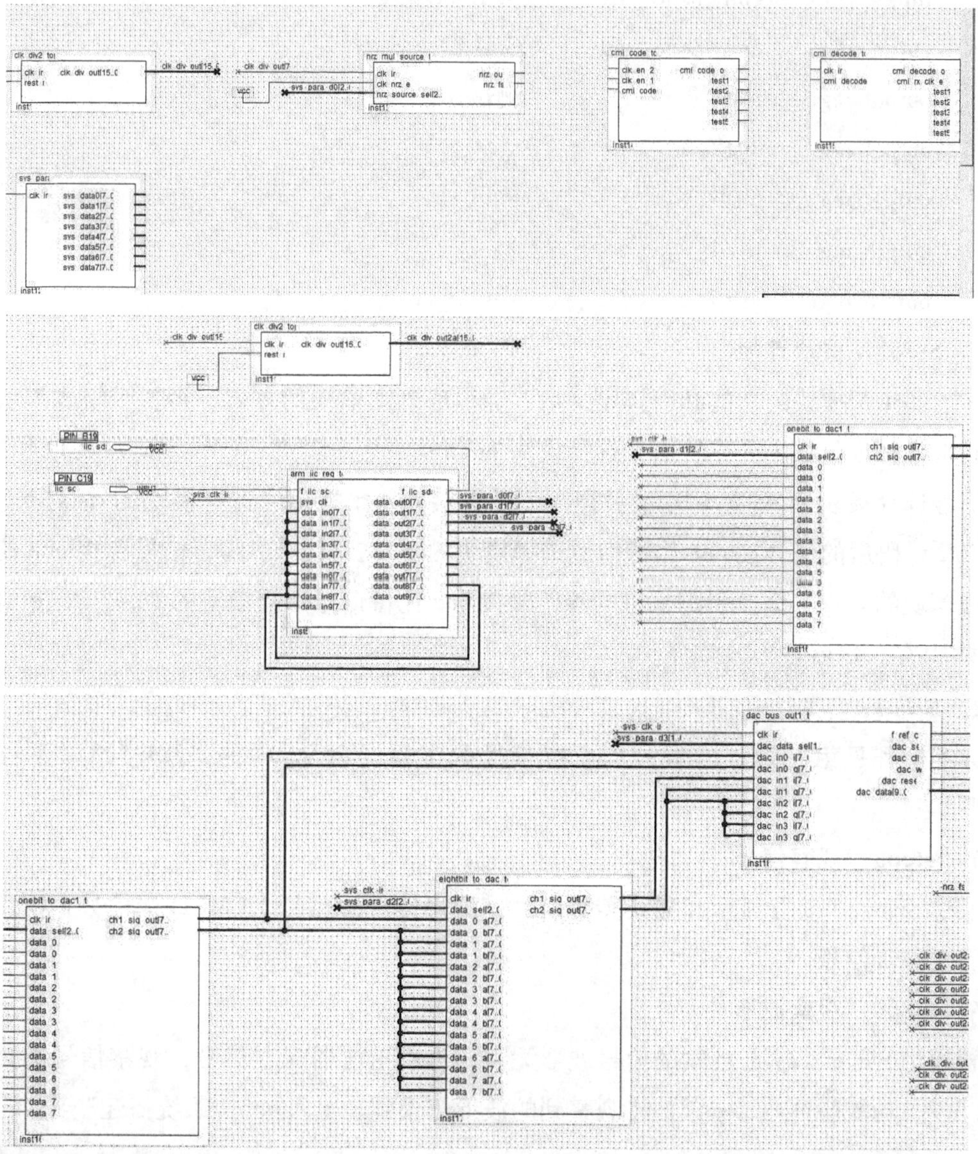

图 4.24　实验框架

2）Step2：打开模块

依次打开“clk_div2_top”“nrz_mul_source_top”“cmi_code_top”“cmi_decode_top”模块等，查看各模块的功能定义和引脚定义，例如，打开“cmi_code_top”模块，查看功能和引脚定义。

模块功能：将输入的信号进行 CMI 编码，即 0 用 01 表示，1 交替使用 11 和 00 表示。

引脚定义：

input	clk_en_2x,	CMI 编码时钟，它的频率是 NRZ 码时钟的 2 倍
input	clk_en_1x,	NRZ 码时钟
input	cmi_code_in,	NRZ 码输入
output reg	cmi_code_out,	CMI 编码输出
output reg	test1,	测试用
output reg	test2,	
output reg	test3,	
output reg	test4,	
output reg	test5	

3）Step3：模块连接

在了解每个模块的功能和引脚定义后，通过原理图输入的方式，将各个组成模块用线连接起来（信号源接 one 比特信号选择模块的 data_in0_i 引脚，CMI 编码后的信号接 one 比特信号选择模块的 data_in0_q 引脚，信号源接 one 比特信号选择模块的 data_in1_i 引脚，CMI 译码后的信号接 one 比特信号选择模块的 data_in1_q 引脚，信号源接 one 比特信号选择模块的 data_in2_i 引脚，位同步信号接 one 比特信号选择模块的 data_in2_q 引脚），点击保存，然后点击编译。

4）Step4：下载

详细过程见第三章“实验一：模拟信号源实验（FPGA）”的“3.1.5.3 系统搭建 Step5”。

5）Step5：观察信号

通过 Signal Tap Ⅱ 显示和捕获实时信号，观察信号源信号、CMI 编码信号、CMI 译码信号、位同步信号。

6）Step6：观察波形

若通过 Signal Tap Ⅱ 观察的信号波形无误，再用示波器观察信号，观察信号的过程见“4.2.5.2 功能验证 Step4”，将观察到的波形记录到“4.2.6.2 系统搭建”中。

4.2.5.4　核心模块程序编写

1） Step1：打开文件

将软件中“实验 6：CMI 编译码设计实验（FPGA）”中“实验程序”文件夹下的“Level3”工程文件夹，复制到上述自己新建的文件夹中。用 Quartus Ⅱ打开工程，点击顶层文件“fpga_cmi_3”。

2） Step2：设计任务

（1）在“cmi_code_top”模块下编程，要求：实现 CMI 编码功能。

设计思路：

① 定义一个存储输入信号的 1 位寄存器 code_data_in_r，一个存放编码信号的 2 位寄存器信号 cmi_code_2bit，一个 1 位寄存器作为符号信号。

② 存储输入信号存入寄存器 code_data_in_r 中，判断 NRZ 码数值：若 NRZ 码为“0”，则设置寄存器中的数据为“01”；若 NRZ 码为“1”，则设置寄存器中的数据交替为“00”和“11”。

③ 使用 NRZ 码的倍频信号作为时钟，当编码时钟信号为 1，输出编码信号的高位；否则输出低位。

（2）在“cmi_decode_top”模块下编程，要求：实现 CMI 译码功能。

设计思路：

① 设计一个 2 进制计数器。

② 定义一个 2 位寄存器，存入输入的 CMI 编码信号。

③ 判断寄存器中的值：若为“1”，则译码输出为 0；若为“0”或“3”，则译码输出为 1。

3） Step3：编程

（1）双击“cmi_code_top”模块，可以看到模块的功能定义和引脚定义，在“开始编程”和“结束编程”之间，按照功能和引脚的定义以及设计任务的要求编写代码。

（2）双击“cmi_decode_top”模块，可以看到模块的功能定义和引脚定义，在“开始编程”和“结束编程”之间，按照功能和引脚的定义以及设计任务的要求编写代码。

4） Step4：编译

上述模块全部编程之后，点击▶编译。

5） Step5：下载

详细过程见第三章“实验一　模拟信号源设计”的“3.1.5.3　系统搭建　Step5”。

6） Step6：观察信号

下载完成后观察信号，观察过程见“4.2.5.2　功能验证　Step4”，将观察到的信号波形记录到“4.2.6.3　核心模块程序编写”中。

7）Step7：观察波形

若示波器显示的波形无误，则将设计要求中的模块代码记录到“4.2.6.3　核心模块程序编写”中。

4.2.6　实验记录

4.2.6.1　功能验证

信号源产生的信号以及 CMI 编码信号	
信号源产生的信号以及 CMI 译码信号	
信号源产生的信号以及位同步信号	

4.2.6.2　系统搭建

原理图连线
信号源波形及 CMI 编码波形

信号源波形及 CMI 译码波形
信号源波形及位同步信号波形

4.2.6.3　核心模块程序编写

信号源波形及 CMI 编码波形
信号源波形及 CMI 译码波形
信号源波形及位同步信号波形
cmi_code_top 模块代码
cmi_decode_top 模块代码

实验三　HDB3编译码器设计

4.3.1　实验目的

（1）熟悉 FPGA 集成开发软件 Quartus 的使用方法。

（2）掌握 Verilog 编写程序的方法。

（3）掌握 HDB3 编译码设计的理论原理。

（4）掌握通过 FPGA 产生 PN 序列、HDB3 编译码的原理及实现方法。

4.3.2　实验仪器

1）硬件平台

电脑一台；双踪示波器；XSRP 软件无线电创新平台。

2）软件平台

XSRP 软件无线电创新平台集成开发软件；Quartus Ⅱ 11.0。

4.3.3　实验内容

1）功能验证

将提供的 FPGA 下载文件下载到 XSRP 软件无线电创新平台中，通过 XSRP 软件无线电创新平台集成开发软件选择输出信号，用示波器观察 NRZ 码和 HDB3 编码输出、HDB3 译码输出、HDB3 码正脉冲、HDB3 码负脉冲，并记录到“4.3.6　实验记录”中。

2）系统搭建

在 Quartus Ⅱ下，将提供的顶层文件通过原理图输入的方式，构建成系统，编译、仿真、下载，用示波器观测波形，并记录到“4.3.6　实验记录”中。

3）核心模块程序编写

在 Quartus Ⅱ下，通过硬件描述语言（Verilog 语言）编写核心模块的程序，并进行系统联调，用示波器观测波形，将观测到的波形和核心代码记录到“4.3.6　实验记录”中。

4.3.4　实验原理

4.3.4.1　通过 FPGA 进行 HDB3 编译码设计的原理

HDB3 码的全称是三阶高密度双极性码，它是 AMI 码的一种改进型，改进的目的是保持 AMI 码的优点而克服其缺点，使连“0”个数不超过三个。其编码规则如下：

（1）先检查消息码的连“0”个数。当连“0”个数小于等于 3 时，则与 AMI 码的编码规则一样。

（2）当连“0”个数超过 3 个时，则将每 4 个连“0”化作一小节，用“000V”替代。V 应与其前一个相邻的非“0”脉冲的极性相同。

（3）相邻的 V 极性必须交替。当 V 码取值能满足规则（2）中要求，而不满足规则（3）

要求时，则将“0000”用“B00V”替代。B 的取值与后面的 V 脉冲一致，用于解决此问题。

（4）V 码后面的传号码极性也要交替。

（5）表 4.4 为 HDB3 码编码规则。

表 4.4　HDB3 码编码规则

前面“1”码的极性	与上一个 V 码之间“1”码的个数	
	奇数个“1”	偶数个“1”（包括 0 个）
.	000V.	B+00V+
+	000V+	B. 00V.

【例】 消息码：　10000000　　11000000　　11100000

HDB3 码：　1000+V000　　. 1+1. B00. V00　　+1. 1+1000+V0

. 1000. V000　　+1. 1+B00+V00　　. 1+1. 1000. V0

HDB3 码除了保持 AMI 码的优点外，还增加了使连 0 串减少到至多 3 个的优点，而不管信息源的统计特性如何，这对于定时信号的恢复是十分有利的。

HDB3 编码时采取的设计思路是：首先完成插 V 的工作，接着执行插 B 功能，最后实现单极性变双极性的信号输出。这样做的好处是：输入进来的信号和插 V、插 B 功能电路中处理的信号都是单极性信号，且需要寄存器的数目可以少很多。HDB3 码的编码器模型如图 4.25 所示。

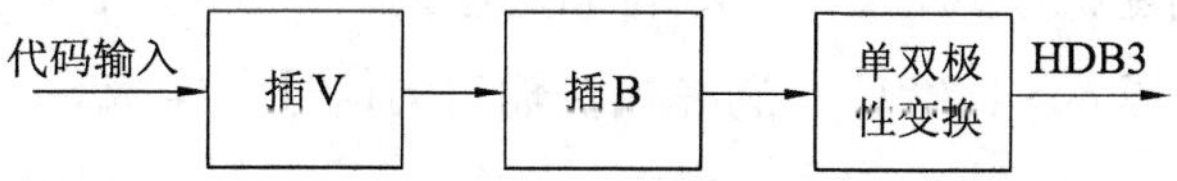

图 4.25　编码器总体模块模型

译码原理：根据编码规则，破坏点 V 脉冲与前一个脉冲同极性。因而可从所接收的信码中找到 V 码，然后根据 HDB3 编码的原则，V 码与前面的三位代码必然是取代码，在译码时，须全部复原为四连 0。只要找到 V 码，不管 V 码前是两个“0”码，还是三个“0”码，一律把取代节清零，完成了扣 V 扣 B 功能，交替的+1，. 1 译为 1（中间有 0 不影响 1 的交替），0 译为 0，从而得到源码。

4.3.4.2　FPGA 设计原理及各模块介绍

HDB3 编译码设计系统框图如图 4.26 所示。

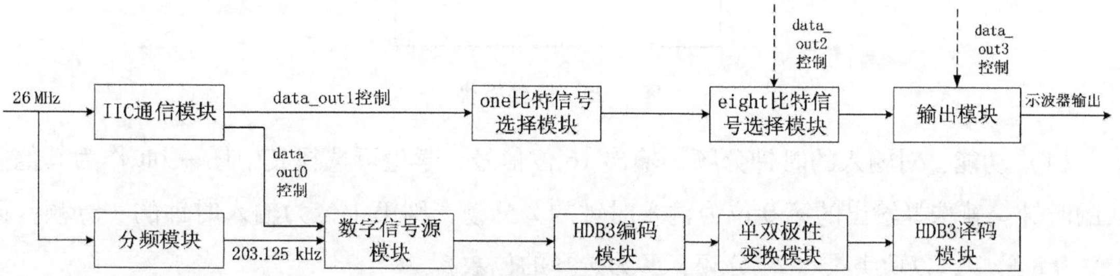

图 4.26　HDB3 编译码设计系统框图

1）IIC 通信模块

IIC 通信模块如图 4.27 所示。

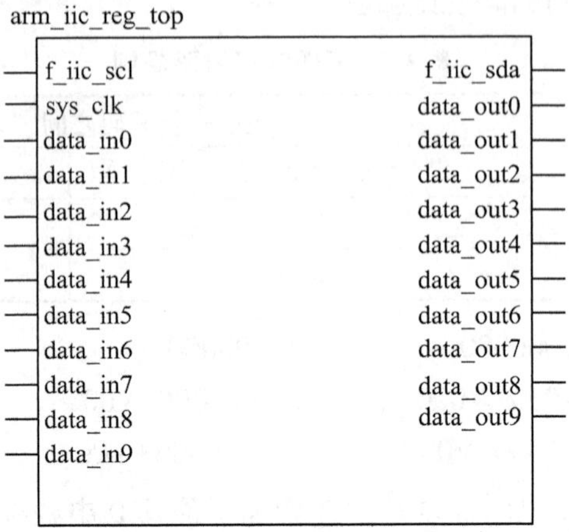

图 4.27　IIC 通信模块

功能：FPGA 芯片与 XSRP 软件无线电平台集成开发软件通过此模块通信，用于配置实验参数。

① data_out0：选择数字信号源输出波形，连接数字信号源模块的“nrz_source_sel”信号。0——PN6 的伪随机序列；1——15 位固定序列；3——32 位固定序列。

② data_out1：选择 one 比特信号选择模块输出的信号，连接 one 比特信号选择模块的“data_sel”信号。

③ data_out2：选择 eight 比特信号选择模块输出的信号，连接 eight 比特信号选择模块的“data_sel”信号。

④ data_out3：选择输出模块输出的信号，连接输出模块的“dac_data_sel”信号。

注：值可以取 0x00 至 0xFF。

2）分频模块

分频模块如图 4.28 所示。

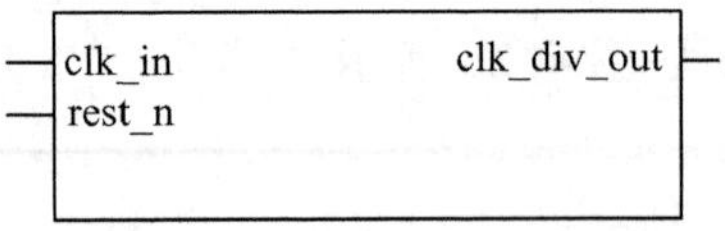

图 4.28　分频模块

（1）功能：对输入的时钟分频，输出 16 位信号，学生可选择其中任一 bit 作为其他模块的时钟。若选择输出的第 0 位为输入时钟的 2 分频，则第 1 位为输入时钟的 4 分频，第 2 位为 8 分频，以此类推（2^N 分频，N 为选择的位数）。

（2）输入参数：① clk_in：系统时钟。

② rest_n：复位信号，此处置 1。

（3）输出参数：clk_div_out：输出的计数数据，用以分频。

3）数字信号源模块

数字信号源模块如图 4.29 所示。

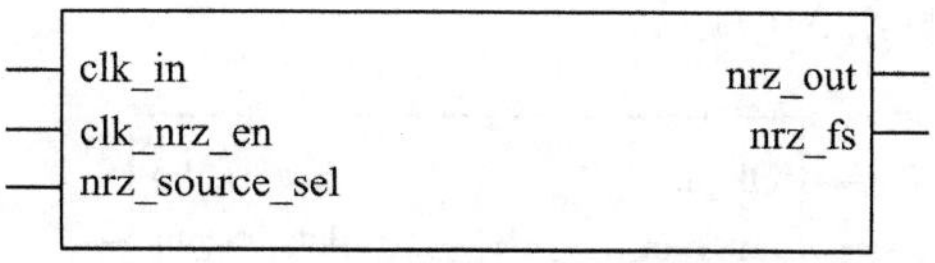

图 4.29　数字信号源模块

（1）功能：产生 8 种码型。当 nrz_source_sel = 0 ~ 7 时，输出码型分别为伪随机码、15 位任意码型、32 位任意码型、64 位任意码型、256 位数据，或只有 8 位非 0、1024 位数据，或只有 8 位非 0、64 位全 0 码、64 位全 1 码。

（2）输入参数：① clk_in：时钟信号。

② clk_nrz_en：使能端，在本实验中置 1。

③ nrz_source_sel：选择信号源模块输出的码型。

（3）输出参数：① nrz_out：输出的信号源波形。

② nrz_fs：NRZ 码的周期性脉冲信号。

4）HDB3 编码模块

HDB3 编码模块如图 4.30 所示。

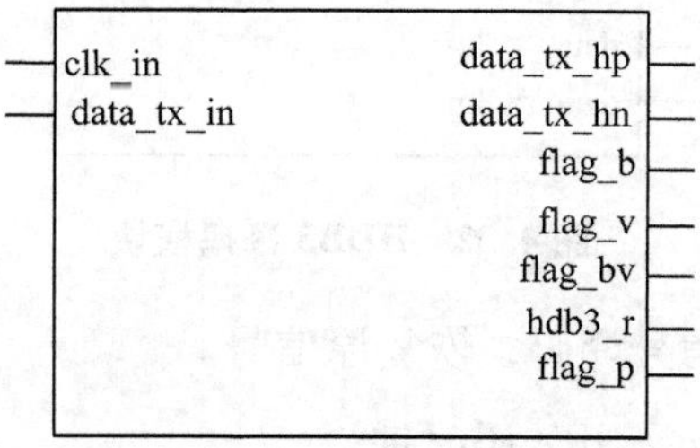

图 4.30　HDB3 编码模块

（1）功能：将输入的序列进行 HDB3 编码。

（2）输入参数：① clk_in：时钟。

② data_tx_in：NRZ 码输入。

（3）输出参数：① data_tx_hp：HDB3 正极性信号输出。

② data_tx_hn：HDB3 负极性信号输出。

③ flag_b：编码过程中插 B 标志。

④ flag_v：编码过程中插 V 标志。

⑤ flag_ bv：编码过程中插 B 和 V 标志。

⑥ hdb3_ r：HDB3 有符号信号输出。

⑦ flag_ p：输出符号标志。

5）单双极性变换模块

单双极性变换模块如图 4. 31 所示。

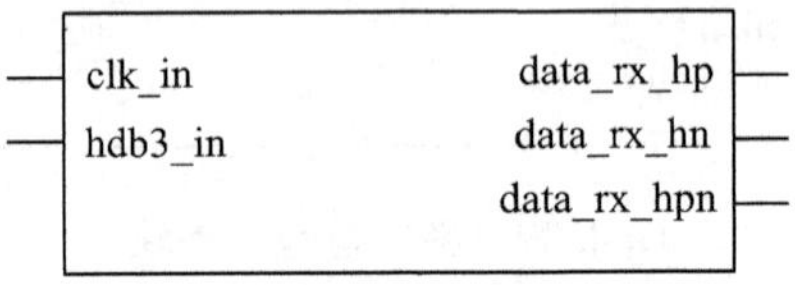

图 4. 31　单双极性变换模块

（1）功能：编码后的双极性信号变为单极性信号输出。

（2）输入参数：① clk_ in：NRZ 码时钟。

② hdb3_ in：编码后信号输入，来自 HDB3 编码模块。

（3）输出参数：① data_ rx_ hp：HDB3 正极性信号输出。

② data_ rx_ hn：HDB3 负极性信号输出。

③ data_ rx_ hpn：输出信号。

6）HDB3 译码模块

HDB3 译码模块如图 4. 32 所示。

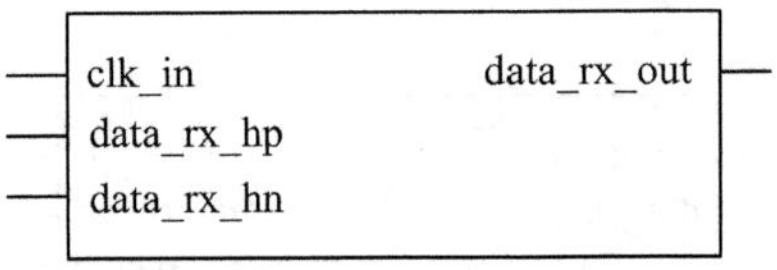

图 4. 32　HDB3 译码模块

（1）功能：将编码后的信号译码，恢复原信号。

（2）输入参数：① clk_ in：NRZ 码时钟。

② data_ rx_ hp：HDB3 正极性信号。

③ data_ rx_ hn：HDB3 负极性信号。

（3）输出参数：data_ rx_ out：译码输出。

7）one 比特信号选择模块

one 比特信号选择模块如图 4. 33 所示。

功能：通过 IIC 通信模块选择输入信号中的两路，将选择的信号进行变换后输出。变换方式：输入值为 1，转换成 8′hff；输入值为 0，转换成 8′h0。作此变换是为了便于在示波器上进行观察。

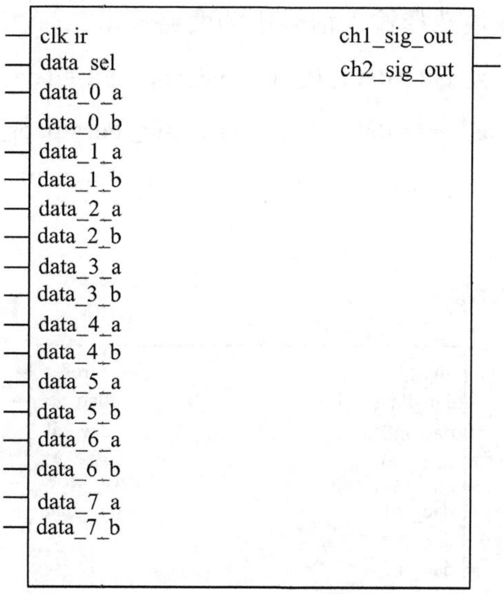

图 4.33　one 比特信号选择模块

① data_sel=0，ch1_sig_out=data_0_a 变换后的信号，ch2_sig_out=data_0_b 变换后的信号。

② data_sel=1，ch1_sig_out=data_1_a 变换后的信号，ch2_sig_out=data_1_b 变换后的信号。

③ data_sel=2~7，输出 ch1_sig_out 和 ch2_sig_out，以此类推。

8） eight 比特信号选择模块

eight 比特信号选择模块如图 4.34 所示。

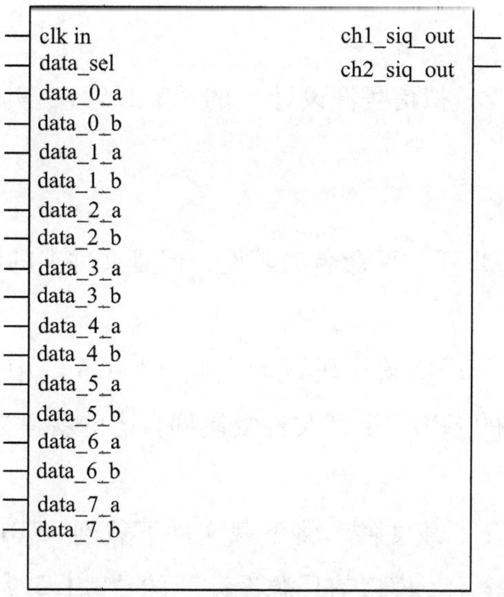

图 4.34　eight 比特信号选择模块

功能：通过 IIC 通信模块选择输入信号中的两路输出。

① data_sel=0，ch1_sig_out=data_0_a，ch2_sig_out=data_0_b。

② data_sel=1，ch1_sig_out=data_1_a，ch2_sig_out=data_1_b。

③ data_sel=2~7，输出为 ch1_sig_out 和 ch2_sig_out，以此类推。

9）输出模块

输出模块如图 4.35 所示。

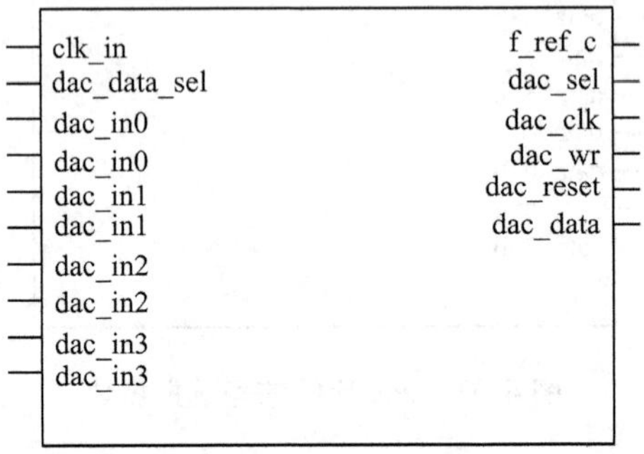

图 4.35　输出模块

功能：将 IIC 通信模块选择的并行的两路信号转为符合硬件 DAC 芯片输入格式的串行信号，该信号可通过示波器显示。

① dac_data_sel=0，dac_data 为 dac_in0_i 和 dac_data_q 转换成的串行信号，连接示波器后，示波器的 CH1 为 dac_in0_i 波形，CH2 为 dac_in0_q 波形。

② dac_data_sel=1~3，以此类推。

4.3.5　实验步骤

4.3.5.1　实验准备

参见第三章“实验一　模拟信号源设计”的“3.1.5.1　实验准备”。

4.3.5.2　功能验证

1）Step1：新建文件夹

新建文件夹命名为“hdb3”，可命名为其他，但是文件夹的路径不能包含中文字符。

2）Step2：复制文件

打开软件中“实验 8：HDB3 编译码设计实验（FPGA）”中“实验程序”文件夹下的“Level1”文件夹，将提供的 FPGA 下载文件复制到自己的新建文件夹下。

3）Step3：下载文件

用 Quartus Ⅱ 软件打开下载文件，将下载文件下载到 XSRP 软件无线电创新平台中。下载过程参见第三章“实验一　模拟信号源设计”的“3.1.5.2　功能验证”。

4）Step4：打开

下载完成后，打开 XSRP 软件无线电创新平台集成开发软件，“实验选择”——HDB3，如图 4. 36 所示。

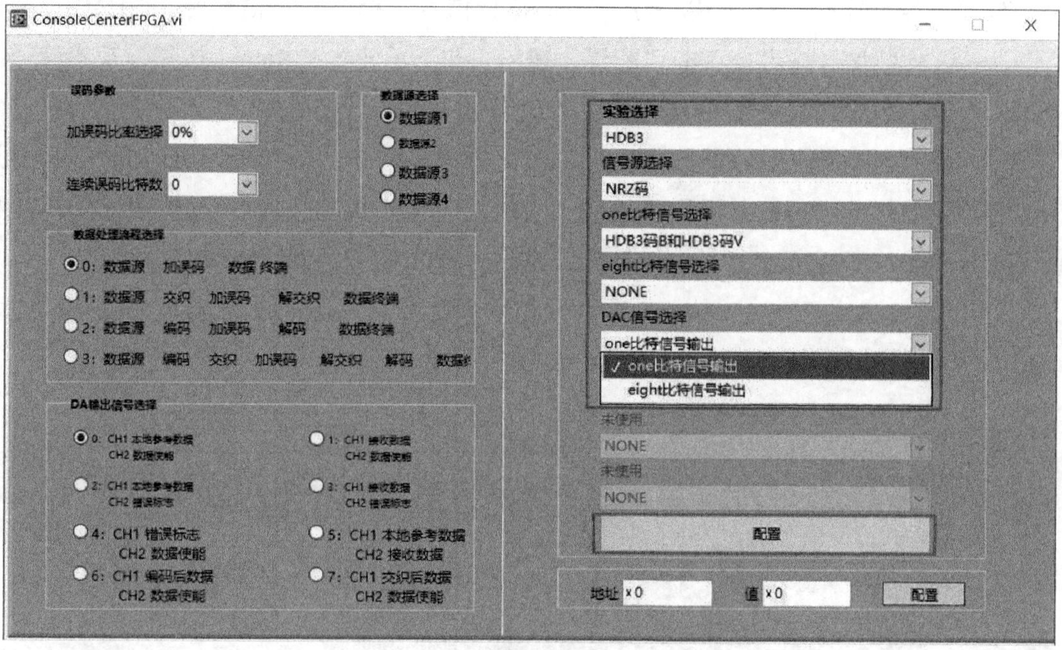

图 4. 36　one 比特信号的配置

（1）“信号源选择”——NRZ 码，“one 比特信号选择”——HDB3 码正脉冲和 HDB3 码负脉冲，“DAC 信号选择”——one 比特信号输出，点击“配置”按钮，按下示波器“Auto”按钮，观察 HDB3 编码信号的正脉冲和负脉冲。

（2）“信号源选择”——NRZ 码，“one 比特信号选择”——HDB3 码 B 和 HDB3 码负 V，“DAC 信号选择”——one 比特信号输出，点击“配置”按钮，按下示波器“Auto”按钮，观察 HDB3 编码插 B 符号和插 V 符号。

（3）“信号源选择”——NRZ 码，“one 比特信号选择”——HDB3 码 BV 和符号标志，“DAC 信号选择”——one 比特信号输出，点击“配置”按钮，按下示波器“Auto”按钮，观察 HDB3 编码插 BV 符号和显示 HDB3 编码信号正负极性的信号。

（4）“信号源选择”——NRZ 码，“one 比特信号选择”——信号源和 HDB3 码正脉冲，“DAC 信号选择”——one 比特信号输出，点击“配置”按钮，按下示波器“Auto”按钮，观察信号源和 HDB3 编码信号经过单双极性变换模块变换后的正极性信号。

（5）“信号源选择”——NRZ 码，“one 比特信号选择”——信号源和 HDB3 码负脉冲，“DAC 信号选择”——one 比特信号输出，点击“配置”按钮，按下示波器“Auto”按钮，观察信号源和 HDB3 编码信号经过单双极性变换模块变换后的负极性信号。

（6）“信号源选择”——NRZ 码，“one 比特信号选择”——信号源和 HDB3 码 B，“DAC 信号选择”——one 比特信号输出，点击“配置”按钮，按下示波器“Auto”按钮，观察信号源和 HDB3 编码过程中插 B 信号。

（7）“信号源选择”——NRZ 码，“one 比特信号选择”——信号源，“DAC 信号选择”——one 比特信号输出，点击“配置”按钮，按下示波器“Auto”按钮，观察信号源信号。

（8）“信号源选择”——NRZ 码，“one 比特信号选择”——单极性码和译码信号，“DAC 信号选择”——one 比特信号输出，点击“配置”按钮，按下示波器“Auto”按钮，观察 HDB3 编码信号经过单双极性变换模块后的单极性信号和 HDB3 译码信号。

（9）“信号源选择”——NRZ 码，“DAC 信号选择”——eight 比特信号输出，点击“配置”按钮，按下示波器“Auto”按钮，观察 HDB3 编码信号，如图 4. 37 所示。

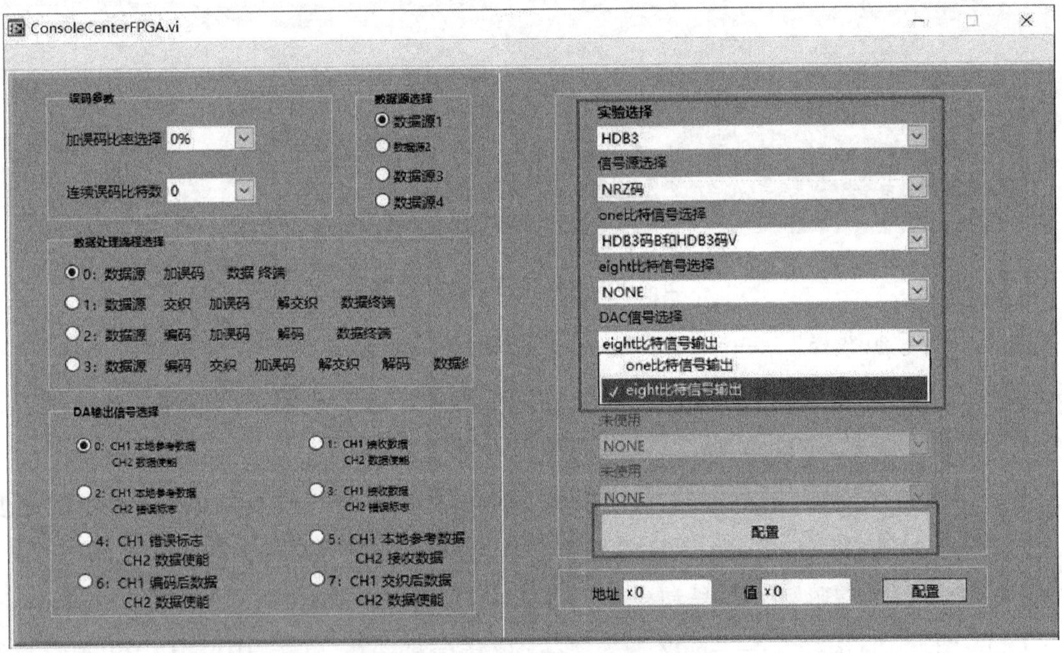

图 4. 37　eight 比特信号的配置

将上述观察到的波形记录到“4. 3. 6. 1　功能验证”中。

4. 3. 5. 3　系统搭建

1）Step1：打开工程

将软件中“实验 8：HDB3 编译码设计实验（FPGA）”中“实验程序”文件夹下的“Level2”工程文件夹，复制到上述自己新建的文件夹中。用 Quartus Ⅱ 打开工程，点击顶层文件“fpga_hdb3_2”，出现如图 4. 38 所示的实验框架，学生在该框架下完成后续设计步骤。

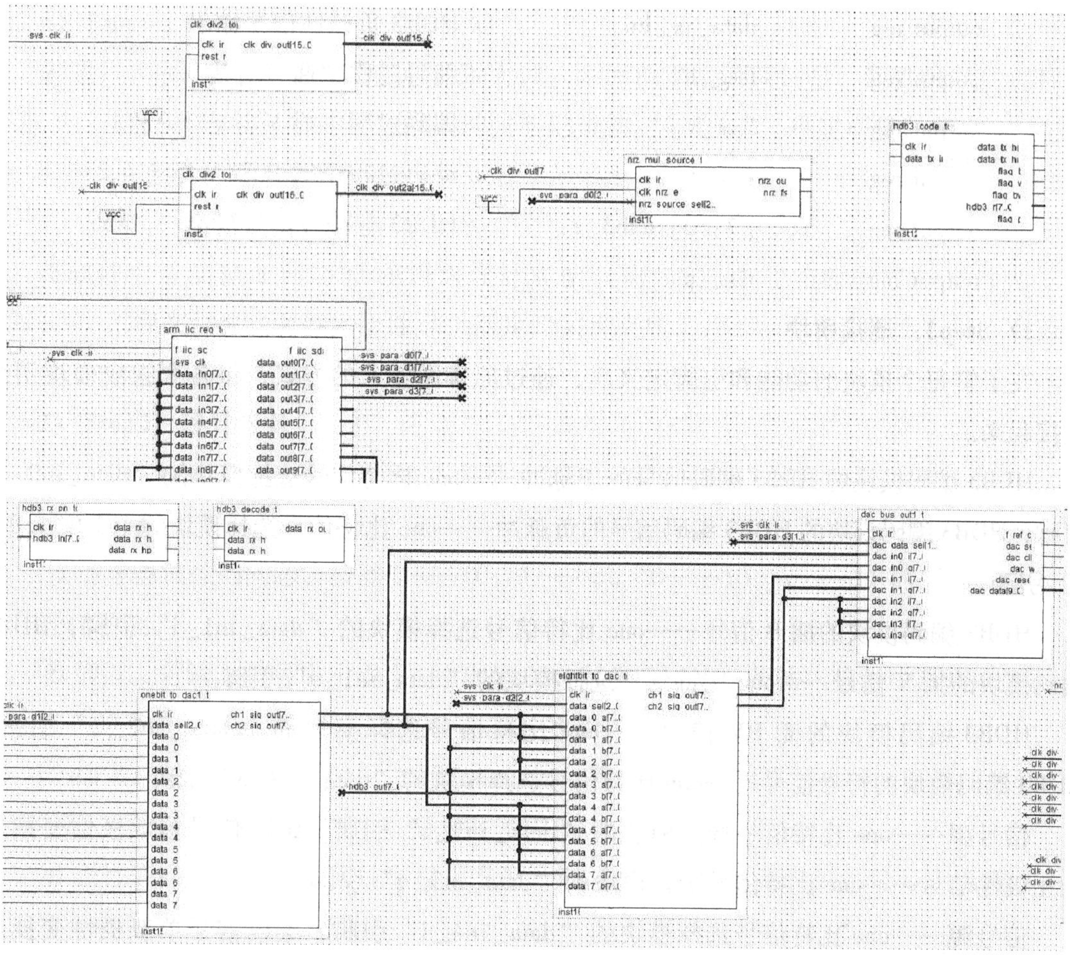

图 4.38 实验框架

2） **Step2：打开模块**

依次打开“clk_ div2_ top”“nrz_ mul_ source_ top”“hdb3_ code_ top”“hdb3_ decode_ top”“hdb3_ rx_ pn_ top”模块等，查看各模块的功能定义和引脚定义。

模块功能：将输入的 NRZ 波形进行 HDB3 编码，编码规则如下：

① 出现连续 4 个 0 时，第 4 个 0 变为 V，V 的符号与前面非 0 的符号相同。

② 前面连续 4 个 0 与后面连续 4 个 0 之间的非 0 个数如果是奇数时，不加 B；如果是偶数时，需要加 B。

③ 只有 V 与前面非 0 的数是同符号，其他后面非 0 与前面非 0 的符号都相反。

引脚定义：

```
input        clk_in,        //NRZ 码时钟
input        data_tx_in,    //NRZ 码输入
output reg   data_tx_hp,    //HDB3 正极性信号输出
```

③ 将+1 和 . 1 都按 1 输出。

3）Step3：编程

（1）双击“hdb3_code_top”模块，可以看到模块的功能定义和引脚定义，在“开始编程”和“结束编程”之间，按照功能和引脚的定义以及设计任务的要求编写代码。

（2）双击“hdb3_rx_pn_top”模块，可以看到模块的功能定义和引脚定义，在“开始编程”和“结束编程”之间，按照功能和引脚的定义以及设计任务的要求编写代码。

（3）双击“hdb3_decode_top”模块，可以看到模块的功能定义和引脚定义，在“开始编程”和“结束编程”之间，按照功能和引脚的定义以及设计任务的要求编写代码。

4）Step4：编译

上述模块全部编程之后，点击▶编译。

5）Step5：下载

详细过程见第三章“实验一　模拟信号源设计”的“3. 1. 5. 3　系统搭建　Step5”。

6）Step6：观察信号

下载完成后观察信号，观察过程见“4. 3. 5. 2　功能验证　Step4”，将观察到的信号波形记录到“4. 3. 6. 3　核心模块程序编写”中。

7）Step7：观察波形

若示波器显示的波形无误，则将设计要求中的模块代码记录到“4. 3. 6. 3　核心模块程序编写”中。

4. 3. 6　实验记录

4. 3. 6. 1　功能验证

HDB3 码正脉冲和 HDB3 码负脉冲	
HDB3 码 B 和 HDB3 码 V	
HDB3 码 BV 和 符号信号	

信号源和 HDB3 正脉冲	
信号源和 HDB3 负脉冲	
信号源和 HDB3 码 B	
信号源	
单极性 HDB3 码和 译码信号	

4.3.6.2　系统搭建

原理图连线
HDB3 码正极性和 HDB3 码负极性
HDB3 码 B 和 HDB3 码 V

HDB3 码 BV 和符号信号
信号源和 HDB3 码正极性信号
信号源和 HDB3 码负极性信号
信号源和 HDB3 码 B
信号源
单极性编码信号和译码信号

4.3.6.3 核心模块程序编写

HDB3 码正极性和 HDB3 码负极性
HDB3 码 B 和 HDB3 码 V

HDB3 码 BV 和符号信号
信号源和 HDB3 码正极性信号
信号源和 HDB3 码负极性信号
信号源和 HDB3 码 B
信号源
单极性编码信号和译码信号
"hdb3_code_top" 模块代码
"hdb3_rx_pn" 模块代码
"hdb3_decode_top" 模块代码

第五章

调制解调器设计

实验一　AM 调制解调器设计

5.1.1　实验目的

（1）熟悉 FPGA 集成开发软件 Quartus 的使用方法。

（2）掌握 Verilog 编写程序的方法。

（3）掌握 AM 调制解调的理论原理。

（4）掌握通过 FPGA 产生信号源、载波信号、AM 调制解调的原理及实现方法。

5.1.2　实验仪器

1）硬件平台

电脑一台；双踪示波器；XSRP 软件无线电创新平台。

2）软件平台

XSRP 软件无线电创新平台集成开发软件；Quartus Ⅱ 11.0。

5.1.3　实验内容

1）功能验证

将提供的 FPGA 下载文件下载到 XSRP 软件无线电创新平台中，通过 XSRP 软件无线电创新平台集成开发软件配置直流参量的大小，用示波器观察信号、不同直流参量情况下的 AM 调制信号和 AM 解调信号的时域波形，并记录到“5.1.6　实验记录”中。

2）系统搭建

在 Quartus Ⅱ下，将提供的顶层文件通过原理图输入的方式，构建成系统，编译、仿真、下载，用示波器观测波形，并记录到“5.1.6　实验记录”中。

3）核心模块程序编写

在 Quartus Ⅱ下，通过硬件描述语言（Verilog 语言）编写核心模块的程序，并进行系统联调，用示波器观测波形，将观测到的波形和核心代码记录到“5.1.6　实验记录”中。

5.1.4　实验原理

5.1.4.1　通过 FPGA 进行 AM 调制解调的原理

1）AM 调制

在通信过程中，一般一个用户只占据某一特定的频点与带宽，将信号的频谱搬移到载频 f0 上，这一过程称之为调制。最简单的调制方式有 AM 调制。

如果一输入信号 $m(t)$ 的平均值为 0，将其叠加一个直流偏量 A_0 后与载波相乘，如图 5.1 所示，即可形成调幅信号。其时域表达式为 $s_{AM}(t)=[A_0+m(t)]\cdot\cos\omega_c t$。要求：$A_0>|m(t)_{max}|$。

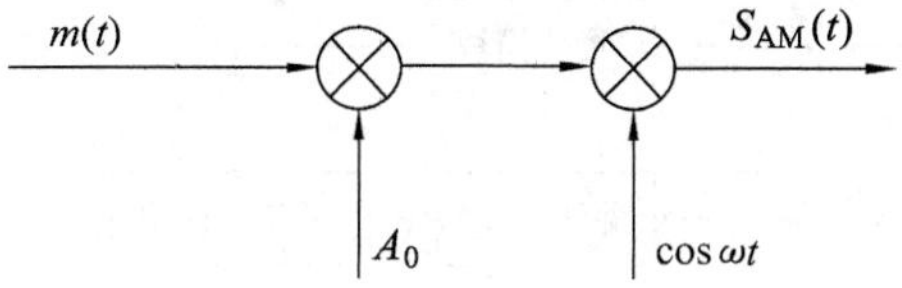

图 5.1　AM 调制原理图

2）AM 解调

调制的逆过程叫作解调。AM 信号的解调是把接收到的已调信号 $s_{AM}(t)$ 还原成调制信号 $m(t)$。AM 解调有两种方法：相干解调和包络检波解调。

（1）相干解调

将已调信号乘上一个与调制载波同频同相的载波，得：

$$s_{AM}(t)\times\cos\omega_c t=[A_0+m(t)]\cos^2\omega_c t=\frac{1}{2}[A_0+m(t)]+\frac{1}{2}[A_0+m(t)]\cos 2\omega_c t \quad (5.1)$$

由式（5.1）可知，只要用一个低通滤波器，就可以将第一项和第二项分离，无失真地恢复出原始的调制信号。相干解调的原理框图如图 5.2 所示。

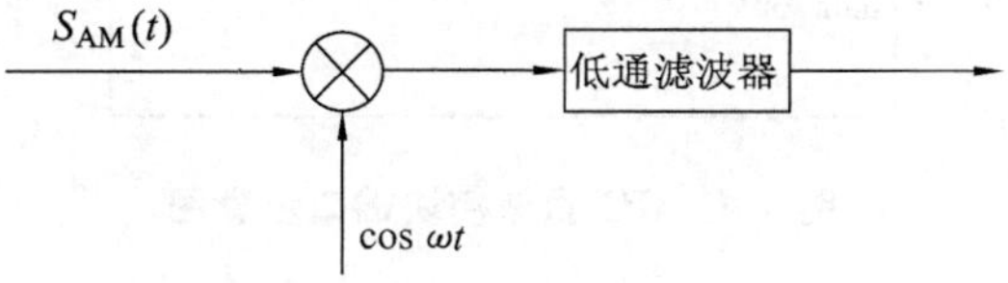

图 5.2　相干解调原理框图

（2）包络检波解调

由调制信号的波形可见，AM 信号波形的包络与输入基带信号 $m(t)$ 成正比，故可用包络检波的方法恢复原始调制信号。包络检波一般由半波或全波整流器和低通滤波器组成。

本实验采用包络检波法进行解调。

5.1.4.2　FPGA 设计原理及各模块介绍

AM 调制解调系统框图如图 5.3 所示。

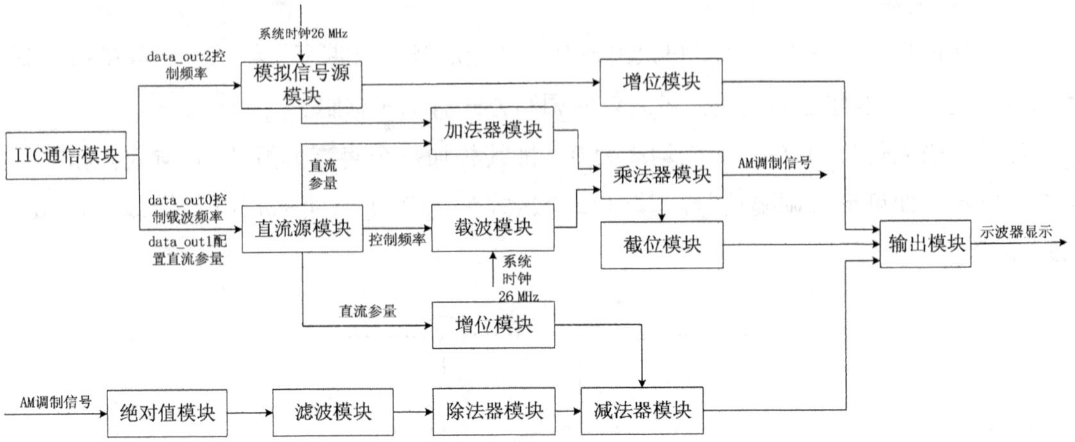

图 5.3　AM 调制解调系统框图

1）IIC 通信模块

IIC 通信模块如图 5.4 所示。

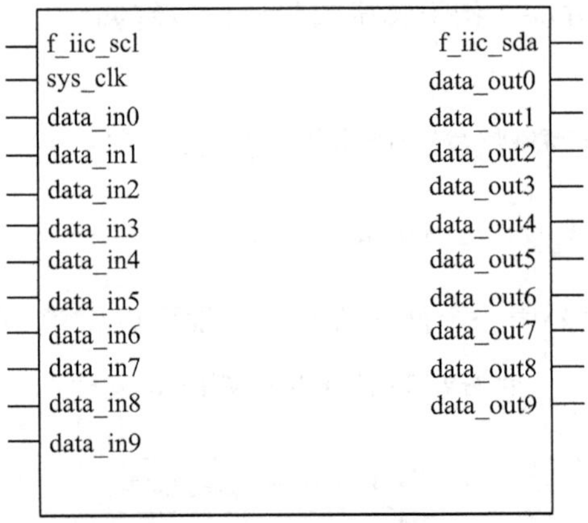

图 5.4　IIC 通信模块端口示意图

（1）功能：FPGA 芯片与 XSRP 软件无线电平台集成开发软件通过此模块通信，用于配置实验参数，各参数的默认值为 0。

① data_out0：选择载波信号频率，连接直流源模块的“freq_in”信号。0——系统时钟二分频（13 MHz）；1——系统时钟（26 MHz）；2——系统时钟三分频。

② data_out1：配置直流偏量，连接直流源模块的“range_in”信号。

③ data_out2：配置信号源信号频率，连接模拟信号源模块的“freq_in”信号。0——系统时钟（26 MHz）；1——系统时钟二分频（13 MHz）；2——系统时钟三分频。

④ data_out3：选择输出模块输出的信号，连接输出模块的“dac_data_sel”信号。

（2）说明：此模块程序已提供，无须自己编写。

2）模拟信号源模块

模拟信号源模块如图 5.5 所示。

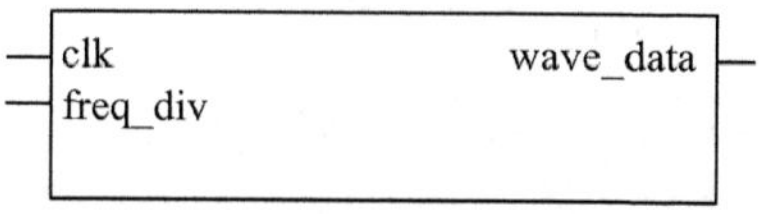

图 5.5　模拟信号源模块

（1）功能：产生信号源，用于 AM 调制中被调制信号。

（2）输入参数：① clk：输入的时钟信号。

② freq_in [7..0]：分频倍数（默认为 0）。

（3）输出参数：wave_data [7..0]：信号源产生信号输出。

3）直流源模块

直流源模块如图 5.6 所示。

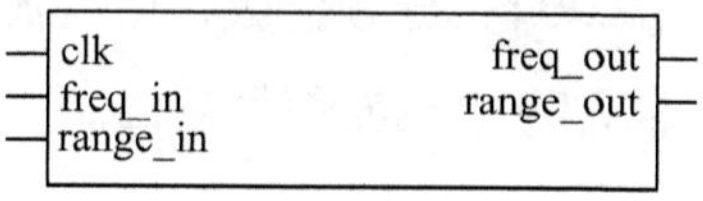

图 5.6　直流源模块端口示意图

（1）功能：① 控制信号载波信号的频率。

② 通过 IIC 通信模块的配置输出直流偏量。

（2）输入参数：① clk：输入的时钟信号。

② freq_in [7..0]：载波频率的选择信号，通过配置 IIC 通信模块“地址”为 0，“值”为 0，1，2 并进行选择，分频倍数分别为 2，1，3。

③ range_in [7..0]：通过配置 IIC 通信模块“地址”为 1，“值”为想要设置的直流偏量的大小（16 进制输入）。

（3）输出参数：① freq_out [7..0]：载波频率的分频倍数，控制载波信号的频率。

② range_out [7..0]：直流偏量输出。

4）加法器模块

加法器模块如图 5.7 所示。

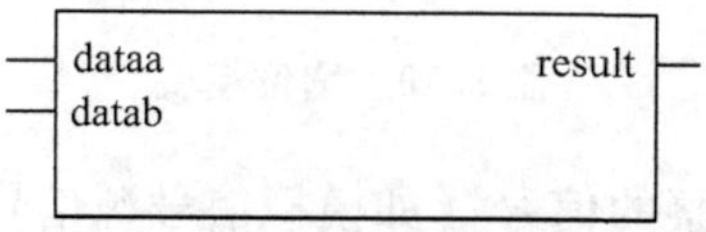

图 5.7　加法器模块

（1）功能：将调制信号源与直流源模块产生直流偏量相加，目的是让调制信号源的幅度都大于0，以便于包络检波解调恢复出的源信号不失真。

（2）输入参数：① dataa [7..0]：信号源信号。

② datab [7..0]：直流信号。

（3）输出参数：result [7..0]：相加之后的信号。

5）载波产生模块

载波产生模块如图 5.8 所示。

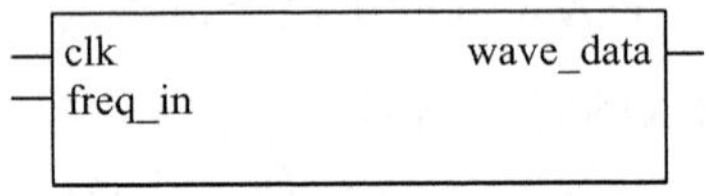

图 5.8　载波产生模块

（1）功能：产生载波信号，用于 AM 调制。

（2）输入参数：① clk：输入的时钟信号。

② freq_in [7..0]：分频倍数，由直流模块输入。

（3）输出参数：wave_data [7..0]：载波信号输出。

6）乘法器模块

乘法器模块如图 5.9 所示。

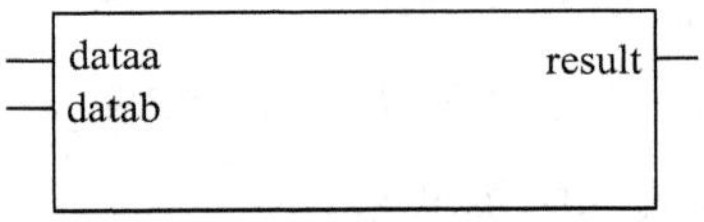

图 5.9　乘法器模块

（1）功能：将加了直流偏量的信号源信号与载波信号相乘进行 AM 调制。

（2）输入参数：① dataa [7..0]：加了直流的信号源信号。

② datab [7..0]：载波信号。

（3）输出参数：result [15..0]：AM 调制信号。

7）增位模块

增位模块如图 5.10 所示。

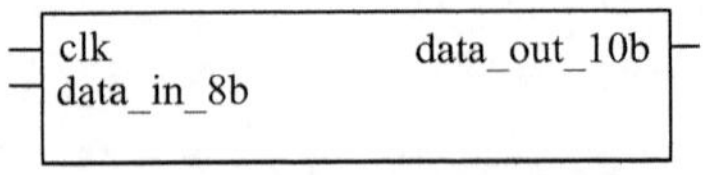

图 5.10　增位模块

（1）功能：为了让需要观察的信号（如模拟信号源信号、AM 解调信号）能够通过输出模块在示波器上观察，需要将 8 bit 信号转换为 10 bit 信号。转换方式：data_in_8b [7]

赋给 data_out_10b 的第 9 位和第 8 位，这样不会改变输入信号的符号。

（2）输入参数：① clk：时钟。

② data_in_8b：需要转换的 8 bit 信号。

（3）输出参数：data_out_10b：转换后的 10 bit 信号。

8）截位模块

截位模块如图 5.11 所示。

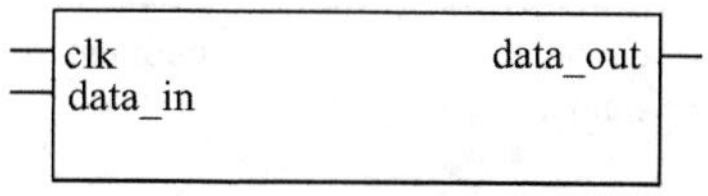

图 5.11　截位模块

（1）功能：为了让需要观察的信号（如 AM 调制信号）能够通过输出模块在示波器上观察，需要将 16 bit 信号转换为 10 bit 信号。根据上述要求在 FPGA 中编写程序，实现上述功能。

（2）输入参数：① clk：时钟。

② data_in：需要转换的 16 bit 信号。

（3）输出参数：data_out：转换后的 10 bit 信号。

9）绝对值模块

绝对值模块如图 5.12 所示。

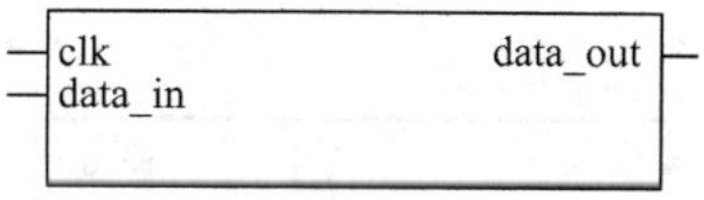

图 5.12　绝对值模块

（1）功能：将调制后的信号取绝对值，相当于包络检波中的二极管。

（2）输入参数：① dataa [7..0]：加了直流的信号源信号。

② datab [7..0]：载波信号。

（3）输出参数：result [15..0]：AM 调制信号。

10）滤波模块

滤波模块如图 5.13 所示。

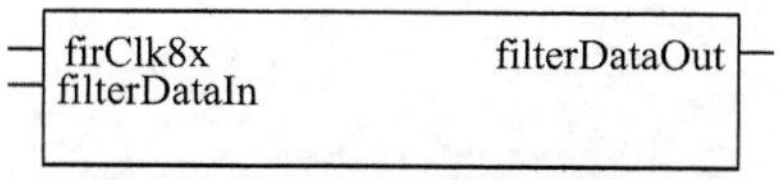

图 5.13　滤波模块

（1）功能：滤除输入信号中的高频部分，相当于低通滤波器。

（2）输入参数：① firClk8x：时钟信号。

② filterDataIn［15..0］：AM 调制信号经过整流之后的信号，即经过绝对值模块之后的信号。

（3）输出参数：filterDataOut［9..0］：AM 解调信号（信号源+直流信号）。

11）除法器模块

除法器模块如图 5.14 所示。

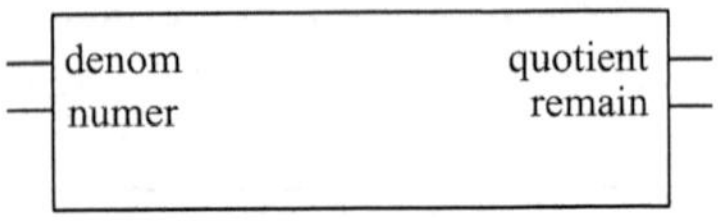

图 5.14　除法器模块

（1）功能：在 FPGA 中调用“LPM_DIVIDE” IP 核，产生一个除法器，将滤波后的信号与滤波系数相除。因为 Matlab 设计滤波器的抽头系数为小数，而 FPGA 不能存储小数，所以为了在 FPGA 上设计滤波器，将抽头系数都乘一个滤波参数使其变为整数，滤波后应除以这个参数。

（2）输入参数：① dataa［7..0］：滤波后信号。

② datab［7..0］：滤波系数。

（3）输出参数：result［15..0］：包络检波后信号。

12）减法器模块

减法器模块如图 5.15 所示。

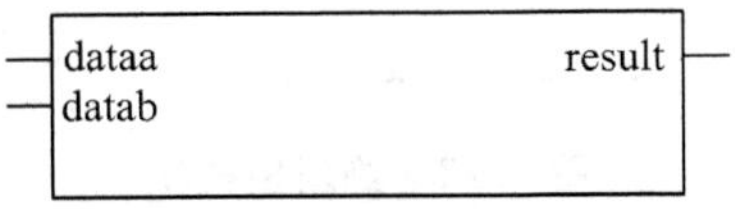

图 5.15　减法器模块

（1）功能：调用“LMP_ADD_SUB” IP 核，由 AM 解调原理可知，经包络检波后的信号包含直流偏量，故要恢复原信号，需减去在相加模块加上的直流偏量。

（2）输入参数：① dataa［7..0］：加了直流的信号源信号。

② datab［7..0］：直流偏量。

（3）输出参数：result［15..0］：AM 调制后恢复的原始信号。

13）输出模块

输出模块如图 5.16 所示。

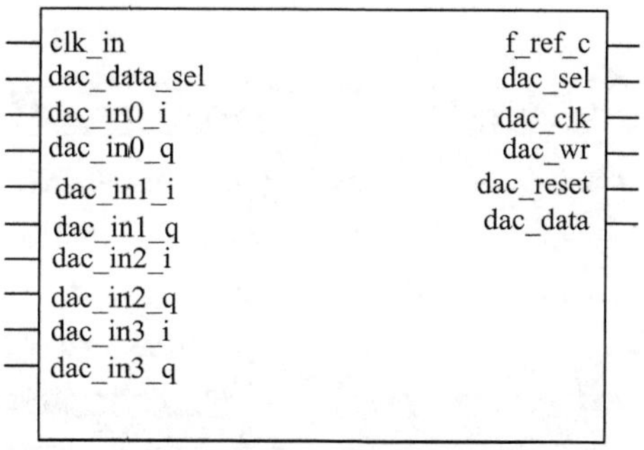

图 5.16　输出模块

（1）功能：将 IIC 通信模块选择的并行的两路信号转为符合硬件 DAC 芯片输入格式的串行信号，该信号可通过示波器显示。

① dac_data_sel = 0，dac_data 为 dac_in0_i 和 dac_data_q 转换成的串行信号，连接示波器后，示波器的 CH1 为 dac_in0_i 波形，CH2 为 dac_in0_q 波形。

② dac_data_sel = 1 ~ 3，以此类推。

（2）说明：此模块程序已提供，无须自己编写。

5.1.5　实验步骤

5.1.5.1　实验准备

参见第三章“实验一　模拟信号源设计”的“3.1.5.1　实验准备”。

5.1.5.2　功能验证

1） Step1：新建文件夹

新建文件夹命名为“AMmod”，可命名为其他，但是文件夹的路径不能包含中文字符。

2） Step2：复制文件

打开软件中“实验 3：AM 调制解调设计实验（FPGA）”中“实验程序”文件夹下的“Level1”文件夹，将提供的 FPGA 下载文件复制到自己的新建文件夹下。

3） Step3：下载文件

用 Quartus Ⅱ 软件打开下载文件，将下载文件下载到 XSRP 软件无线电创新平台中。下载过程参见第三章“实验一　模拟信号源设计”的“3.1.5.2　功能验证”。

4） Step4：观察波形

下载完成后，按下示波器的“Autoset”按钮，查看 AM 调制和 AM 解调波形，记录到“5.1.6.1　功能验证中”。

5） Step5：观察信号

打开 XSRP 软件无线电创新平台集成开发软件，“实验选择”——AM，如图 5.17 所示。

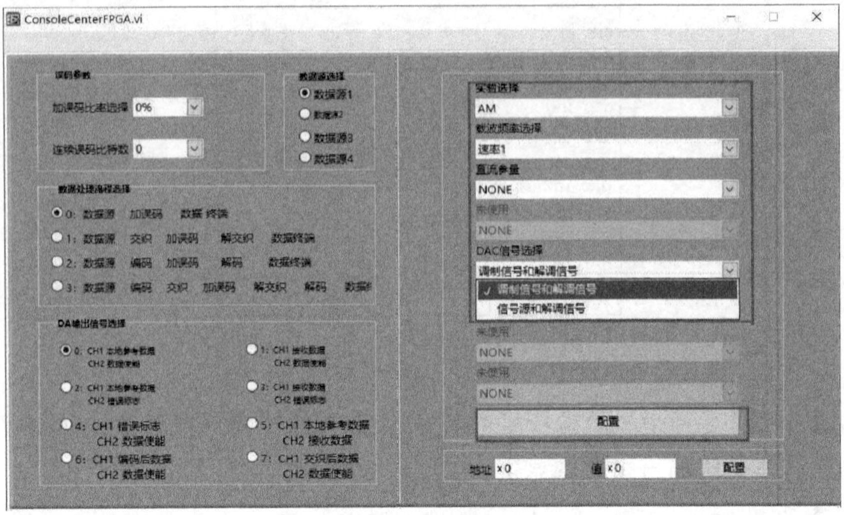

图 5.17　DAC 信号选择

（1）“DAC 信号选择”——“调制信号和解调信号”，点击“配置”按钮，按下示波器“AutoSet”按钮，观察直流参量为 0 时的 AM 调制信号和解调信号；“DAC 信号选择”——“信号源和解调信号”，点击“配置”按钮，按下示波器“AutoSet”按钮，观察直流参量为 0 时的信号源和 AM 解调信号。

（2）“地址”中输入 1，“值”中输入 10（XSRP 集成开发软件是 16 进制输入，故在 XSRP 软件无线电平台集成开发软件上输入值为 10，实际输入值为 16），点击“配置”，“DAC 信号选择”——“调制信号和解调信号”，点击“配置”按钮，按下示波器“AutoSet”按钮，观察直流参量为 16 时的 AM 调制信号和解调信号；“DAC 信号选择”——“信号源和解调信号”，点击“配置”按钮，按下示波器“AutoSet”按钮，观察直流参量为 16 时的信号源和 AM 解调信号，如图 5.18 所示。

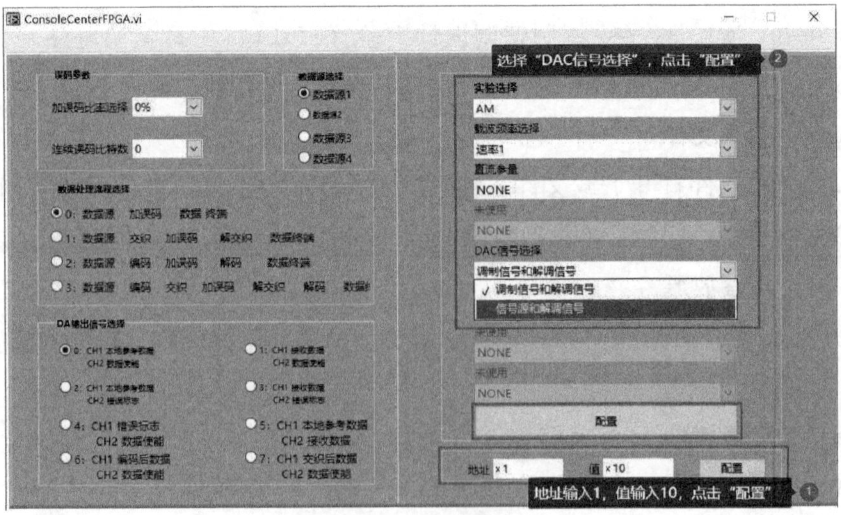

图 5.18　地址设置

（3）“地址”中输入 1，“值”中输入 30（XSRP 集成开发软件是 16 进制输入，故在 XSRP 软件无线电平台集成开发软件上的输入值为 30，实际输入值为 48），点击“配置”按钮，“DAC 信号选择”——“调制信号和解调信号”，点击“配置”按钮，按下示波器“AutoSet”按钮，观察直流参量为 48 时的 AM 调制信号和解调信号；“DAC 信号选择”——“信号源和解调信号”，点击“配置”按钮，按下示波器“AutoSet”按钮，观察直流参量为 48 时的信号源和 AM 解调信号。

将上述观察到的波形记录到“5.1.6.1 功能验证”中。

5.1.5.3 系统搭建

1）Step1：复制文件

将软件中“实验 3：AM 调制解调设计实验（FPGA）”中“实验程序”文件夹下的“Level2”工程文件夹，复制到上述自己新建的文件夹中。用 Quartus Ⅱ 打开工程，点击顶层文件“fpga_ammod_2”，出现如图 5.19 所示的实验框架，学生在该框架下完成后续设计步骤。

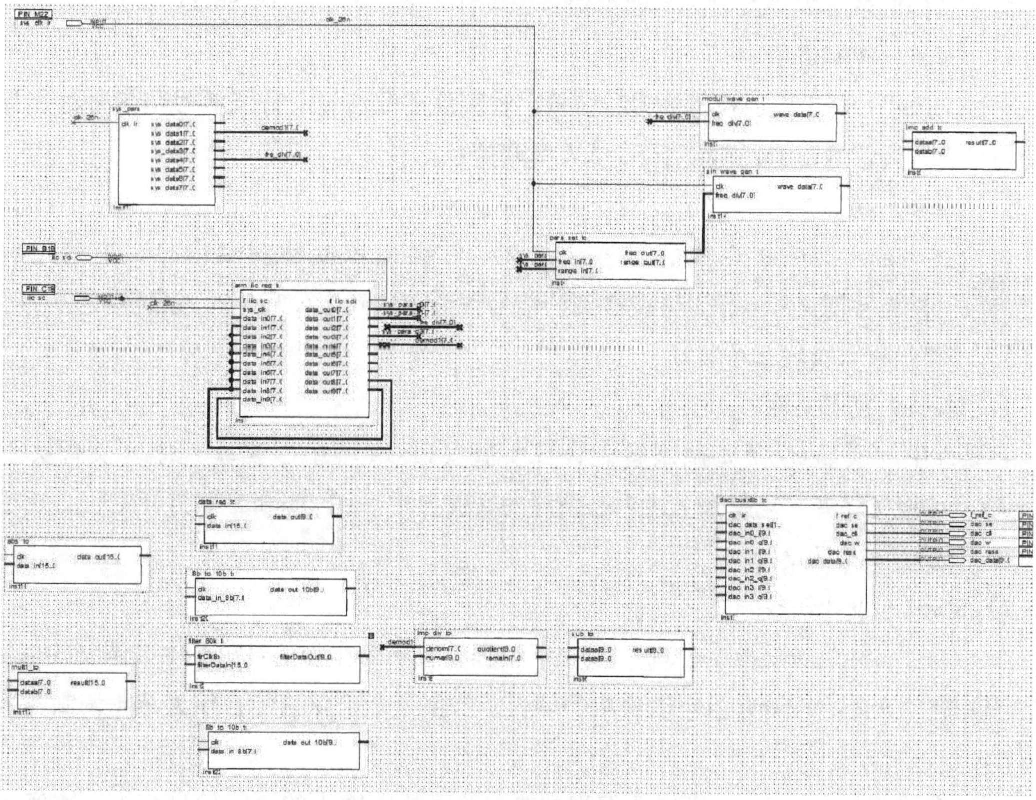

图 5.19 实验框架

2）Step2：打开模块

依次打开“modul_gen_wave_top”“sin_gen_wave_top”“para_set_top”“lmp_add_ top”“sub_top”模块等，查看各模块的功能定义和引脚定义。

模块功能：将调制信号源与直流偏量相加，目的是为了让调制信号的值全大于0，以便包络检波解调不失真地恢复出原信号。

引脚定义：input [7：0] dataa， //信号源
input [7：0] datab， //直流偏量
output [7：0] result //相加之后的信号

3） Step3：连接模块

在了解每个模块的功能和引脚定义后，通过原理图输入的方式，将各个组成模块用线连接起来（将AM调制信号连接到输出模块的data_in0_i [9..0] 上，AM解调信号连接到输出模块的data_in0_q [9..0] 上，模拟信号源产生的信号连接到输出模块的data_in1_i [9..0] 上，AM解调信号连接到输出模块的data_in1_q [9..0] 上，输出模块其余的输入信号接地），点击 保存，然后点击 编译。

4） Step4：下载

详细过程见第三章“实验一 模拟信号源设计”的“3.1.5.3 Step5”。

5） Step5：观察信号

通过Signal Tap Ⅱ显示和捕获实时信号，观察信号源信号、直流信号与信号源相加之后的信号、载波信号、AM调制信号、AM解调信号。

6） Step6：观察波形

若通过Signal Tap Ⅱ观察的信号波形无误，则用示波器观察信号，观察过程见“5.1.5.2 功能验证 Step5”，将观察到的信号波形记录到“5.1.6.2 系统搭建”中。

5.1.5.4 核心模块程序编写

1） Step1：复制文件

将软件中“实验3：AM调制解调设计实验（FPGA）”中“实验程序”文件夹下的“Level3”工程文件夹，复制到上述自己新建的文件夹中。用Quartus Ⅱ打开工程，点击顶层文件“fpga_ammod_3”。

2） Step2：设计任务

（1）在“modul_gen_wave_top”模块下编程，要求：作为信号源产生被调制的信号。

（2）在“sin_gen_wave_top”模块下编程，产生一个正弦信号，作为AM调制的载波信号。

（3）在“lmp_add_top”模块下编程，要求该模块将输入的两路信号相加，本实验中相加的两路信号分别为信号源和直流信号。

（4）在“mult1_top”模块下编程，要求该模块将输入的两路信号相乘，本实验中相乘的两路信号分别为信号源与直流信号相加后的信号和载波信号。

（5）在“sub_top”模块下编程，要求该模块将输入的两路信号相减，本实验中相减的两路信号分别为解调信号和直流信号。

（6）在“abs_top”模块下编程，要求该模块将输入信号取绝对值输出，正数输出本身值，负数取反加 1。

3）Step3：编程

（1）双击“modul_gen_wave_top”模块，可以看到模块的功能定义和引脚定义，在“开始编程”和“结束编程”之间，按照功能和引脚的定义以及设计任务的要求编写代码。该模块的设计原理可参照第三章“实验一　模拟信号源设计”的“3.1.4　实验原理”。

（2）双击“sin_gen_wave_top”模块，可以看到模块的功能定义和引脚定义，在“开始编程”和“结束编程”之间，按照功能和引脚的定义以及设计任务的要求编写代码。该模块的设计原理可参照第三章“实验一　模拟信号源设计”的“3.1.4　实验原理”。

（3）双击“lmp_add_top”模块，可以看到模块的功能定义和引脚定义，在“开始编程”和“结束编程”之间，按照功能和引脚的定义以及设计任务的要求编写代码。

设计思路：可通过 IP 核（LMP_ADD_SUB）完成设计。

① 点击“tools——MegaWizard Plug. in Manager”，之后会出现如图 5.20 所示的界面。

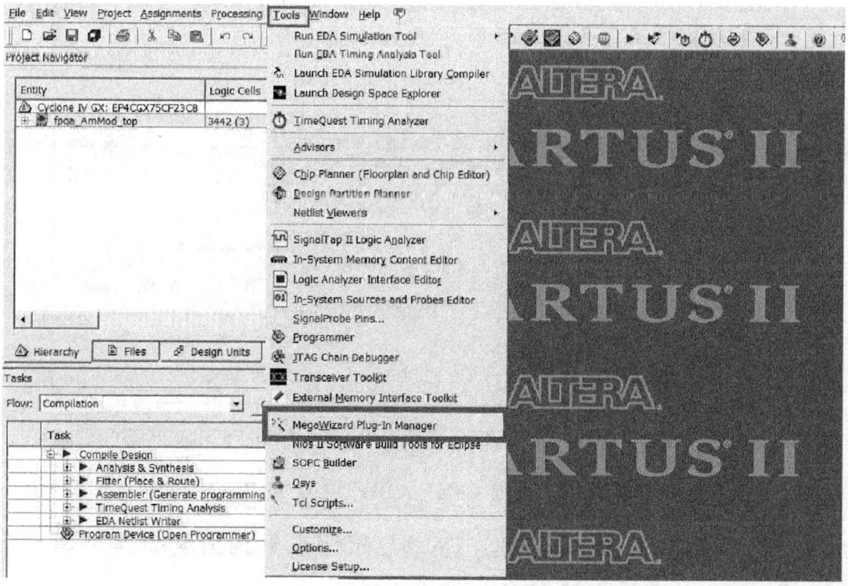

图 5.20　点击“tools”后出现的界面

② 选择第一个选项，点击“Next”按钮，弹出如图 5.21 所示界面。

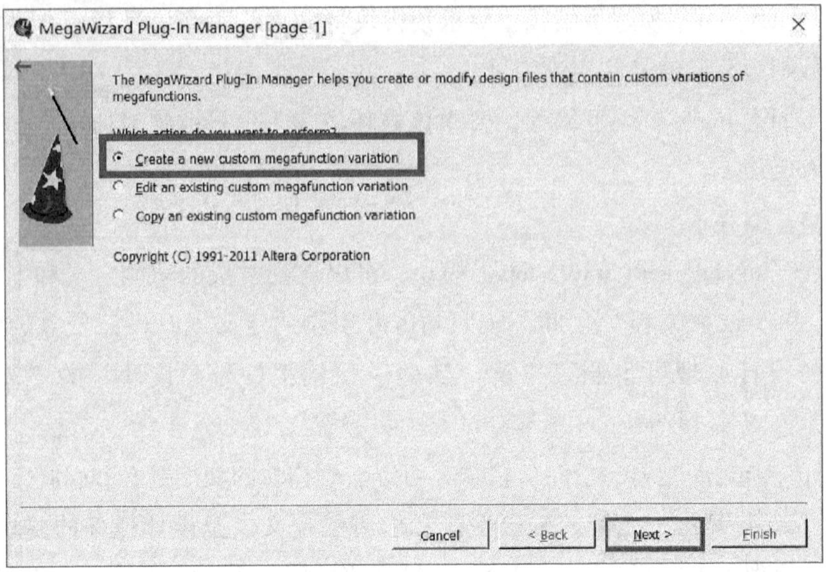

图 5.21　点击“Next”按钮后出现的界面

③ 选择 LMP_ ADD_ SUB 的 IP 核，在“2”处选择 Verilog 语言，在“3”处选择要保存 IP 核的位置以及 IP 核文件的名称，点击“Next”按钮，就会出现如图 5.22 所示界面。

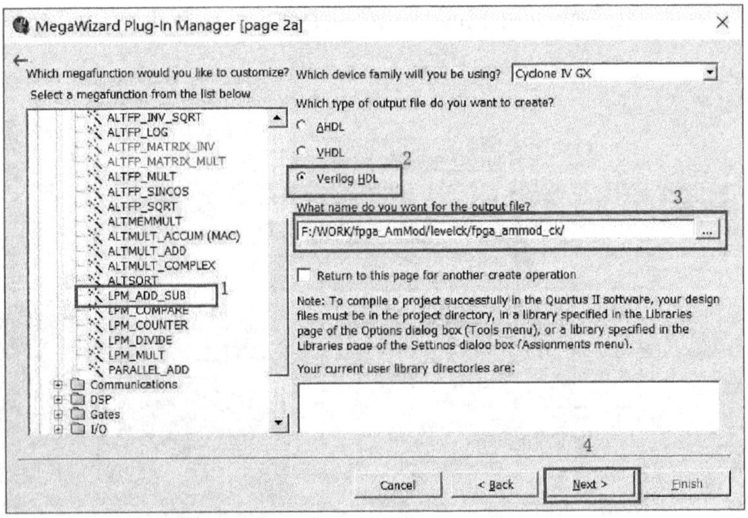

图 5.22　选择 LMP_ ADD_ SUB 的 IP 核

④ 选择第一个选项，之后一路点击“Next”按钮，直到出现如图 5.23 所示界面，然后点击“Finish”按钮，即完成 IP 核的创建。

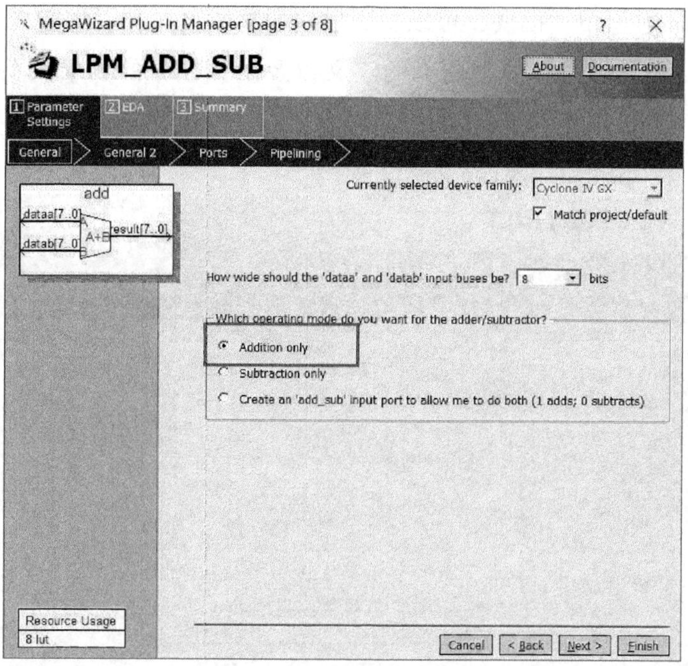

图 5.23　完成 IP 核的创建

（4）双击“sub_top”模块，可以看到模块的功能定义和引脚定义，在“开始编程”和“结束编程”之间，按照功能和引脚的定义以及设计任务的要求编写代码。

设计思路：与“lmp_add_top”设计步骤类似，在“5.1.5.4　step3 ④”中选择第二个选项即可，其余步骤一样，如图 5.24 所示。

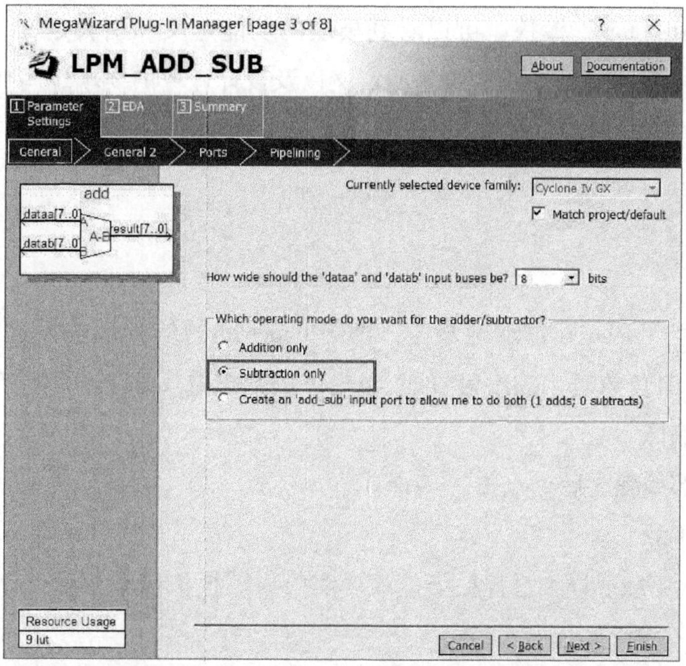

图 5.24　subtraction only 设置

（5）双击“mult1_top”模块，可以看到模块的功能定义和引脚定义，在“开始编程”和“结束编程”之间，按照功能和引脚的定义以及设计任务的要求编写代码，如图 5.25 所示。

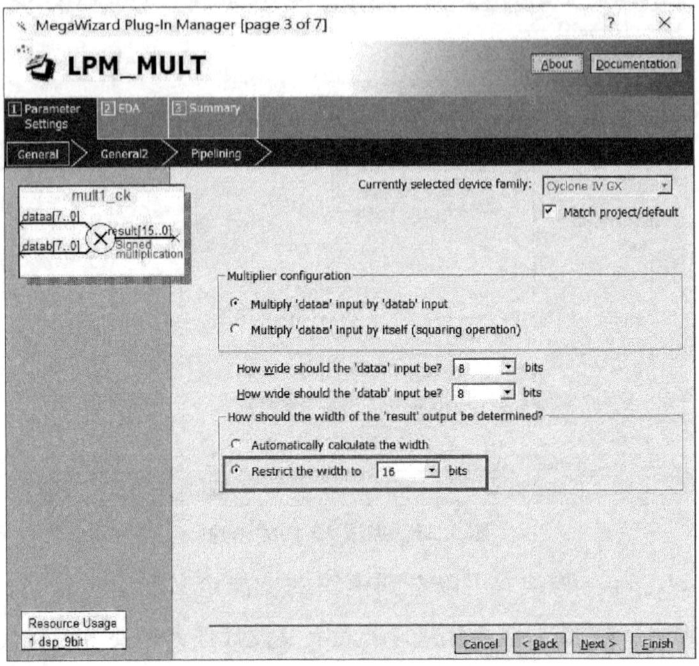

图 5.25　mult1_top 设置

设计思路：设计步骤与“lmp_add_top”类似，将 IP 核更换成“LMP_MULT”即可。

（6）双击“abs_top”模块，可以看到模块的功能定义和引脚定义，在“开始编程”和“结束编程”之间，按照功能和引脚的定义以及设计任务的要求编写代码。

模块中需要的信号有：

输入引脚：clk，data_in；

输出引脚：data_out

设计思路：

对输入的信号（data_in）取绝对值，即当 data_in 的信号是正数时，输出信号本身；当 data_in 的信号时负数时，输出信号即 data_in 的数据取反加 1。

4）Step4：编译

上述模块全部编程之后，点击▸编译。

5）Step5：下载

编译完成后，下载。详细过程见第三章“实验一　模拟信号源设计”的“3.1.5.3　系统搭建　Step5”。

6）Step6：观察波形

观察过程见“5.1.5　功能验证　Step5”，将观察到的波形记录到“5.1.6.3　核心模块程序编写”中。

7）Step7：记录

若示波器显示的波形无误，则将设计要求中的模块代码记录到“5.1.6.3　核心模块程序编写”中。

5.1.6　实验记录

5.1.6.1　功能验证

直流偏量为 0	解调信号和调制信号	
	模拟信号源和解调信号	
直流偏量为 16	解调信号和调制信号	
	模拟信号源和解调信号	
直流偏量为 48	调制信号和解调信号	
	模拟信号源和解调信号	

5.1.6.2 系统搭建

原理图连线
直流偏量为 0 时的 AM 调制信号和解调信号
直流偏量为 0 时的信号源和解调信号
直流偏量为 16 时的 AM 调制信号和解调信号
直流偏量为 16 时的信号源和解调信号
直流偏量为 48 时的 AM 调制信号和解调信号
直流偏量为 48 时的信号源和解调信号

5.1.6.3　核心模块程序编写

直流偏量为 0 时的 AM 调制信号和解调信号
直流偏量为 0 时的信号源和解调信号
直流偏量为 16 时的 AM 调制信号和解调信号
直流偏量为 16 时的信号源和解调信号
直流偏量为 48 时的 AM 调制信号和解调信号
直流偏量为 48 时的信号源和解调信号

sin_wave_gen 模块代码
lmp_add_top 模块代码 （此模块的代码创建 IP 核时自己生成）
sub_top 模块代码 （此模块的代码创建 IP 核时自己生成）
mult1_top 模块代码 （此模块的代码创建 IP 核时自己生成）
⑪ abs_top 模块代码

实验二　FM 调制解调器设计

5.2.1　实验目的

（1）掌握通过 FPGA 完成 FM 调制解调的原理及实现方法。

（2）学习 Verilog 语言，掌握实现 FM 调制解调模块的编写方法。

（3）熟悉 FPGA 集成开发软件 Quartus Ⅱ的使用方法。

（4）熟悉使用 XSRP 软件无线电平台和其集成开发软件与示波器联调实测波形的方法。

5.2.2　实验仪器

1）硬件平台

电脑一台；双踪示波器一台；XSRP 软件无线电平台一台；FPGA 下载器一个。

2）软件平台

Quartus Ⅱ 11.0；Matlab（版本不作固定要求）；XSRP 软件无线电创新平台集成开发软件。

5.2.3　实验内容

1）功能验证

将提供的 FPGA 下载文件（.sof 文件）下载到 XSRP 软件无线电平台中，通过 XSRP 集成开发软件将生成的信号数据传送到示波器上，可观察到 FM 调制前和解调后的波形情况，并记录到“5.2.6　实验记录”中。

2）系统搭建

在 Quartus Ⅱ下，将提供的未完成连线的系统工程文件，通过了解各个模块的输入、输出引脚及功能，将核心模块连线搭建成完整工程系统，编译、仿真、下载，用示波器观测波形，并记录到“5.2.6　实验记录”中。

3）核心模块程序编写

在 Quartus Ⅱ下通过硬件描述语言（Verilog）输入的方式，编写工程中的核心模块程序，进行软硬件联调，并将编写的核心程序以及观察到的波形结果记录到“5.2.6　实验记录”中。

5.2.4　实验原理

5.2.4.1　FM 调制原理

FM 调频是将调制信号频谱作非线性变换，因此被称为非线性调制。又因为已调信号反映出载波矢量角度上的变化，所以又被称为角度调制。

1）调制相关参数以及表达式

载波信号：$S_c(A) = A\cos[\omega_c t + \varphi(t)]$

瞬时相位：$\theta(t)=\omega_c t+\varphi(t)$，一般假设初始相位为0。

瞬时相位偏移：$\varphi(t)$，相对于稳态相位变化 $\omega_c t$ 而言。

瞬时频率：$\omega(t)=\dfrac{d[\theta(t)]}{dt}=\omega_c+\dfrac{d[\varphi(t)]}{dt}$　　瞬时频偏：$\Delta\omega=\dfrac{d[\varphi(t)]}{dt}$

如果调制信号和瞬时频偏成线性对应关系，即为频率调制：

$$\Delta\omega=\frac{d[\varphi(t)]}{dt}=K_F m(t)$$

式中，K_F 表示调相器灵敏度。

此时：$S_{FM}(t)=A\cos\left[\omega_c t+\int_{-\infty}^{t}K_F m(\tau)d\tau\right]$，仍为等幅波。

假设基带信号为：$m(t)=\cos\omega_m t$，此时有：

$$S_{FM}(t)=A\cos\left[\omega_c t+\int_{-\infty}^{t}K_F\cos\omega_m\tau d\tau\right]=A\cos\left[\omega_c t+\frac{K_f}{\omega_m}\sin\omega_m t\right]$$

调频指数：$m_f=\dfrac{K_f}{\omega_m}$

2）调制方法

直接调频法和间接调频法原理如图5.26所示。

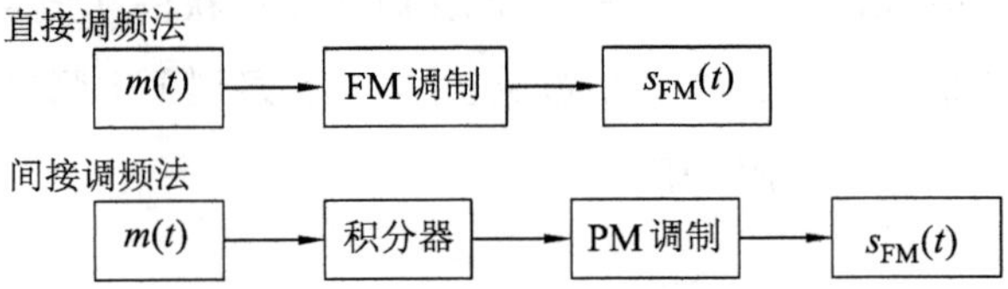

图5.26　直接FM和间接FM

根据调制后载波瞬时相位偏移的大小，可将频率调制分为宽带调频（WBFM）与窄带调频（NBFM）。宽带调频与窄带调频的区分并无严格的界限，但通常认为由调频所引起的最大瞬时相位偏移远小于30°时，即 $\left|\int_{-\infty}^{t}K_F m(\tau)d\tau\right|\leqslant\dfrac{\pi}{6}$，称为窄带调频，否则为宽带调频。

5.2.4.2　FM解调原理

FM解调原理如图5.27所示。

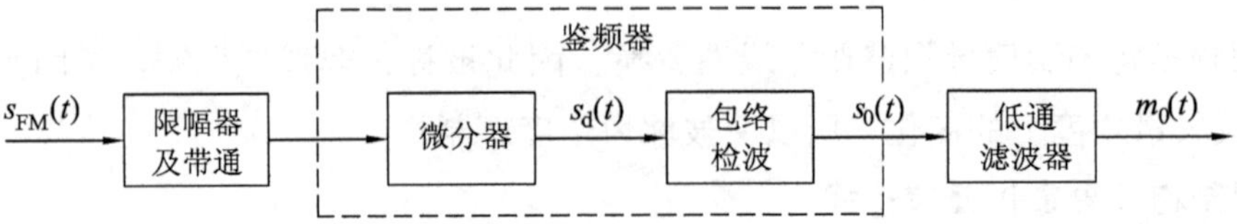

图5.27　FM解调原理图

调制信号的解调分为相干解调和非相干解调两种。相干解调即同步解调，仅仅适用于窄带调频信号，且需同步信号，故应用范围受限；而非相干解调不需同步信号，且对于NBFM信号和WBFM信号均适用，因此是FM系统的主要解调方式。限幅器输入为已调频信号和噪声，限幅器是为了消除接收信号在幅度上可能出现的畸变；带通滤波器的作用是用来限制带外噪声，使调频信号顺利通过。鉴频器中的乘法器把调频信号与相干载波相乘，然后由低通滤波器和微分器取出调制信号。

5.2.4.3　FPGA设计原理及各模块介绍

FM调制的FPGA程序框图如图5.28所示。

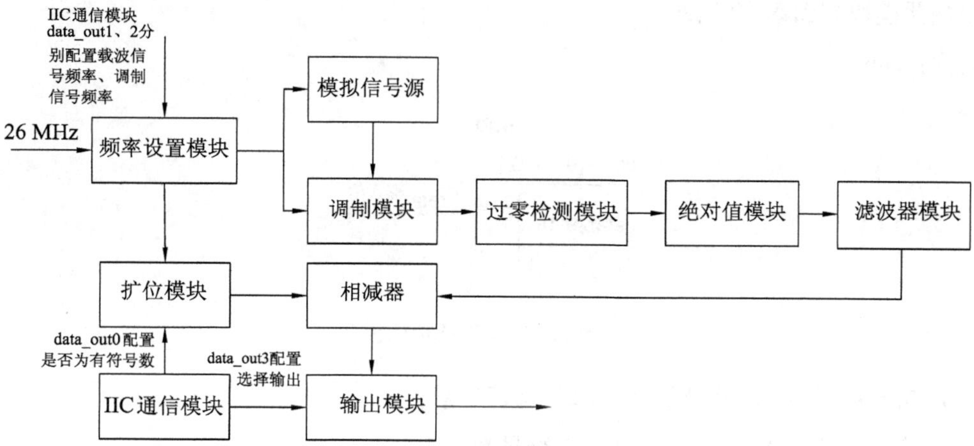

图5.28　FM调制的FPGA程序框图

1）IIC通信模块

IIC通信模块如图5.29所示。

名称：arm_iic_reg_top

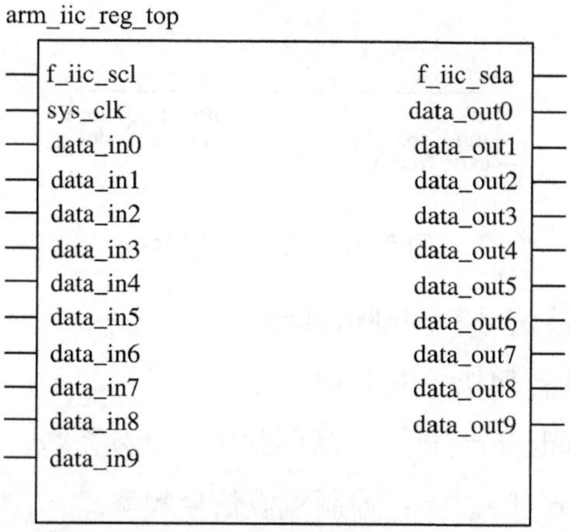

图5.29　IIC通信模块

（1）功能：FPGA 芯片与 XSRP 软件无线电平台开发软件通过此模块通信，用于配置实验参数。

① data_out1：配置模拟信号源模块的调制信号频率，连接频率设置模块的“mod_freq_in”。

② data_out2：配置调制模块中的载波频率，连接输出模块的“carr_freq_in”。

③ data_out3：配置输出模块的输出信号，连接输出模块的“dac_data_sel”。

（2）说明：此模块程序已提供，无须自己编写。注：值可以取 0x00 至 0xFF。

2）相减器模块

相减器模块如图 5.30 所示。

名称：sub

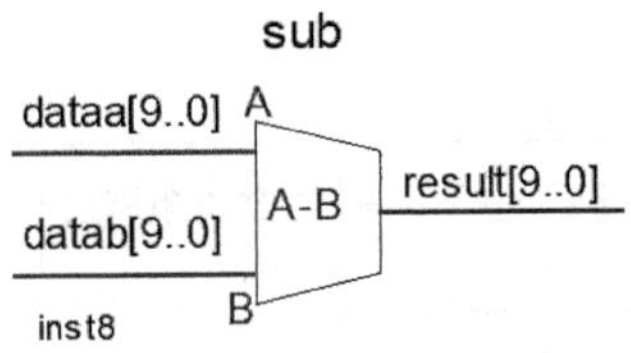

图 5.30　相减器模块

（1）功能：10 bit 有符号数减 10 bit 有符号数。

（2）输入参数：① dataa：10 bit 有符号数。

② datab：10 bit 有符号数。

（3）输出参数：result：相减的结果。

3）频率选择模块

频率选择模块如图 5.31 所示。

名称：para_set

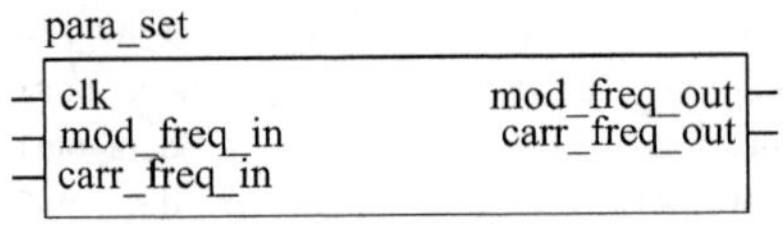

图 5.31　频率选择模块

（1）功能：可选择载波信号和调制信号频率 。

（2）输入参数：① clk：模块控制时钟。

② mod_freq_in：控制调制信号分频系数。

③ carr_freq_in：控制载波信号频率。

（3）输出参数：① mod_freq_out：输出所选调制信号分频系数。

② carr_freq_out：输出所选载波信号频率。

4）扩位模块

扩位模块如图 5. 32 所示。

名称：_8b_ to_ 10b

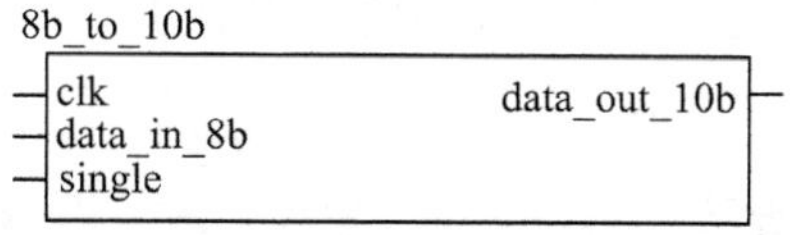

图 5. 32　扩位模块

（1）功能：可选择载波信号和调制信号频率 。

（2）输入参数：① clk：模块控制时钟。

② data_ in_ 8b：输入 8 位值。

③ signal：符号数扩充标志，1 为是，0 为不是。

（3）输出参数：data_ out_ 8b：输出 10 位值。

5）模拟信号源模块

模拟信号源模块如图 5. 33 所示。

名称：modul_ wave_ gen

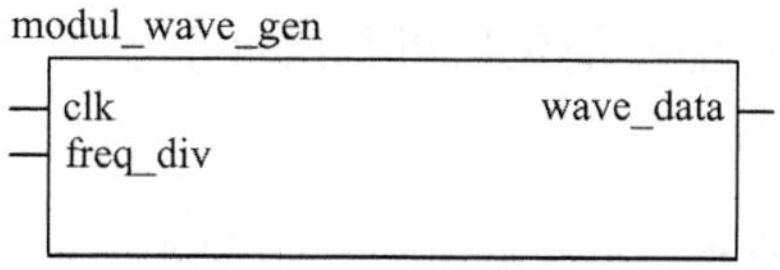

图 5. 33　模拟信号源模块

（1）功能：产生调制信号。

（2）输入参数：① clk：模块控制时钟。

② freq_ div：对信号分频，如对信号分 2 倍频、3 倍频等，控制信号频率。

（3）输出参数：wave_ data：输出的调制信号。

6）调制模块

调制模块如图 5. 34 所示。

名称：sin_ wave_ gen

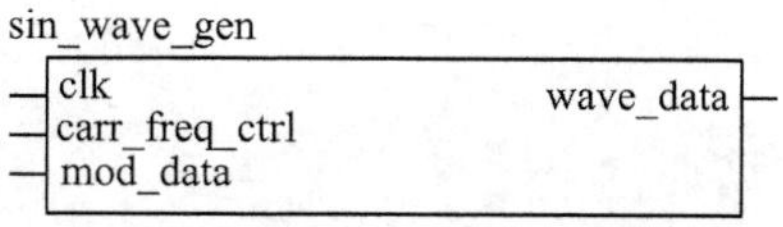

图 5. 34　调制模块

（1）功能：利用 IP 核产生载波正弦信号，同时利用 IP. add 核进行载波调制输出。

（2）输入参数：① clk：模块控制时钟。

② carr_ freq_ ctrl：选择产生的载波波形频率。

③ mod_ data：输入调制波。

（3）输出参数：wave_ data：输出的调制后波形数据。

7）过零检测模块

过零检测模块如图 5. 35 所示。

名称：diff

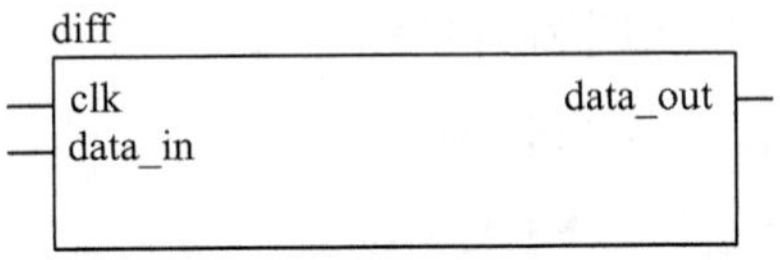

图 5. 35　过零检测模块

（1）功能：将原本的调频后信号简化成接近只有高低两种幅值的信号序列，以便之后的滤波判决。

（2）输入参数：① clk：模块控制时钟。

② data_ in：输入已调制的波形数据。

（3）输出参数：data_ out：输出简化后可判决波形。

8）取绝对值模块

取绝对值模块如图 5. 36 所示。

名称：abs

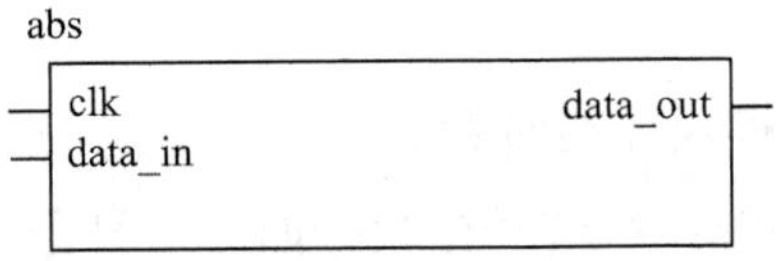

图 5. 36　取绝对值模块

（1）功能：将已简化后的判决波形全部取绝对值输出。

（2）输入参数：① clk：模块控制时钟。

② data_ in：输入已调制的波形数据。

（3）输出参数：data_ out：输出取绝对值后的判决波形。

9）数字滤波模块

数字滤波模块如图 5. 37 所示。

名称：filter_ 80k_ lp

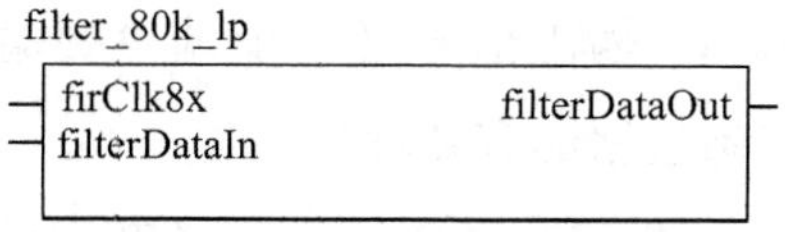

图 5.37 数字滤波模块

（1）功能：将已调信号的滤波输出。

（2）输入参数：① firClk8x：模块控制时钟。

② filterDataIn：输入已调制的波形数据。

（3）输出参数：filterDataOut：滤波后输出波形。

10）数模块转换模块

数模块转换模块如图 5.38 所示。

名称：dac_busx8b

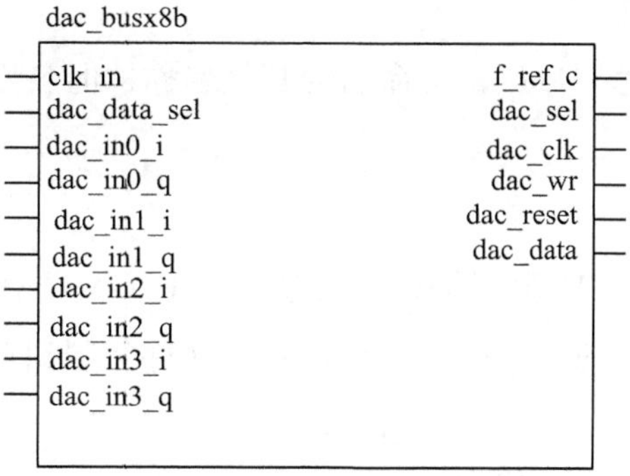

图 5.38 数模块转换模块

（1）功能：数模转换，将 fpga 产生的数字信号输出到 dac，由 dac 输出模拟信号。

（2）输入参数：① clk_in：模块控制时钟。

② dac_data_sel：选择输入通道（如：选择转换 dac_in0_i，dac_in0_q 还是 dac_in1_i，dac_in1_q）。

③ dac_in0_i~dac_in3_i：要转换的 I 路数据（dac 可以同时转换 I，Q 两路数据）。

④ dac_in0_q~dac_in3_q：要转换的 Q 路数据。

（3）输出参数：① f_ref_c：外部触发信号，用于与在线的逻辑分析仪 trig 相连。

② dac_sel：I，Q 数据有效控制信号，高电平时 I 路有效，低电平时 Q 路有效。

③ dac_clk：DAC 芯片时钟信号。

④ dac_wr：写信号。

⑤ dac_reset：DAC 芯片复位信号。

⑥ dac_ data：输出信号（一个端口要输出 I，Q 两路数据，故要 dac_sel 来控制数据的有效性）。

（4）说明：此模块程序已提供，无须自己编写（若要输出某位值和模块上的输入位数不同，点击进入模块内修改即可）。

5.2.5 实验步骤

5.2.5.1 实验准备

1）Step1：硬件环境准备

参见第三章“实验一　模拟信号源设计”中的“3.1.5.1　实验准备”。

2）Step2：软件环境准备

参见第三章“实验一　模拟信号源设计”中的“3.1.5.1　实验准备”。

5.2.5.2 功能验证

1）Step1：新建文件夹

新建一文件夹，命名为“FM”，可命名为其他名称，但名称和所在路径不能含有中文字符。

2）Step2：复制文件

打开软件中“实验 3：FM 调制解调设计实验（FPGA）”中“实验程序”文件夹下的“Level_1”文件夹，将其中的“fpga_FmMod. sof”文件复制到自己新建的文件夹中。

3）Step3：下载程序

参见软件中“实验一　模拟信号源设计”中的 3.1.5.2“功能验证”。

4）Step4：利用 Quartus Ⅱ 仿真进行观察

通过 Quartus 自带的 Signal Tap Ⅱ Logic Analyse 可进行仿真观察波形，并且可以将各个模块运算的中间值参数显示出来，如图 5.39 所示。

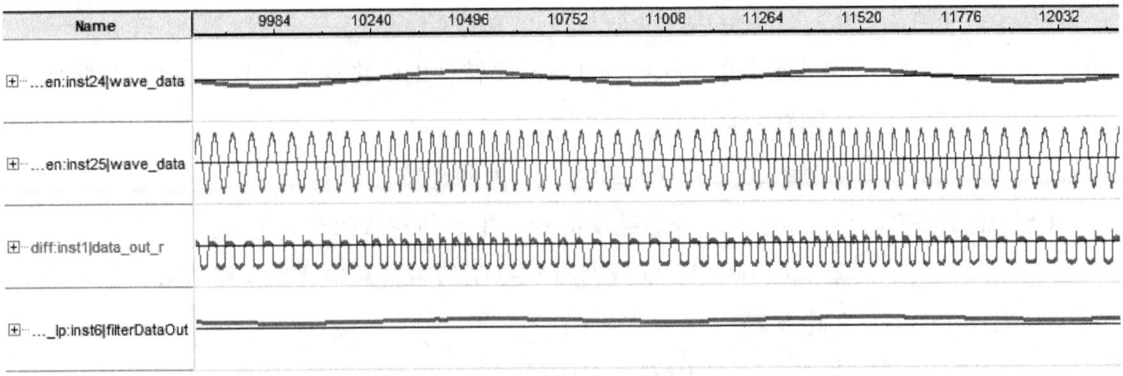

图 5.39　Signal Tap Ⅱ 仿真波形

观察两种编码方式下的编译码结果，并记录到“5.2.6.1　功能验证”中。

5.2.5.3　系统搭建

1）Step1：复制文件

将软件中“实验3：FM调制解调设计实验（FPGA）”中“实验程序”文件夹下的“Level_2”工程文件夹复制到上述步骤中自己新建的文件夹中，在Quartus Ⅱ中打开该工程，点击顶层文件“FPGA_FM_Level2.qpf”，出现如图5.40所示的实验框架，学生在该框架下完成后续设计步骤。

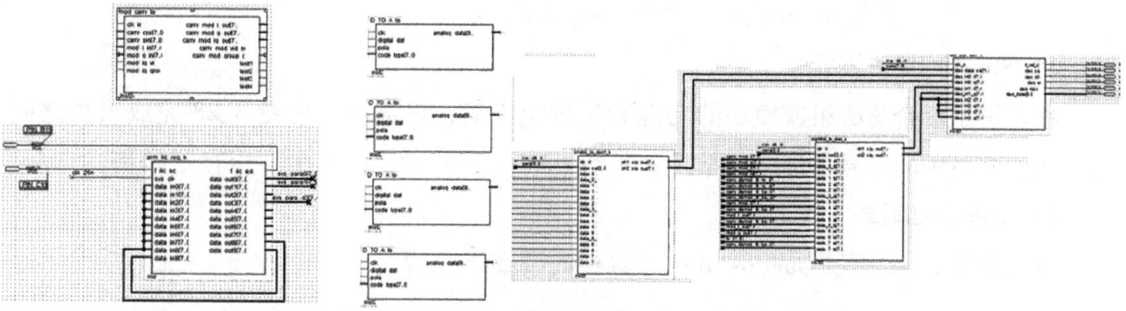

图5.40　FM系统需要的功能模块

2）Step2：查看各模块功能和引脚定义

依次双击打开“para_set_top”“modul_wave_gen_top”“sin_wave_gen_top”“diff_top”“abs_top”“filter_80k_lp_top”“sub_top”“data_reg_top”模块，可以查看模块的功能定义和各个引脚定义。

例如，打开“para_set_top”模块，如图5.41所示。

```
//载波频率设置模块
//模块功能:设置FM调制中载波频率和调制波分频系数
//
//

module para_set_top(
                input clk,
                input [7:0] mod_freq_in,     //信号分频系数
                input [7:0] carr_freq_in,    //载波频率设置

                output[7:0] mod_freq_out,
                output[7:0] carr_freq_out
                );

   para_set     para_set_u(
                .clk(clk),
                .mod_freq_in(mod_freq_in),
                .carr_freq_in(carr_freq_in),

                .mod_freq_out(mod_freq_out),
                .carr_freq_out(carr_freq_out)
                );
endmodule
```

图5.41　打开“para_set_top”模块

可从模块的注释中获取信息。

（1）模块功能：设置 FM 的载波频率和调制信号分频系数。

（2）引脚功能：clk：输入系统时钟。

mod_freq_in：选择调制波分频系数。

carr_freq_in：设置载波频率。

mod_freq_out：分频系数输出。

carr_freq_out：载波频率输出。

3） Step3：完成连线

在理解了每个核心组成模块的功能和引脚定义后，根据原理框图 5.28 完成模块之间的连线，并将中间信号和最终的结果输送到 DAC 上进行输出，点击“保存”按钮。

4） Step4：编译

点击如图 5.42 所示 Quartus Ⅱ中工具栏的“编译”键。

图 5.42　编译

若出现图 5.43 所示错误，则说明有模块输入连线未完成，某模块缺失输入信号。

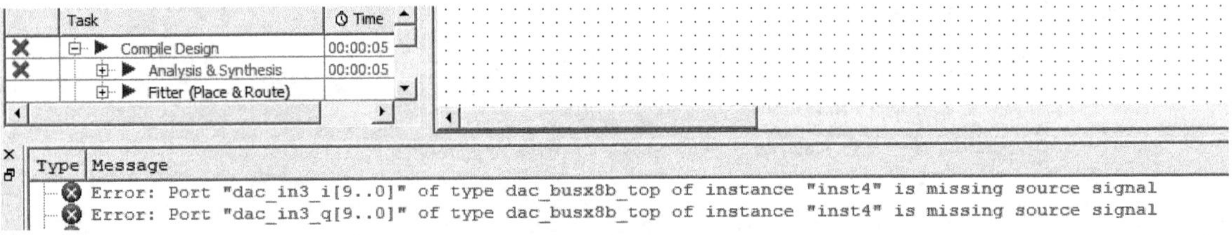

图 5.43　报错

若 Task 框中出现如图 5.44 所示信息，则表明编译通过，可以进行下载。

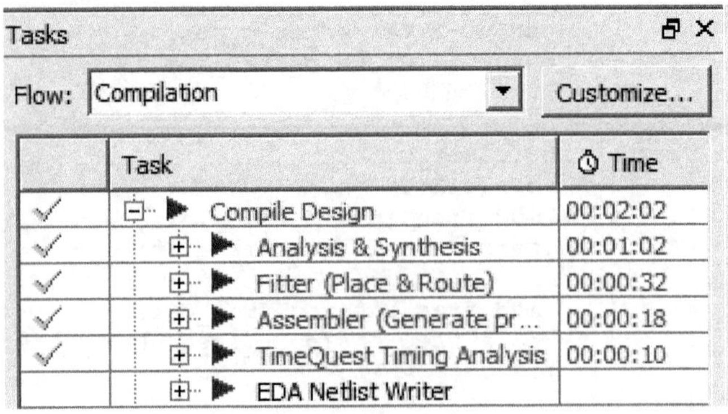

图 5.44　编译通过

5）Step5：下载（在已打开工程的前提下）

参见第三章“实验一　模拟信号源设计”中的“3.1.5.1　系统搭建”。

6）Step6：利用 Quartus Ⅱ仿真进行观察

通过 Quartus 自带的 Signal Tap Ⅱ Logic Analyse 可进行仿真，观察波形，并且可以将各个模块运算的中间值参数显示出来，并记录到“5.2.6.2　系统搭建”中。

5.2.5.4　核心模块编写

1）Step1：复制文件

将软件中“实验 3：FM 调制解调设计实验（FPGA）”中“实验程序”文件夹下的“Level_3”工程文件夹复制到自己新建的文件夹中，在 Quartus Ⅱ中打开该工程，点击顶层文件“FPGA_RM_Level3.bdf”。

2）Step2：设计任务

（1）在“para_set_top”模块中，完成调制波分频系数设置、载波频率设置。

设计思路：

① 当 mod_freq_in 为不同值时，对应设置不同的值传给 mod_freq_out。

② 当 carr_freq_in 为不同值时，对应设置不同的值传给 carr_freq_out。

（2）在“modul_wave_gen_top”模块中，完成调制信号源模块的编写。

设计思路：

① 利用系统时钟 clk 编写一个循环计数器（加上倍频系数）；

② 将计数器作为地址输入，控制 IP 核产生调制信号。

（3）在“sin_wave_gen_top”模块中，完成载波生成和编译模块编写。

设计思路：

① 编写 add.IP 核，将调制信号的值和 carr_freq_in 的值相加并输出，作为控制调制频率的地址输出；

② 编写 rom.IP 核，将 add.IP 核的结果作为地址输入，控制 IP 核产生调后的信号。

（4）在“diff_top”模块中，完成过零检测模块的编写。

设计思路：将当前的 data_in 和上一个时钟 data_in 存储在寄存器中，输出为上一个数据减去当前数据。因为在数据有正负跳变时（实际上为寄存器中数据首位变化），有短时脉冲信号出现。

（5）在“abs_top”模块中，完成取绝对值模块的编写。

设计思路：判决 data_in 最高位，若为 1，则 data_in 取反加一后输出；若为 0，则 data_in 直接输出。

（6）在“filter_80k_lp_top”模块中，完成数字滤波模块的编写。

设计思路：利用 Matlab 软件进行 FIR 滤波器参数配置和设计。

① mod_freq_in=0 时 ② mod_freq_in=1 时 ③ mod_freq_in=2 时

（2）记录在不同 wave_type 情况下的各个节点波形。

① wave_type=100 时 ② wave_type=150 时

5.2.6.2 系统搭建

1）搭建后结果

① 总体布局 ② 放大后细节

2）波形结果（结果同“5.2.6.1 功能验证”，故图略）

（1）记录在不同 mod_freq_in 情况下的原码波形、编码后波形、译码后波形。

① mod_freq_in=0 时 ② mod_freq_in=1 时 ③ mod_freq_in=2 时

（2）记录在不同 carr_ freq_ in 情况下的原码波形、编码后波形、译码后波形。

① carr_ freq_ in = 100 时   ② carr_ freq_ in = 150 时

5. 2. 6. 3 核心模块编写

1）模块编程代码

① para_ set_ top 要求：将包含所有输入输出引脚定义的 para_ set_ top. v 下的全部程序粘贴在表中（删除不必要的注释） 答案：
② modul_ wave_ gen_ top 要求：将包含所有输入输出引脚定义的 modul_ wave_ gen_ top. v 下的全部程序粘贴在表中（删除不必要的注释） 答案：
③ sin_ wave_ gen_ top 要求：将包含所有输入输出引脚定义的 sin_ wave_ gen_ top. v 下的全部程序粘贴在表中（删除不必要的注释） 答案：
④ diff_ top 要求：将包含所有输入输出引脚定义的 diff_ top. v 下的全部程序粘贴在下表中（删除不必要的注释） 答案：

⑤ abs_ top 要求：将包含所有输入输出引脚定义的 abs_ top. v 下的全部程序粘贴在下表中（删除不必要的注释） 答案：
⑥ filter_ 80k_ lp_ top 要求：将包含所有输入输出引脚定义的 filter_ 80k_ lp_ top. v 下的全部程序粘贴在表中（删除不必要的注释） 答案：
⑦ sub_ top 要求：将包含所有输入输出引脚定义的 sub_ top. v 下的全部程序粘贴在表中（删除不必要的注释） 答案：
⑧ data_ reg_ top 要求：将包含所有输入输出引脚定义的 data_ reg_ top. v 下的全部程序粘贴在表中（删除不必要的注释） 答案：
⑨ _8b_ to_ 10b_ top 要求：将包含所有输入、输出、引脚定义的_8b_ to_ 10b_ top. v 下的全部程序粘贴在表中（删除不必要的注释） 答案：

2）波形结果（结果同“5.2.6.1　功能验证”，故图略）。

（1）记录在不同 mod_freq_in 情况下的原码波形、编码后波形、译码后波形。

① mod_freq_in = 0 时 ② mod_freq_in = 1 时 ③ mod_freq_in = 2 时

（2）记录在不同 carr_freq_in 情况下的原码波形、编码后波形、译码后波形。

① carr_freq_in = 100 时 ② carr_freq_in = 150 时

实验三　8PSK 调制解调器设计

5.3.1　实验目的

（1）熟悉 FPGA 集成开发软件 Quartus 的使用方法。

（2）掌握 Verilog 编写程序的方法。

（3）掌握 8PSK 调制解调设计的理论原理。

（4）掌握通过 FPGA 产生信号源、8PSK 调制解调的原理及实现方法。

5.3.2　实验仪器

1）硬件平台

电脑一台；双踪示波器；XSRP 软件无线电创新平台。

2）软件平台

XSRP 软件无线电创新平台集成开发软件；Quartus Ⅱ 11.0。

5.3.3　实验内容

1）功能验证

将提供的 FPGA 下载文件下载到 XSRP 软件无线电创新平台中，通过 XSRP 软件无线电创新平台集成开发软件选择输出信号，用示波器观察原信号及解调后信号、载波调制信号、基带信号、调制前 I 路信号及解调后 I 路信号、解调 I 路滤波后输出 I 路信号和基带 I 路信号，并记录到“5.3.6　实验记录”中。

2）系统搭建

在 Quartus Ⅱ下，将提供的顶层文件通过原理图输入的方式构建成系统，编译、仿真、下载，用示波器观测波形，并记录到“5.3.6　实验记录”中。

3）核心模块程序编写

在 Quartus Ⅱ下，通过硬件描述语言（Verilog 语言）编写核心模块的程序，并进行系统联调，用示波器观测波形，将观测到的波形和核心代码记录到“5.3.6　实验记录”中。

5.3.4　实验原理

5.3.4.1　通过 FPGA 进行 8PSK 调制解调设计的原理

“8PSK”中的“PSK”表示使用移相键控方式，移相键控是调相的一种形式，用于表达一系列离散的状态，8PSK 对应 8 种状态的 PSK。因为 8PSK 拥有 8 种状态，所以 8PSK 的每个符号（symbol）可以编码 3 个比特（bits）。

在 8PSK 中，把载波相位的一个周期 0.2π 等分成 8 种相位，已调波相邻相位之差为 π/4。二进制信码的 3 比特码元组成一个八进制码元，并与一个已调波的相位相对应。所以在调制时必须将二进制的基带串行码流经过串并转换，变为 3 比特码元，然后进行调相。3 比特码元的组合不同，对应的已调波相位就不同。

8PSK 绝对移相调制利用载波的 8 种不同相位来表征数字信息。它把输入的二进制信号序列经过串并变换，每次把一个 3 位的码组映射为一个符号的相位，因此符号率为比特率的 1/3，它们与载波相位的映射关系如图 5.45 所示。

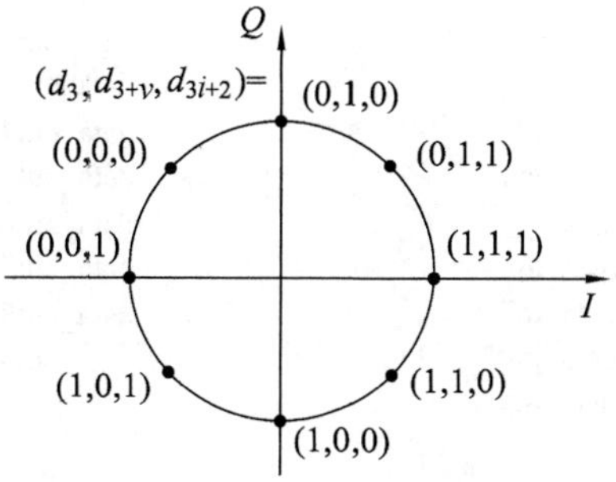

图 5.45　位比特信息映射到 8PSK 上的映射关系图

系统根据映射后的相位，计算出 I，Q 两路的数值，经过成形滤波，送入信道传输。在接收端，首先经过匹配滤波滤除带外噪声和干扰，然后经过抽样相位判决、相位解码、串并变换，恢复出原始的数据流。整个 8PSK 调制解调系统的基带仿真框图如图 5.46 所示。

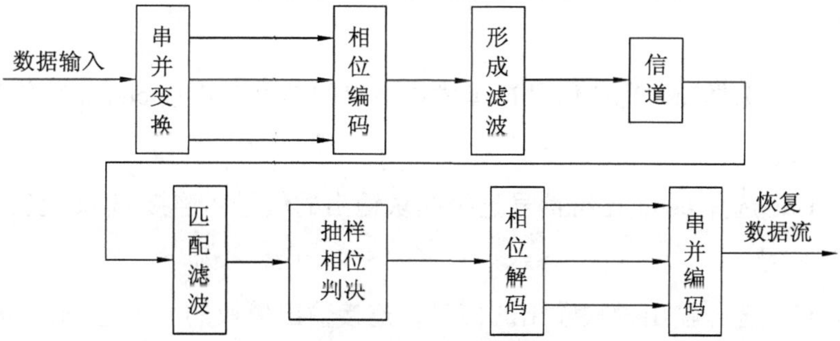

图 5.46　8PSK 调制原理框图

5.3.4.2　FPGA 设计原理及各模块介绍

8PSK 调制解调设计系统框图如图 5.47 所示。

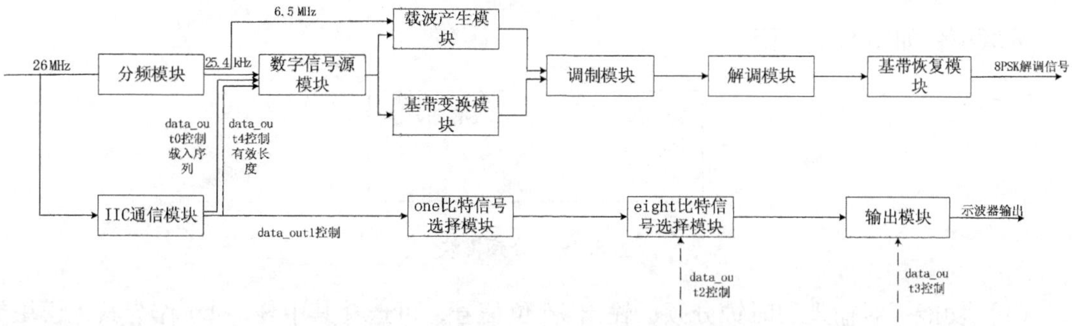

图 5.47　8PSK 调制解调设计系统框图

1）IIC 通信模块

IIC 通信模块如图 5.48 所示。

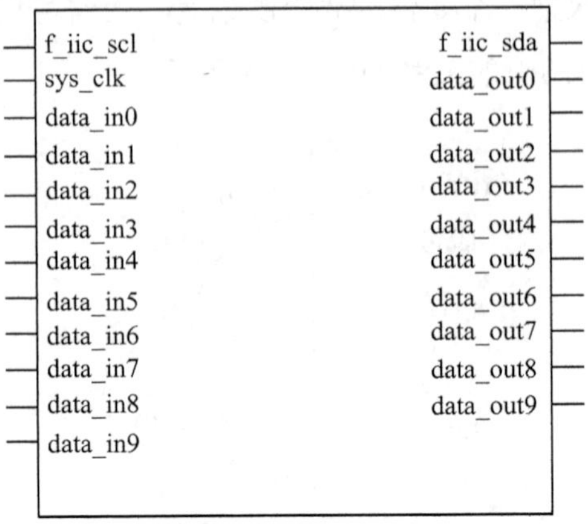

图 5.48　IIC 通信模块

功能：FPGA 芯片与 XSRP 软件无线电平台集成开发软件通过此模块通信，用于配置实验参数，各参数默认为 0。

① data_out0：选择数字信号源的输出波形，连接数字信号源模块的“nrz_initial_sel”信号。

② data_out1：选择 one 比特信号选择模块输出的信号，连接 one 比特信号选择模块的“data_sel”信号。

③ data_out2：选择 eight 比特信号选择模块输出的信号，连接 eight 比特信号选择模块的“data_sel”信号。

④ data_out3：选择输出模块输出的信号，连接输出模块的“dac_data_sel”信号。

⑤ data_out4：配置信号源的有效长度，连接数字信号源模块的“nrz_data_len”信号。

注：值可以取 0x00 至 0xFF。

2）分频模块

分频模块如图 5.49 所示。

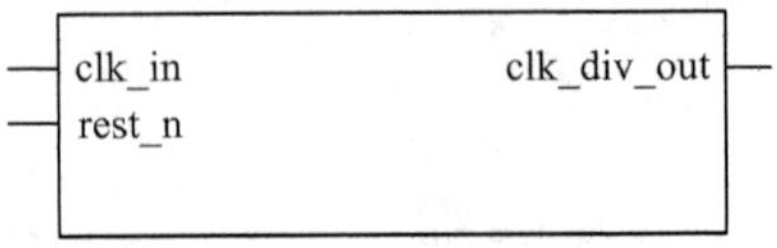

图 5.49　分频模块

（1）功能：对输入的时钟分频，输出 16 位信号，可选择其中任一 bit 作为其他模块的时钟。若选择输出的第 0 位为输入时钟的 2 分频，则第 1 位为输入时钟的 4 分频，第 2 位为 8 分频，以此类推（2^N分频，N 为选择的位数）。

（2）输入参数：① clk_in：系统时钟。

② rest_n：复位信号，此处置 1。

（3）输出参数：clk_div_out：输出的计数数据，用以分频。

3）数字信号源模块

数字信号源模块如图 5.50 所示。

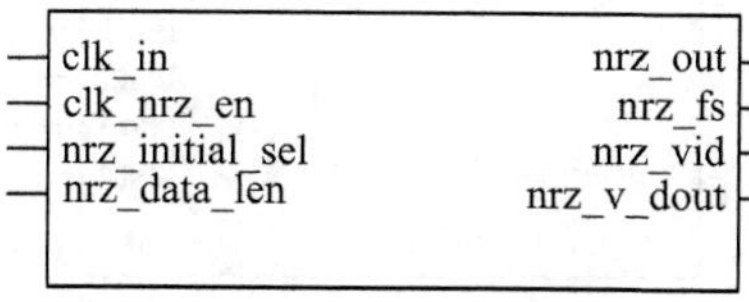

图 5.50 数字信号源模块

（1）功能：产生 PN8 的 m 序列作为原信号，每 800 个数据作为一个周期，取前 240 个数据有效（需向上位机地址 4 输入 240）。

（2）输入参数：① clk_in：时钟信号。

② clk_nrz_en：使能端 ，置 1。

③ nrz_initial_sel：选择重新输入的数据，输出一个周期的 PN8 序列之后，会重新加载信号源数据，加载的数据可通过此信号设置。

④ nrz_data_len：编码有效长度。

（3）输出参数：① nrz_out：NRZ 信号输出。

② nrz_fs：码元输出标志。

③ nrz_vid：数据有效标志。

④ nrz_v_dout：用于调制的数据输出。

4）载波产生模块

载波产生模块如图 5.51 所示。

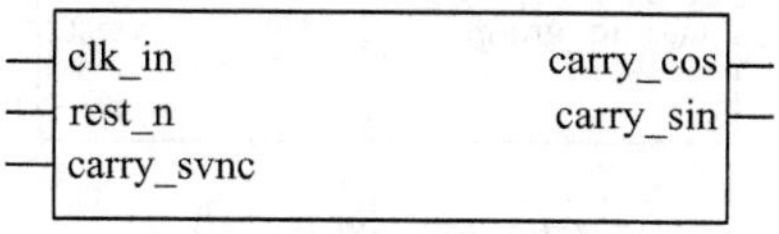

图 5.51 载波产生模块

（1）功能：产生用于载波调制的载波信号，一路正弦，一路余弦。

（2）输入参数：① clk_in：时钟。

② rest_n：使能端，置 1。

③ carry_sync：调制信号输入，主要是为了载波与基带信号同相。

（3）输出参数：① carry_cos：cos 载波。

② carry_sin：sin 载波。

5）基带变换模块

基带变换模块如图 5.52 所示。

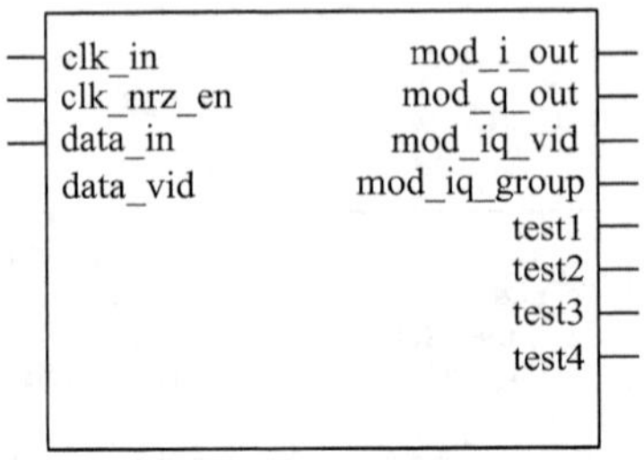

图 5.52　基带变换模块

（1）功能：将输入的 NRZ 码每 3 bit 分为一组，进行符号映射。

（2）输入参数：① clk_in：时钟。

② clk_nrz_en：使能信号，置 1。

③ data_in：串行数据输入。

④ data_vid：数据有效性标志。

（3）输出参数：① mod_i_out：调制 I 路输出。

② mod_q_out：调制 Q 路输出。

③ mod_iq_vid：调制有效标志。

④ mod_iq_group：调制符号标志。

6）调制模块

调制模块如图 5.53 所示。

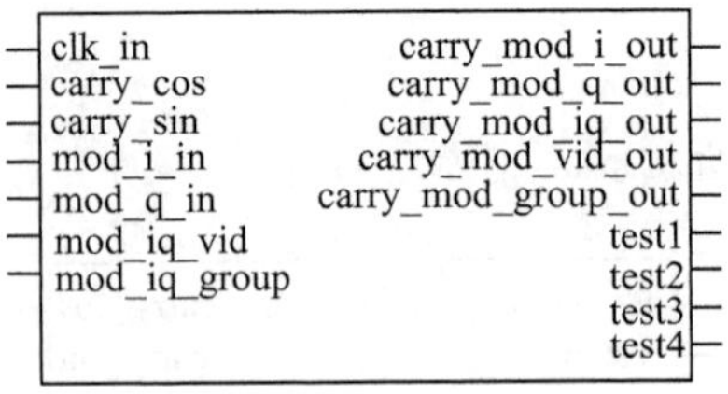

图 5.53　调制模块

（1）功能：将上一模块输出的 I，Q 信号分别与载波的 cos 和 sin 相乘，再相加，得到已调信号输出。

（2）输入参数：① clk_in：时钟。

② carry_cos：cos 载波，来自载波模块。

③ carry_sin：sin 载波，来自载波模块。

④ mod_i_in：基带变换后的 I 路信号。

⑤ mod_q_in：基带变换后的 Q 路信号。

⑥ mod_iq_vid：调制有效标志。

⑦ mod_iq_group：调制符号标志。

（3）输出参数：① carry_mod_i_out：调制 I 路输出。

② carry_mod_q_out：调制 Q 路输出。

③ carry_mod_iq_out：调制输出。

④ carry_mod_vid_out：调制有效标志。

⑤ carry_mod_group_out：调制符号标志。

7）解调模块

解调模块如图 5.54 所示。

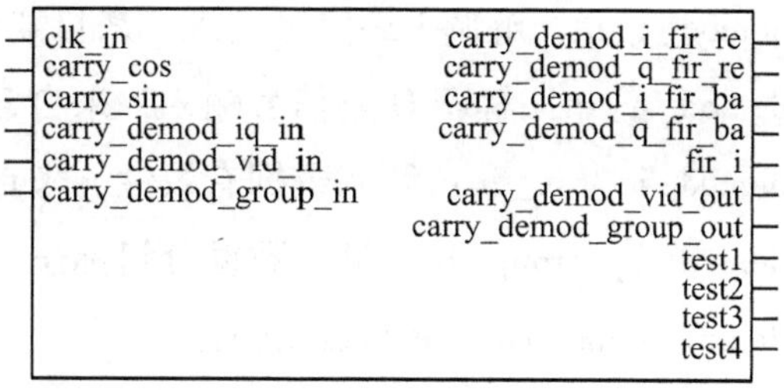

图 5.54　解调模块

（1）功能：对信号进行相干解调。将已调信号分别与载波 cos 和 sin 相乘。

（2）输入参数：① clk_in：时钟。

② carry_cos：cos 载波，来自载波模块。

③ carry_sin：sin 载波，来自载波模块。

④ carry_demod_iq_in：调制信号。

⑤ carry_demod_vid_in：信号有效标志，来自载波调制模块。

⑥ carry_demod_group_in：符号标志，来自载波调制模块。

（3）输出参数：① carry_demod_i_fir_re：解调后 I 路滤波前输出。

② carry_demod_q_fir_re：解调 Q 路滤波前输出。

③ carry_demod_i_fir_ba：解调 I 路滤波后输出。

④ carry_demod_q_fir_ba：解调 Q 路滤波后输出。

⑤ fir_i：I 路信号乘相干载波后输出。

⑥ carry_demod_vid_out：调制有效标志。

⑦ carry_demod_group_out：调制符号标志。

8）基带恢复模块

基带恢复模块如图 5.55 所示。

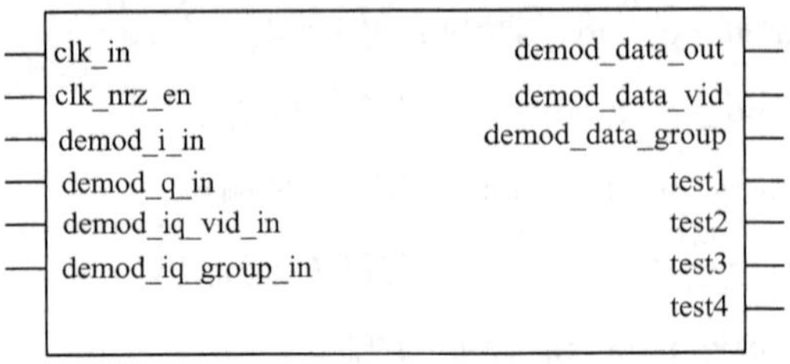

图 5.55　基带恢复模块

（1）功能：主要进行电平判决、反映射和并串转换，最后输出解调信号。

（2）输入参数：① clk_in：时钟。

② clk_nrz_en：使能端，置 1。

③ demod_i_in：解调 I 路信号输入，来自载波解调模块。

④ demod_q_in：解调 Q 路信号输入，来自载波解调模块。

⑤ demod_iq_vid_in：解调数据有效性，来自载波解调模块。

⑥ demod_iq_group_in：解调数据分组标志，来自载波解调模块。

（3）输出参数：① demod_data_out：解调数据输出。

② demod_data_vid：解调数据输出有效标志。

③ demod_data_group：解调数据分组标志。

9）输出选择模块

输出选择模块如图 5.56 所示。

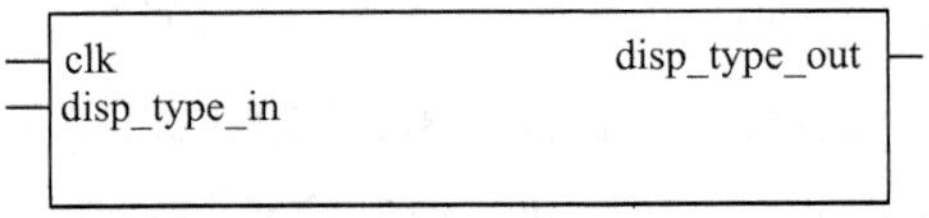

图 5.56　输出选择模块

（1）功能：选择 DAC 模块输出的波形，上位机（地址 0）控制。

8′d0：原信号及解调后信号。

8′d1：载波调制信号。

8′d2：基带信号。

8′d3：调制前 I 路信号及解调后 I 路信号。

8′d4：解调 I 路滤波后输出和 I 路信号乘相干载波后输出信号。

（2）输入参数：① clk：时钟。

② dis_type_in［7..0］：选择 DAC 输出的波形，上位机（地址 0）控制。

10） one 比特信号选择模块

one 比特信号选择模块如图 5.57 所示。

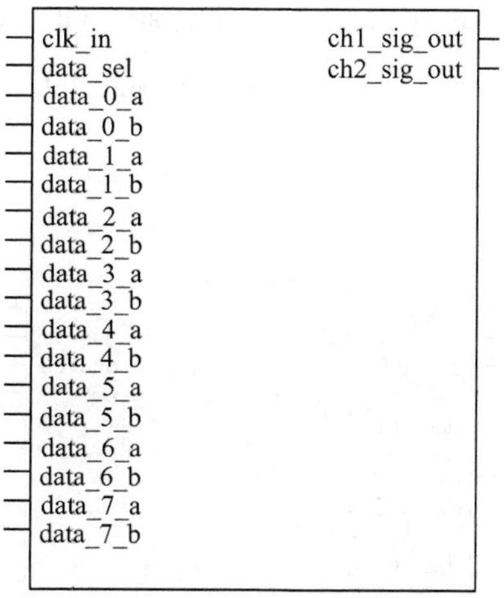

图 5.57 one 比特信号选择模块

（1）功能：通过 IIC 通信模块选择输入信号中的两路，将选择的信号进行变换后输出。变换方式：输入值为 1，转换成 8′hff；输入值为 0，转换成 8′h0。作此变换是为了便于在示波器上进行观察。

① data_sel=0，ch1_sig_out=data_0_a 变换后的信号，ch2_sig_out=data_0_b 变换后的信号。

② data_sel=1，ch1_sig_out=data_1_a 变换后的信号，ch2_sig_out=data_1_b 变换后的信号。

③ data_sel=2~7，输出为 ch1_sig_out 和 ch2_sig_out，以此类推。

11） eight 比特信号选择模块

eight 比特信号选择模块如图 5.58 所示。

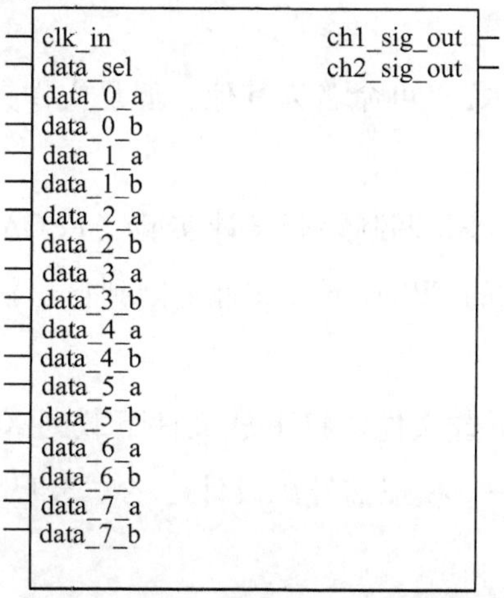

图 5.58 eight 比特信号选择模块

功能：通过 IIC 通信模块选择输入信号中的两路输出。

① data_sel=0，ch1_sig_out=data_0_a，ch2_sig_out=data_0_b。

② data_sel=1，ch1_sig_out=data_1_a，ch2_sig_out=data_1_b。

③ data_sel=2~7，输出为 ch1_sig_out 和 ch2_sig_out，以此类推。

12）输出模块

输出模块如图 5.59 所示。

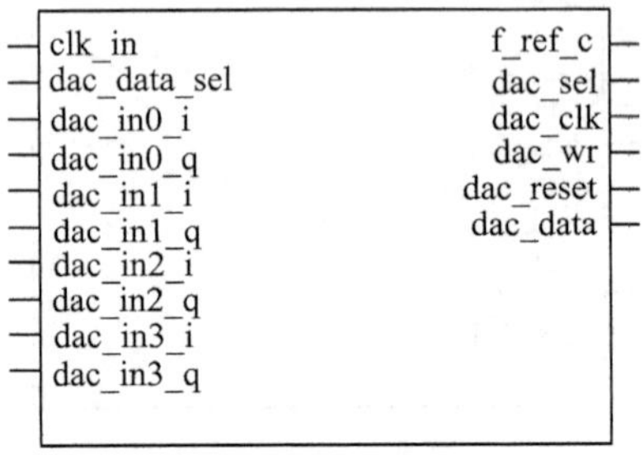

图 5.59　输出模块

功能：将 IIC 通信模块选择的并行的两路信号转为符合硬件 DAC 芯片输入格式的串行信号，该信号可通过示波器显示。

① dac_data_sel=0，dac_data 为 dac_in0_i 和 dac_data_q 转换成的串行信号，连接示波器后，示波器的 CH1 为 dac_in0_i 波形，CH2 为 dac_in0_q 波形。

② dac_data_sel=1~3，以此类推。

5.3.5　实验步骤

5.3.5.1　实验准备

参见第三章“实验一　模拟信号源设计”中的“3.1.5.1　实验准备”。

5.3.5.2　功能验证

1）Step1：新建文件夹

新建文件夹命名为“8PSK”，可命名为其他，但是文件夹的路径不能包含中文字符。

2）Step2：复制文件

打开软件中“实验 18：8PSK 调制解调设计实验（FPGA）”中“实验程序”文件夹下的“Level1”文件夹，将提供的 FPGA 下载文件复制到自己新建的文件夹下。

3）Step3：下载文件

用 Quartus Ⅱ 软件打开下载文件，将下载文件下载到 XSRP 软件无线电创新平台中。下载过程参见第三章“实验一　模拟信号源设计”的“3.1.5.2　功能验证”。

4）Step4：下载

下载完成后，打开 XSRP 软件无线电创新平台集成开发软件，“实验选择”——8PSK。

（1）“DAC 信号选择”选择“原信号及解调后信号”，点击“配置”按钮，按下示波器“AutoSet”按钮，在示波器上观察 NRZ 源数据和 8PSK 解调信号，如图 5.60 所示。

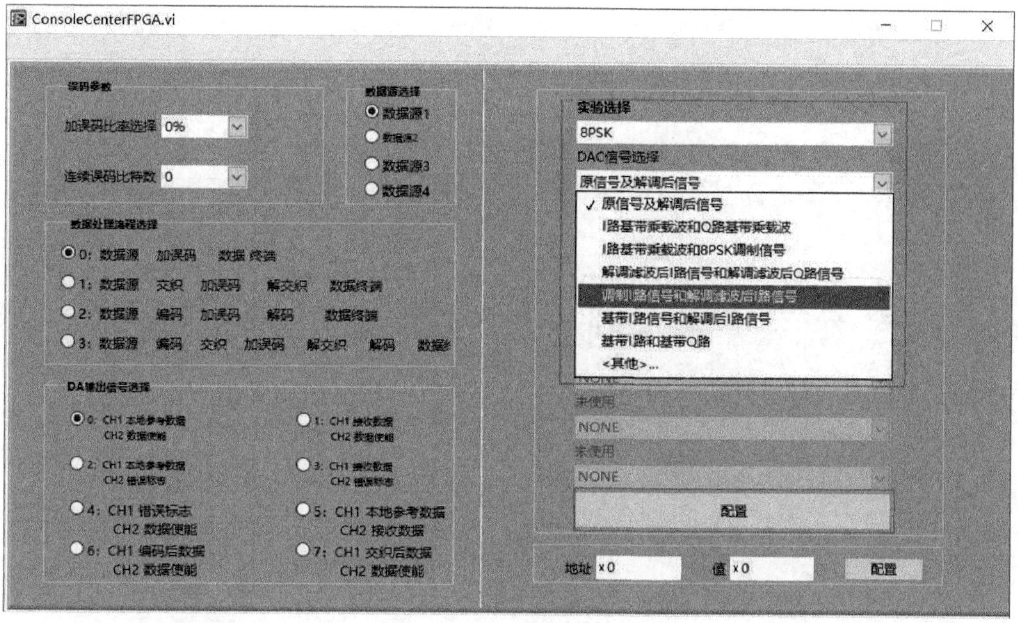

图 5.60　打开 XSRP 软件无线电创新平台集成开发软件进行配置

（2）“DAC 信号选择”——I 路基带乘载波和 Q 路基带乘载波，点击“配置”按钮，按下示波器“AutoSet”按钮，在示波器上观察 I 路基带信号乘载波和 Q 路基带信号乘载波。

（3）“DAC 信号选择”——I 路基带乘载波和 8PSK 调制信号，点击“配置”按钮，按下示波器“AutoSet”按钮，在示波器上观察 I 路基带乘载波和 8PSK 调制信号。

（4）“DAC 信号选择”——解调滤波后 I 路和解调滤波后 Q 路，点击“配置”按钮，按下示波器“AutoSet”按钮，在示波器上观察解调滤波后 I 路信号和解调滤波后 Q 路信号。

（5）“DAC 信号选择”——调制 I 路信号和解调滤波后 I 路，点击“配置”按钮，按下示波器“AutoSet”按钮，在示波器上观察调制 I 路信号和解调滤波后 I 路信号。

（6）“DAC 信号选择”——基带 I 路和解调滤波后 I 路，点击“配置”按钮，按下示波器“AutoSet”按钮，在示波器上观察基带变换后的 I 路信号和解调滤波后的 I 路信号。

（7）“DAC 信号选择”——基带 I 路和基带 Q 路，点击“配置”按钮，按下示波器“AutoSet”按钮，在示波器上观察基带变换后的 I 路和 Q 路波形。

将上述观察到的波形记录到“5.3.6.1　功能验证”中。

5.3.5.3　系统搭建

1）Step1：复制并打开文件

将软件中“实验 18：8PSK 调制解调设计实验（FPGA）”中“实验程序”文件夹下的

“Level2”工程文件夹，复制到上述自己的新建文件夹中。用 Quartus Ⅱ打开工程，点击顶层文件“fpga_8psk_2”，出现如图 5.61 所示的实验框架，学生在该框架下完成后续设计步骤。

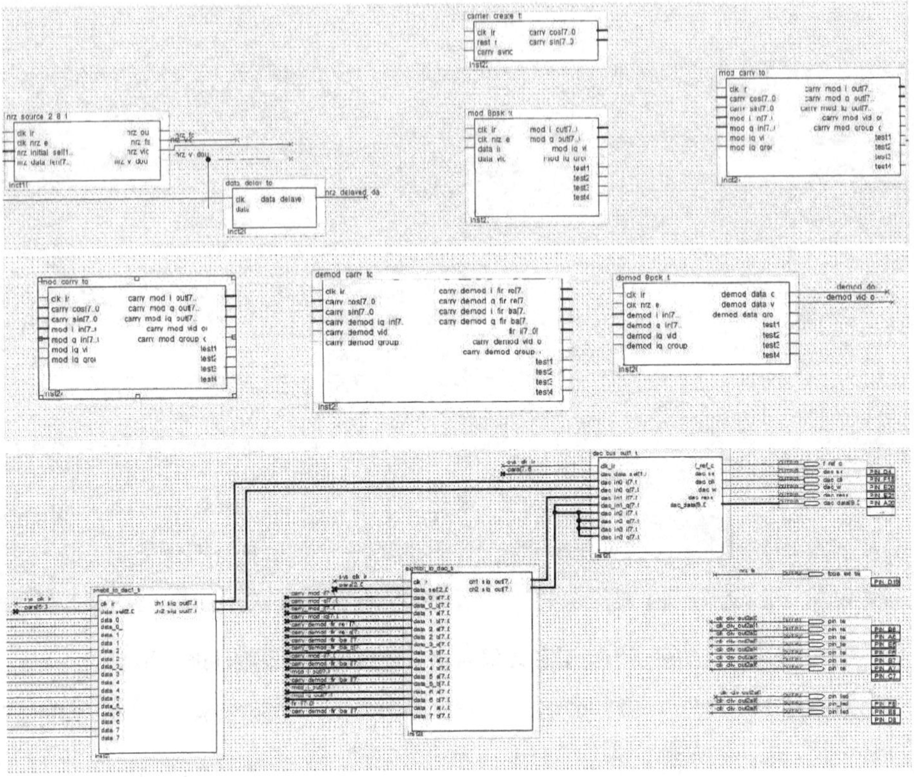

图 5.61　实验框架

2）Step2：打开模块

依次打开“nrz_source_2_8_top”“carrier_create_top”“mod_8psk_top”“mod_carry_top”“demod_carry_top”“demod_8psk_top”模块等，查看各模块的功能定义和引脚定义。例如，打开“mod_8psk_top”模块，查看功能和引脚定义，如下所示。

模块功能：并串转换，之后进行符号映射。

000.　坐标轴 0°点

001.　坐标轴 45°点

010.　坐标轴 90°点

011.　坐标轴 135°点

100.　坐标轴 180°点

101.　坐标轴 225°点

110.　坐标轴 270°点

111.　坐标轴 315°点

引脚定义：input　clk_in,

```
input                  clk_nrz_en,      //使能信号，置 1
input                  data_in,         //串行数据输入
input                  data_vid,        //数据有效性标志
output     [7:0]       mod_i_out,       //调制 I 路输出
output     [7:0]       mod_q_out,       //调制 Q 路输出
output                 mod_iq_vid,      //调制有效标志
output                 mod_iq_group,    //调制符号标志
```

3）Step3：连接模块

在了解每个模块的功能和引脚定义后，通过原理图输入的方式，将各个组成模块用线连接起来，连接方法如下：

（1）数字信号源输出信号——one 比特信号选择模块的“data_in0_i”引脚，数字信号源的有效信号——one 比特信号选择模块的“data_in0_q”引脚。

（2）基带恢复模块中的解调信号——one 比特信号选择模块的“data_in1_i”引脚，带恢复模块中的解调有效信号——one 比特信号选择模块的“data_in1_q”引脚。

（3）数字信号源输出信号——one 比特信号选择模块的“data_in2_i”引脚，基带恢复模块中的解调信号——one 比特信号选择模块的“data_in2_q”引脚。

（4）调制模块中基带 I 路乘载波后的信号——eight 比特信号选择模块的“data_in0_i [7..0]”引脚，调制模块中基带 Q 路乘载波后的信号——eight 比特信号选择模块的“data_in0_q [7..0]”引脚。

（5）调制模块中基带 I 路乘载波后的信号——eight 比特信号选择模块的“data_in1_i [7..0]”引脚，调制模块中调制后的信号　　eight 比特信号选择模块的“data_in1_q [7..0]”引脚。

（6）解调模块中滤波之前的 I 路信号——eight 比特信号选择模块的“data_in2_i [7..0]”引脚，解调模块中滤波之前的 Q 路信号——eight 比特信号选择模块的“data_in2_q [7..0]”引脚。

（7）解调模块中滤波之后的 I 路信号——eight 比特信号选择模块的“data_in3_i [7..0]”引脚，解调模块中滤波之后的 Q 路信号——eight 比特信号选择模块的“data_in3_q [7..0]”引脚。

（8）调制模块中基带 I 路乘载波后的信号——eight 比特信号选择模块的“data_in4_i [7..0]”引脚，解调模块中滤波之后的 I 路信号——eight 比特信号选择模块的“data_in4_q [7..0]”引脚。

（9）基带变换模块中的基带 I 路——eight 比特信号选择模块的“data_in5_i [7..0]”引脚，解调模块中滤波之后的 I 路信号——eight 比特信号选择模块的“data_ in5_q [7..0] ”引脚。

(10) 基带变换模块中的基带I路——eight 比特信号选择模块的“data_in6_i [7..0] ”引脚，基带变换模块中的基带Q路——eight 比特信号选择模块的“data_in6_q [7..0] ”引脚。

点击保存，然后点击编译，当页面下方显示“0 error”，则编译通过。将连线后的结果记录到“5.3.6.2 系统搭建”中。

4) Step4：下载

详细过程见第三章“实验一 模拟信号源设计”的“3.1.5 系统搭建 Step5”。

5) Step5：观察信号

通过Signal Tap Ⅱ显示和捕获实时信号，观察原信号，调制前I路和Q路信号，载波调制的I路和Q路信号，载波解调的I路和Q路信号，8PSK解调信号。

6) Step6：观察波形并记录

若通过Signal Tap Ⅱ观察的信号波形无误，则用示波器观察信号。观察信号的过程见“5.3.5 功能验证 Step4”，将观察到的波形记录到“5.3.6.2 系统搭建”中。

5.3.5.4 核心模块程序编写

1) Step1：复制文件

将软件中“实验18：8PSK调制解调设计实验（FPGA）”中“实验程序”文件夹下的“Level3”工程文件夹，复制到上述自己新建的文件夹中。用Quartus Ⅱ打开工程，点击顶层文件“fpga_8psk_3”。

2) Step2：设计任务

(1) 在“mod_8psk_top”模块下编程，要求：将输入的序列进行串并转换，再进行映射。

设计思路：

① 定义一个3位寄存器，将输入的NRZ信号移位输入。

② 定义一个4位寄存器，将上述数据保存进入。

③ 根据“5.3.4 实验原理”编写程序，按照一定比例对8个相位点映射。

④ 输出。

(2) 在“demod_8psk_top”模块下编程，要求：实现8PSK解调功能。

设计思路：

① 数据有效信号开始后延时一段数据，目的是解调之后使得在示波器上看到的解调信号和原信号是同步的。

② 获取解调信号I路和Q路的符号。

③ 将输入的I路和Q路信号取绝对值。

④ 反映射。判断是图 5. 4. 5 中的哪一个点，解映射变成 3 bit 信号显示。

⑤ 并串转换。

3） Step3：编程

（1） 双击 “mod_ 8psk_ top” 模块，可以看到模块的功能定义和引脚定义，在 “开始编程” 和 “结束编程” 之间，按照功能和引脚的定义以及设计任务的要求编写代码。

（2） 双击 “demod_ 8psk_ top” 模块，可以看到模块的功能定义和引脚定义，在 “开始编程” 和 “结束编程” 之间，按照功能和引脚的定义以及设计任务的要求编写代码。

4） Step4：编译

上述模块全部编程之后，点击▶编译。

5） Step5：下载

详细过程见第三章 “实验一　模拟信号源实验（FPGA）” 的 “3. 1. 5. 3　系统搭建 Step5”。

6） Step6：观察信号

下载完成后，观察信号，观察过程见 “5. 3. 5. 2　功能验证　Step4”，将观察到的信号波形记录到 “5. 3. 6. 3　核心模块程序编写” 中。

7） Step7：观察波形

若示波器显示的波形无误，则将设计要求中的模块代码记录到 “5. 3. 6. 3　核心模块程序编写” 中。

5. 3. 6　实验记录

5. 3. 6. 1　功能验证

原信号及解调后信号	
调制 I 路信号和 调制 Q 路信号	

调制 I 路信号和 8PSK 调制信号	
解调滤波后 I 路和 解调滤波后 Q 路信号	
调制 I 路信号及 解调滤波后 I 路信号	
基带 I 路信号和 解调 I 路滤波后输出	
基带 I 路和基带 Q 路	

5.3.6.2 系统搭建

原理图连线
SignalTap Ⅱ 波形图
原信号及解调后信号
基带 I 路乘载波和基带 Q 路乘载波
调制 I 路信号和 8PSK 调制信号
解调滤波后 I 路和解调滤波后 Q 路信号
调制 I 路信号及解调滤波后 I 路信号
基带 I 路信号和解调 I 路滤波后输出

基带 I 路和基带 Q 路

5.3.6.3 核心模块程序编写

原信号及解调后信号
基带 I 路乘载波和基带 Q 路乘载波
调制 I 路信号和 8PSK 调制信号
解调滤波后 I 路和解调滤波后 Q 路信号
调制 I 路信号及解调滤波后 I 路信号
基带 I 路信号和解调 I 路滤波后输出

基带 I 路和基带 Q 路
mod_8psk_top 模块代码
demod_8psk_top 模块代码

第六章

卷积编码和维特比译码设计

实验　卷积编码和维特比译码设计

6.1.1　实验目的

(1) 掌握通过 FPGA 完成卷积编码和维特比译码的原理及实现方法。

(2) 学习 Verilog 语言，掌握实现卷积编码和维特比译码模块的编写方法。

(3) 熟悉 FPGA 集成开发软件 Quartus Ⅱ的使用方法。

(4) 熟悉使用 XSRP 软件无线电平台及其集成开发软件与示波器联调实测波形的方法。

6.1.2　实验仪器

1) 硬件平台

电脑一台；双踪示波器；XSRP 软件无线电平台；FPGA 下载器 1 个。

2) 软件平台

Quartus Ⅱ 11.0；XSRP 软件无线电创新平台集成开发软件。

6.1.3　实验内容

1) 功能验证

将提供的 FPGA 下载文件（.sof 文件）下载到 XSRP 软件无线电平台中，通过 XSRP 集成开发软件将生成的信号数据传送到示波器上，可观察到卷积编码前后及维特比译码后的波形情况，并记录到“6.1.6.1　功能验证”中。

2) 系统搭建

在 Quartus Ⅱ下，将提供的未完成连线的系统工程文件，通过了解各个模块的输入输出引脚及功能，将核心模块连线搭建成完整的工程系统，编译、仿真、下载，用示波器观测波形，并记录到“6.1.6.2　系统搭建”中。

3) 核心模块编写

在 Quartus Ⅱ下通过硬件描述语言（Verilog）输入的方式，编写工程中的核心模块程

序，进行软硬件联调，并将编写的核心程序以及观察到的波形结果记录到“六、实验记录”的“6.1.6.3　核心模块编写”中。

6.1.4　实验原理

6.1.4.1　实验原理

1）卷积码编码

卷积码是一种纠错编码，它将输入的 k 个信息比特编成 n 个比特输出，特别适合以串行形式进行传输，时延小。卷积码编码器的形式如图 6.1 所示，它包括：一个由 N 段组成的输入移位寄存器，每段有 k 段，共 Nk 个寄存器；一组 n 个模 2 和相加器；一个由 n 级组成的输出移位寄存器，对应于每段 k 个比特的输入序列，输出 n 个比特。

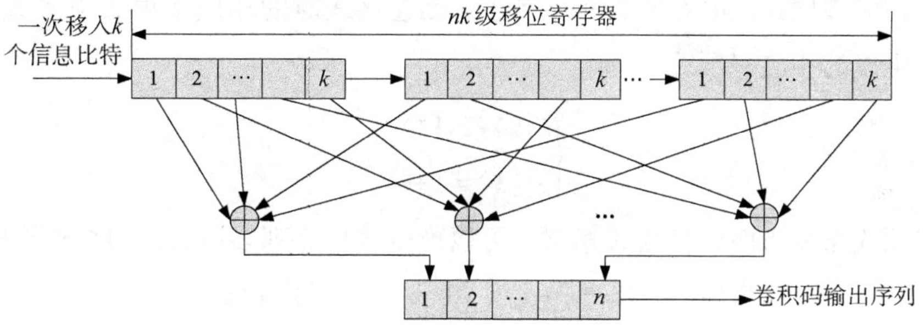

图 6.1　卷积编码器的一般形式

由图 6.1 可以看到，n 个输出比特不仅与当前的 k 个输入信息有关，还与前 $(N.1)k$ 个信息有关。通常将 N 称为约束长度（有的书中也把约束长度定为 nN 或 $N.1$）。常把卷积码记为 (n,k,N)，当 $k=1$ 时，$N.1$ 就是寄存器的个数。编码效率定义为 $R_c=k/n$。

卷积码的表示方法有图解表示法和解析表示法两种：解析法，可以用数学公式直接表达，包括离散卷积法、生成矩阵法、码生成多项式法；图解表示法，包括树状图、网络图和状态图（最常用的是图形表达形式）三种。一般情况下，解析表示法比较适合于描述编码过程，而图形法比较适合于描述译码。

下面以 $(2,1,3)$ 卷积编码器为例，详细讲述卷积码的产生原理和表示方法。$(2,1,3)$ 卷积码的约束长度为 3，编码速率为 1/2，编码器的结构如图 6.2 所示。

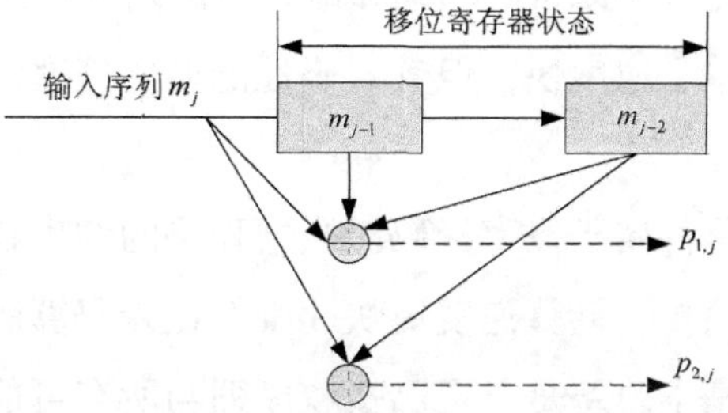

图 6.2　（2，1，3）卷积编码器

这里主要介绍码多项式法。我们可以用多项式来表示输入序列、输出序列、编码器中移位寄存器与模 2 和的连接关系。

为了简化，仍以上述(2,1,3)卷积码为例，例如，输入序列 1011100…可表示为

$$M(x)=1+x^2+x^3+x^4+\cdots$$

在一般情况下，输入序列可表示为

$$M(x)=m_1+m_2x+m_3x^2+m_4x^3+\cdots$$

式中，$m_1,m_2,m_3,m_4\cdots$为二进制表示（1 或 0）的输入序列。x 称为移位算子或延迟算子，它标志着位置状况。

我们可以用多项式表示移位寄存器各级与模 2 加的连接关系。若某级寄存器与模 2 加相连接，则相应多项式项的系数为 1；反之，无连接线时的相应多项式项系数为 0，以编码器为例，生成的相应多项式为

$$\begin{cases}g_1(x)=1+x+x^2\\g_2(x)=1+x^2\end{cases}$$

利用生成多项式与输入序列多项式相乘，可以产生输出序列多项式，即得到输出序列。

$$\begin{aligned}P_1(x)&=M(x)g_1(x)=(1+x^2+x^3+x^4)(1+x+x^2)\\&=1+x^2+x^3+x^4+x+x^3+x^4+x^5+x^2+x^4+x^5+x^6\\&=1+x+x^4+x^6\\P_2(x)&=M(x)g(x)\\&=(1+x^2+x^3+x^4)(1+x^2)\end{aligned}$$

对应的码组为

$$P_1(x)=1+x+x^4+x^6\leftrightarrow p_1=(1100101)$$

$$P_2(x)=1+x^3+x^5+x^6\leftrightarrow p_2=(1001011)$$

$$P=(p_1,p_2)=(11,10,00,01,10,01,11)$$

2）卷积码译码

卷积码的译码方法有两类：一类是大数逻辑译码，又称门限译码；另一类是概率译码，概率译码又分为维特比（Viterbi）译码和序列译码两种。门限译码方法是以分组理论为基础的，其译码设备简单、速度快，但其误码性能要比概率译码法差。这里我们主要介绍维特比译码。

维特比译码和序列译码都属于概率译码。当卷积码的约束长度不太大时，与序列译码相比，维特比译码器比较简单，计算速度更快。维特比译码算法，后文简称 VB 算法。

采用概率译码的一种基本思路是：把已接收序列与所有可能的发送序列做比较，选择其中码距最小的一个序列作为发送序列。如果发送 L 组信息比特，则对于(n,k)卷积码来

说，可能发送的序列有 2^{kL} 个，计算机或译码器需存储这些序列并进行比较，以找到码距最小的那个序列。当传信率和信息组数 L 较大时，使得译码器难以实现。VB 算法则对上述概率译码（又称最大似然解码）做了简化，以至于成为一种实用化的概率算法。它并不是在网格图上一次比较所有可能的 2^{kL} 条路径（序列），而是接收一段，计算和比较一段，选择一段有最大似然可能的码段，从而达到整个码序列是一个有最大似然值的序列。

下面将用图 6.2 的（2,1,3）卷积码编码器所编出的码为例，说明维特比解码的方法和运作过程。设输入编码器的信息序列为（1 1 0 1 1 0 0 0），则由编码器输出的序列 Y=（1 1 0 1 0 1 0 0 0 1 0 1 1 1 0 0），编码器的状态转移路线为 $abcdbdca$。若收到的序列 R=（0 1 0 1 0 1 1 0 0 1 0 1 1 1 0 0），对照网格图来说明维特比译码的方法。

由于该卷积码的约束长度为 6 位，因此先选择接收序列的前 6 位序列 R_1=（0 1 0 1 0 1）同到达第 3 时刻可能的 8 个码序列（即 8 条路径）进行比较，并计算出码距。该例中到达第 3 时刻 a 点的路径序列是（0 0 0 0 0 0）和（1 1 1 0 1 1），它们与 R_1 的距离分别是 3 和 4；到达第 3 时刻 b 点的路径序列是（0 0 0 0 1 1）和（1 1 1 0 0 0），它们与 R_1 的距离分别是 3 和 4；到达第 3 时刻 c 点的路径序列是（0 0 1 1 1 0）和（1 1 0 1 1 0），与 R_1 的距离分别是 4 和 1；到达第 3 时刻 d 点的路径序列是（0 0 1 1 0 1）和（1 1 0 1 1 0），与 R_1 的距离分别是 2 和 3。上述每个节点都保留码距较小的路径为幸存路径，所以幸存路径码序列是（0 0 0 0 0 0），（0 0 0 0 1 1），（1 1 0 1 0 1）和（0 0 1 1 0 1），如图 6.3（a）所示。用与上面类同的方法可以得到第 4,5,6,7 时刻的幸存路径。

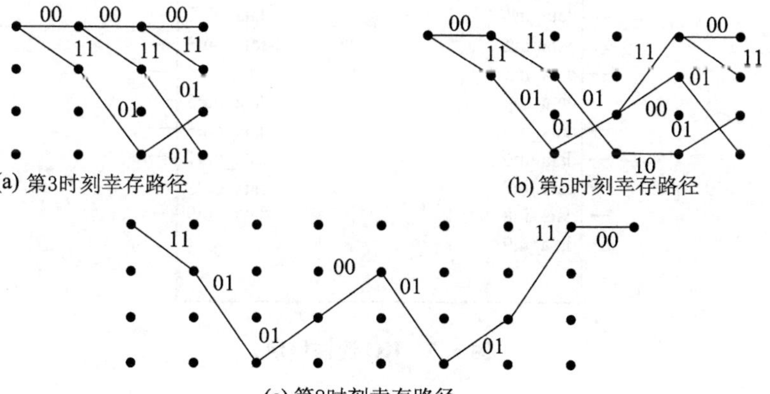

(a) 第3时刻幸存路径　(b) 第5时刻幸存路径

(c) 第8时刻幸存路径

图 6.3 维特比译码图解

需指出对于某一个节点而言，比较两条路径与接收序列的累计码距时，若发生两个码距值相等，则可以任选一路径作为幸存路径，此时不会影响最终的译码结果。图 6.3（b）给出了第 5 时刻的幸存路径，读者可自行验证。在码的终了时刻 a 状态，得到一根幸存路径，如图 6.3（c）所示。由此看到译码器输出是 R'=（1 1 0 1 0 1 0 0 0 1 0 1 1 1 0 0），即可变换成序列（1 1 0 1 1 0 0 0），恢复了发端原始信息。比较 R' 和 R 序列，可以看到在译码过程中已纠正了在码序列第 1 和第 7 位上的差错。当然，差错出现太频繁，以至于超出卷积码的纠错能力，则会发生误纠，这是不希望的。

从译码过程看到，维特比算法所需要的存储量是 2^N，在上例中仅为 8。这对于约束长度 $N<10$ 的译码是很有吸引力的。

6.1.4.2　FPGA 设计原理及各模块介绍

卷积编积的 FPGA 程序框图如图 6.4 所示。

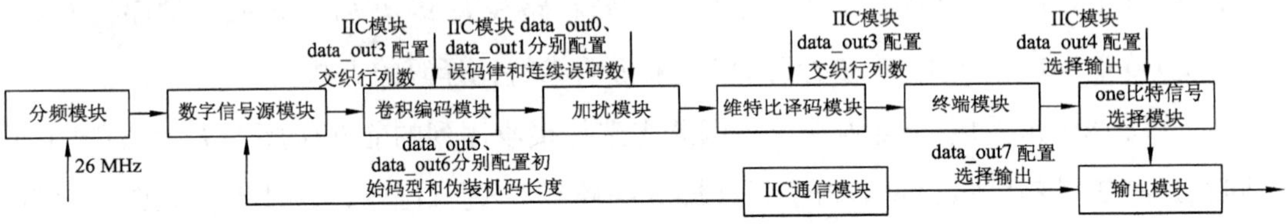

图 6.4　卷积编码的 FPGA 程序框图

1）IIC 通信模块

IIC 通信模块如图 6.5 所示。

名称：arm_ iic_ reg_ top

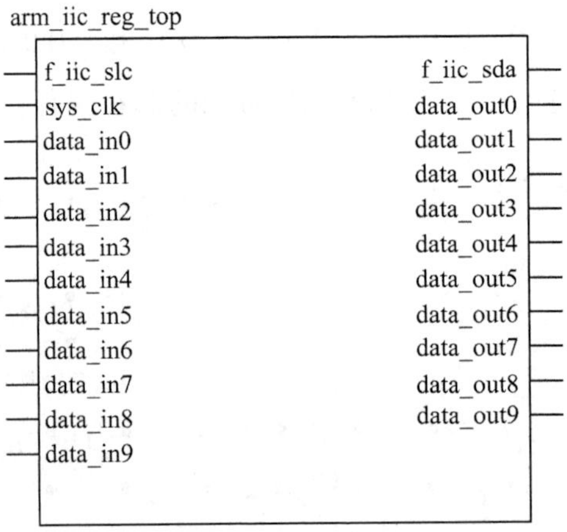

图 6.5　IIC 通信模块

（1）功能：FPGA 芯片与 XSRP 软件无线电平台开发软件通过此模块通信，用于配置实验参数。

① data_ out0：配置加扰模块的误码率，连接加扰模块的“er_ rate”。

② data_ out1：配置加扰模块的连续误码数，连接加扰模块的“er_ count”。

③ data_ out3：配置输出模块的输出信号，连接输出模块的“dac_ data_ sel”。

④ data_ out4：配置 one 比特信号选择模块的输出信号，连接 one 比特信号选择模块的

“data_sel”信号。

⑤ data_out5：配置数字信号源模块的初始码型，连接数字信号源模块的“nrz_initial_sel”信号。

⑥ data_out6：配置数字信号源模块的伪随机码长度，连接数字信号源模块的“nrz_data_len”信号。

（2）配置方法：

① 按照“3.1.1　验证准备”连接硬件设备。

② 打开 XSRP 软件无线电平台集成开发软件，点击 出现如图 6.6 所示界面，例如，在“地址”中输入“1”，“值”中输入“A”，点击“配置”按钮即配置完成。因为 XSRP 软件无线电平台集成开发软件输入的信号都以 16 进制的形式发送到 FPGA 芯片中，因此配置的输入的连续误码数为 10。

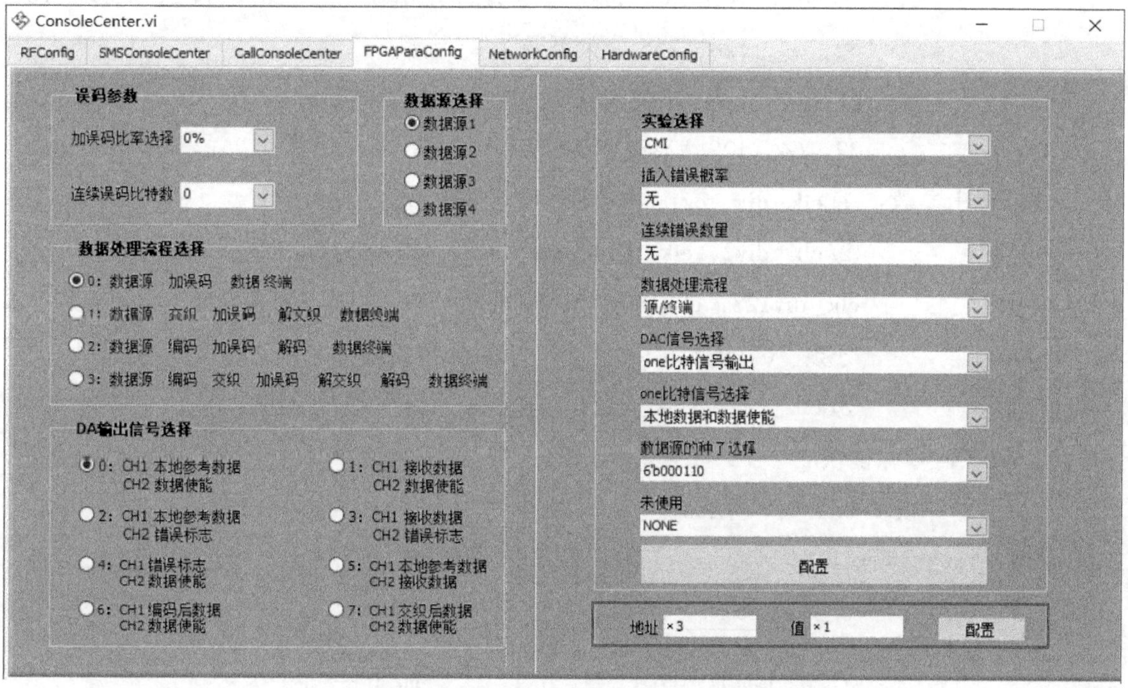

图 6.6　XSRP 软件无线电平台集成开发软件界面

（3）说明：此模块程序已提供，无须自己编写。注：值可以取 0x00 至 0xFF。

2）分频模块

分频模块如图 6.7 所示。

名称：clk_div

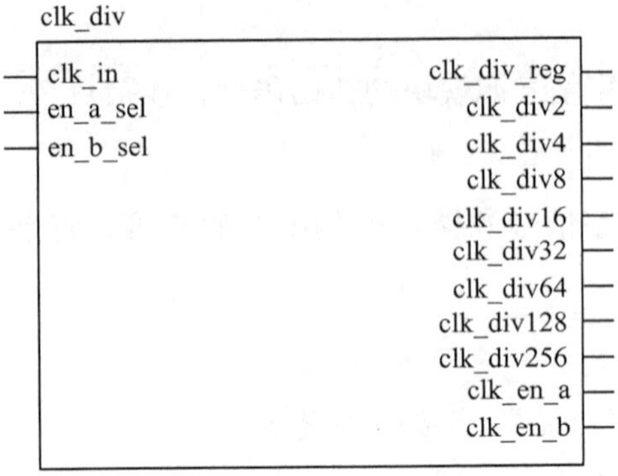

图 6.7　分频模块

（1）功能：将系统时钟（26 MHz），进行 2/4/8/16/32/64/128/256 分频输出。

（2）输入参数：① clk_in：系统时钟。

② en_a_sel：取值为 0.7，选择控制输出 clk_en_a 为 2，4，8，16，32，64，128，256 分频系数。

③ en_b_sel：取值为 0.7，选择控制输出 clk_en_b 为 2，4，8，16，32，64，128，256 分频系数。

（3）输出参数：① clk_div_reg：输出的计数数据，用以分频。

② clk_div2，clk_div4，clk_div8，clk_div16，clk_div32，clk_div64，clk_div128，clk_div256：输出 2 分频、4 分频、8 分频、16 分频、32 分频、64 分频、128 分频、256 分频的分频时钟。

③ clk_en_a，clk_en_b：输出 a，b 分频信号时钟。

3）数字信号源模块

数字信号源模块如图 6.8 所示。

名称：nrz_source

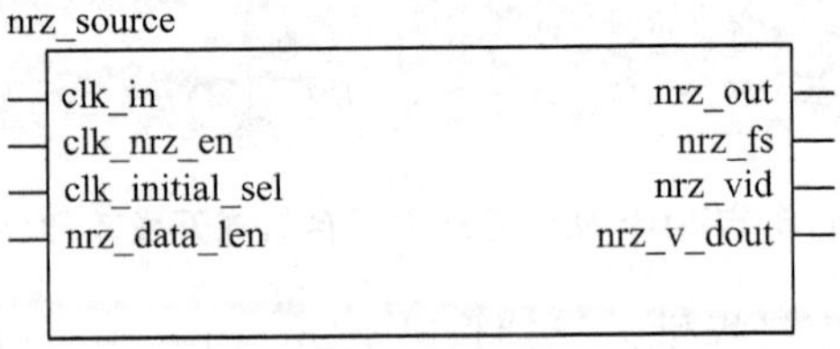

图 6.8　数字信号源模块

（1）功能：输出有限制长度的 NRZ 码。

（2）输入参数：① clk_in：模块控制时钟。

② clk_nrz_en：使能信号。

③ nrz_initial_sel：端口选通。

④ nrz_ data_ len：NRZ 码数据长度。

（3）输出参数：① nrz_ out：无输出。

② nrz_ fs：无用端口。

③ nrz_ vid：数据有效性标志。

④ nrz_ v_ dout：输出。

4）卷积编码模块

卷积编码模块如图 6. 9 所示。

名称：code_ en：

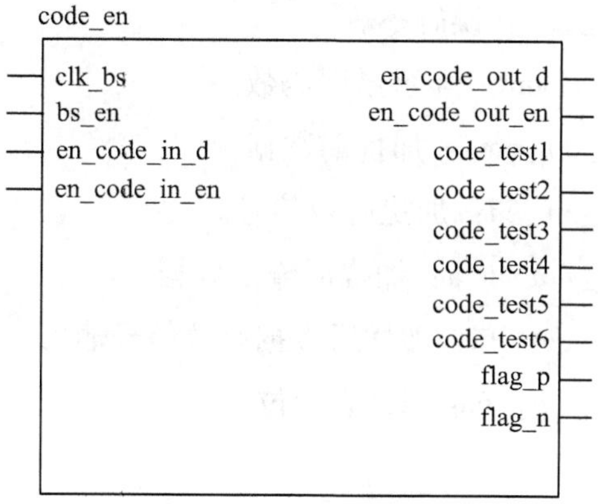

图 6. 9　卷积编码模块

（1）功能：进行对输入信号的卷积编码。

（2）输入参数：① clk_ bs：工作时钟。

② bs_ en：位同步信号。

③ en_ code_ in_ d：编码前数据输入。

④ en_ code_ in_ en：编码前数据有效信号输入。

（3）输出参数：① en_ code_ out_ d：编码后数据输出。

② en_ code_ out_ en：编码后数据有效信号输出。

③ code_ test1 \ 2 \ 3 \ 4 \ 5 \ 6：测试信号 1，2，3，4，5，6。

④ flag_ p，flag_ n：分别存 en_ code_ in_ d 和 en_ code_ in_ en 信号（但不作输出）。

5）加扰模块

加扰模块如图 6. 10 所示。

名称：add_ error

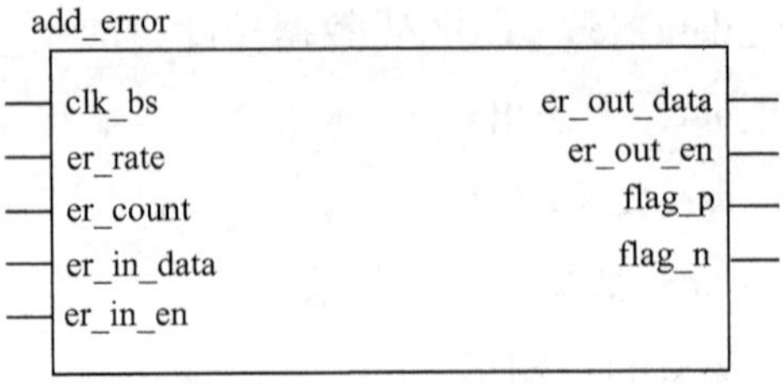

图 6.10　加扰模块

（1）功能：对输入的信号进行加入错误码操作。

（2）输入参数：① clk_bs：工作时钟。

② er_rate：误码率。

③ er_count：连续错误码数。

④ er_in_data：加扰前数据。

⑤ er_in_en：加扰有效信号。

（3）输出参数：① er_out_data：加扰后输出数据。

② er_out_en：加扰后数据有效信号输出。

③ flag_p，flag_n：表示位。

6）维特比译码模块

维特比译码模块如图 6.11 所示。

名称：code_de

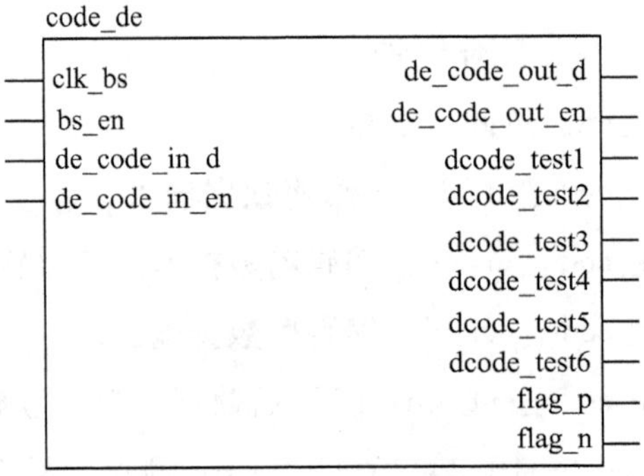

图 6.11　维特比译码模块

（1）功能：对输入的信号进行维特比译码。

（2）输入参数：① clk_bs：工作时钟。

② bs_en：位同步信号。

③ de_code_in_d：卷积编码后信号。

④ de_code_in_en：译码前数据有效信号输出。

（3）输出参数：① de_code_out_d：译码后数据输出。

② de_code_out_en：译码后数据有效信号输出。

③ dcode_test1 \ 2 \ 3 \ 4 \ 5 \ 6：测试信号 1，2，3，4，5，6。

7）终端模块

终端模块如图 6.12 所示。

名称：nrz_terminal

符号文件：

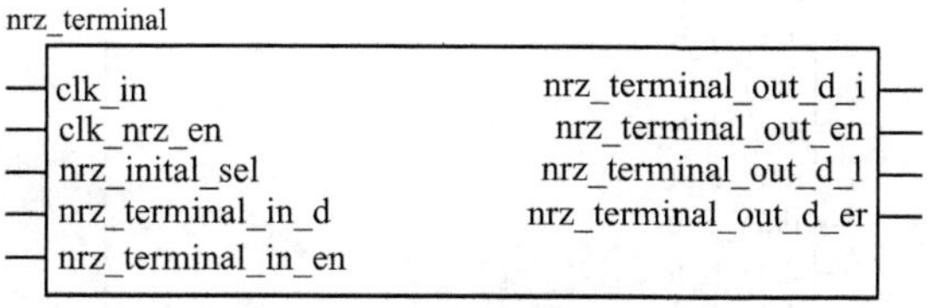

图 6.12　终端模块

（1）功能：编写代码产生同步信号并产生本地 NRZ 码。在同步情况下，将输出的维特比译码后波形与 NRZ 码进行对比输出结果，若为 1 则说明产生错误，若为 0 则无误。

（2）输入参数：① clk_in：工作时钟。

② clk_nrz_en：位同步信号。

③ nrz_initial_sel：随机数的初始值。

④ nrz_terminal_in_d：接收端的数据输入。

⑤ nrz_terminal_in_en：接收端的数据有效性输入。

（3）输出参数：① nrz_terminal_out_d_i：接收数据延时对齐输出。

② nrz_terminal_out_d_l：本地数据输出。

③ nrz_terminal_out_er：两者对比，错误为 1。

④ nrz_terminal_out_en：数据有效使能输出。

8）one 比特信号选择模块

one 比特信号选择模块如图 6.13 所示。

名称：onebit_to_dac

（1）功能：将输入的 1 位信号转换位 10 位输出，并通过 data_sel 选择输出 data_0~data7 其中一个信号。变换方式：输入值为 1，转换成 8′hff；输入值为 0，转换成 8′h0，作此变换是为了便于在示波器上进行观察。

（2）输入参数：① clk：输入的时钟信号。

② data_sel［2..0］：选择信号，从 data0~7 选择信号输出。

③ data0~data7：信号输入。

（3）输出参数：ch1_sig_out/ch2_sig_out：转换后的 10 位信号输出。

（4）说明：此模块程序已提供，无须自己编写。

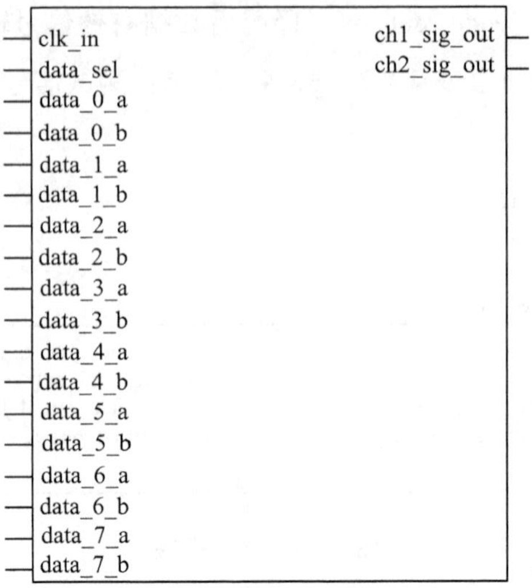

图 6.13　one 比特信号选择模块

9）输出模块

输出模块如图 6.14 所示。

名称：dac_bus_out

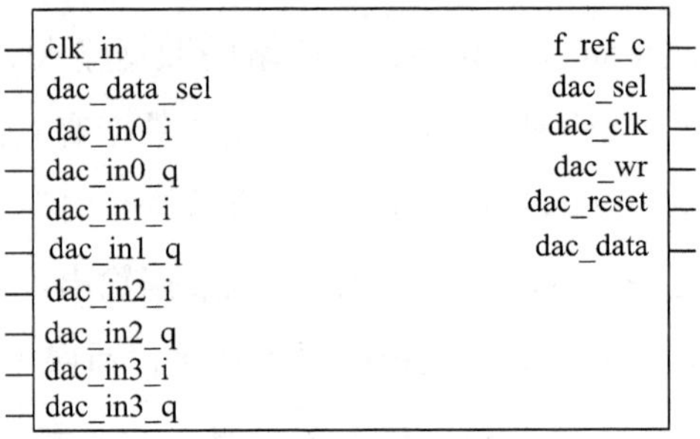

图 6.14　输出模块

（1）功能：将 IIC 通信模块选择的并行的两路信号转为符合硬件 DAC 芯片输入格式的串行信号，该信号可通过示波器显示。

（2）输入参数：① clk_in：模块控制时钟。

② dac_data_sel：选择输入通道（选择转换 dac_inx_i，dac_inx_q）。

③ dac_in0_i～dac_in3_i：要转换的 I 路数据。

④ dac_in0_q～dac_in3_q：要转换的 Q 路数据。

（3）输出参数：① f_ref_c：工作使能信号，值 1 即可。

② dac_sel：I，Q 数据有效控制信号，高电平时 I 路有效，低电平时 Q 路有效。

③ dac_clk：DAC 芯片时钟信号。

④ dac_wr：写信号。

⑤ dac_reset：DAC 芯片复位信号，高电平复位，低电平正常工作。

⑥ dac_data：输出信号（一个端口要输出 I，Q 两路数据，故要dac_sel 来控制数据的有效性）。

（4）说明：此模块程序已提供，无须自己编写。

6.1.5　实验步骤

6.1.5.1　实验准备

1）Step1：硬件环境准备

参见第三章“实验一　模拟信号源设计”中“3.1.5.1　实验准备”。

2）Step2：软件环境准备

参见第三章“实验一　模拟信号源设计”中“3.1.5.1　实验准备”。

6.1.5.2　功能验证

1）Step1：新建文件夹

新建一文件夹名为“VB”，可命名为其他名称但必须为全英文。

2）Step2：拷贝文件

打开软件中“实验二十一卷积编码设计实验（FPGA）”中“实验程序”文件夹下的“Level _1”文件夹，将其中的 fpga_viterbi. sof 文件复制到自己新建的文件夹中。

3）Step3：下载程序

参见第三章“实验一　模拟信号源设计”中“3.1.5.2　功能验证”。

4）Step4：利用 Quartus Ⅱ 仿真进行观察

通过 Quartus 自带的 Signal Tap Ⅱ Logic Analyse 可进行仿真观察波形，并且可以将各个模块运算的中间值参数显示出来，如图 6.15 所示。

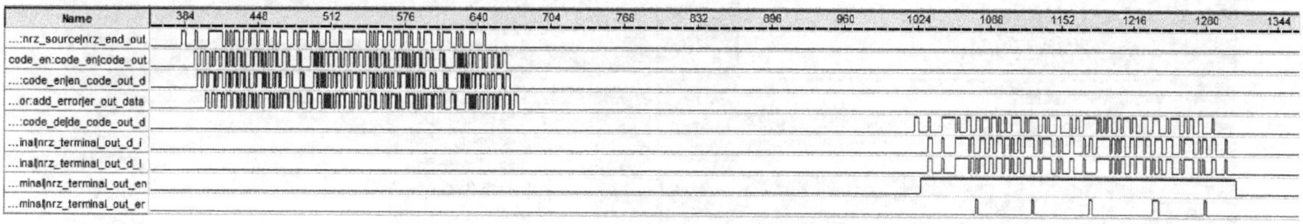

图 6.15　Signal Tap Ⅱ 仿真图

5）Step5：用示波器观察波形

仿真结果无误后，打开 XSRP 软件无线电平台集成开发软件，点击 出现如图 6.16 所示界面，选择选项栏中的“FPGAParaConfig”后在实验选择栏中选择“VB”。

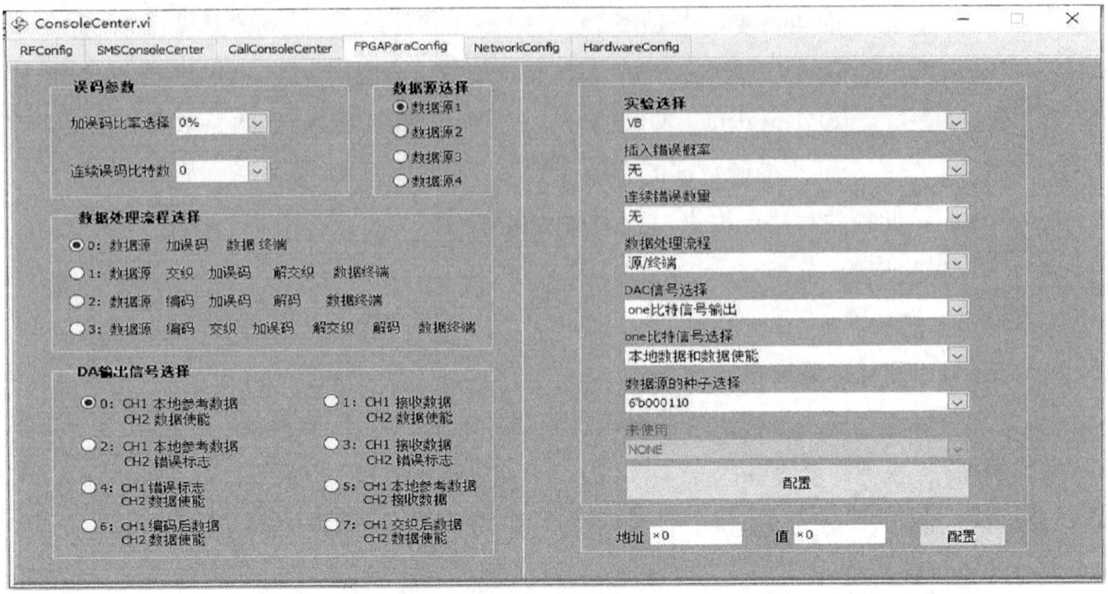

图 6.16　在实验选择栏中选择“VB”

选择“插入错误码概率”，并选择“连续错误数量”后，选择“数据处理流程”为：源/交织/解交织/终端，在“one 比特信号选择”下拉栏任意选择，如图 6.17 所示。点击下方“配置”按钮，按下示波器的“Autoset”按钮，在示波器上分别观察在不同插入错误概率和不同连续错误数量情况下的本地数据和错误提示以及本地数据和接收数据。

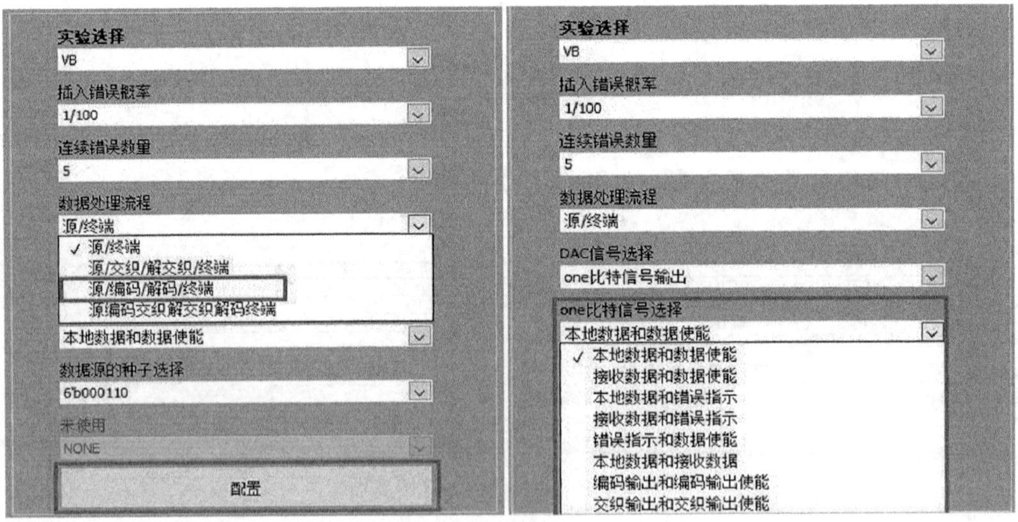

图 6.17　VB 的波形控制界面

6.1.5.3　系统搭建

1）Step1：复制文件

将软件中“实验二十一　卷积编码设计实验（FPGA）”中“实验程序”文件夹下的

“Level_2”工程文件夹复制到上述步骤中自己新建的文件夹中，在 Quartus Ⅱ中打开该工程，点击顶层文件“FPGA_VB_Level2. qpf”，出现如图 6. 18 所示实验框架，操作者在该框架下完成后续设计步骤。

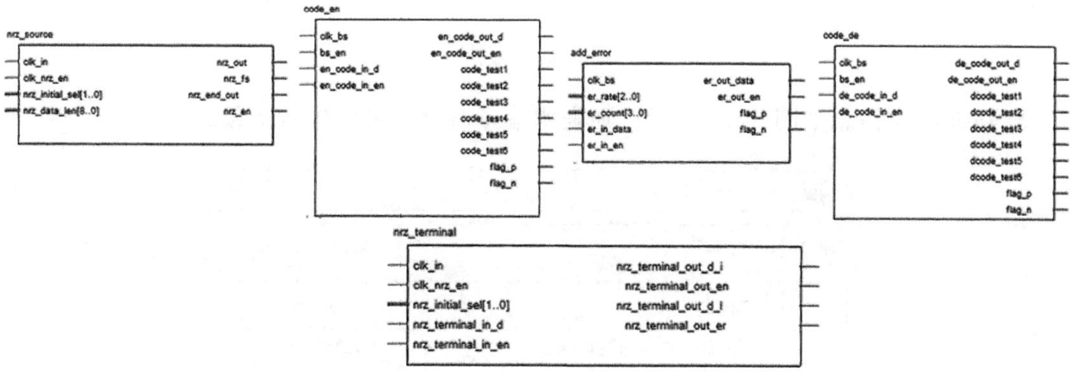

图 6. 18　实验框架

2）Step2：查看各模块功能和引脚定义

依次双击打开“code_en_top”“add_error_top”“code_de_top”“nrz_terminal_top”模块，可以查看模块的功能定义和各个引脚定义。

可以从模块的注释中获取信息：

（1）模块功能：将已生成的基带信号序列输入进行延时对齐，将数据根据输入转换为 8 位数 I 路输出（高低电平）。

（2）引脚功能：clk_bs 时钟输入，bs_en 使能端，en_code_in_d 数据输入，en_code_in_en 数据有效性标志，en_code_out_d 调制 I 路输出，en_code_out_en 无效，code_test1/2/3/4/5/6，flag_p，flag_n 测试用。

3）Step3：完成连线

在理解了每个核心组成模块的功能和引脚定义后，根据原理框图，完成模块之间的连线，并将中间信号和最终的结果输出到 DAC 上进行输出，点击“保存”按钮。

4）Step4：编译

点击如图 6. 19 所示 Quartus Ⅱ中工具栏的“编译”键。

图 6. 19　编译

若出现如图 6. 20 所示错误则说明有模块输入连线未完成，某模块缺失输入信号。

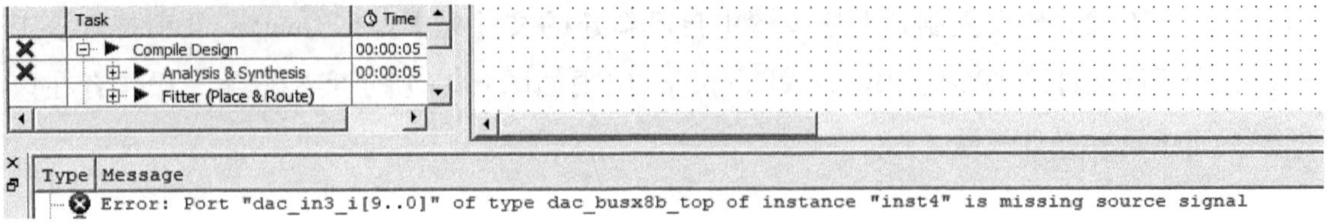

图 6.20　报错

若 Task 框中信息如图 6.21 所示，则表明编译通过，可以进行下载。

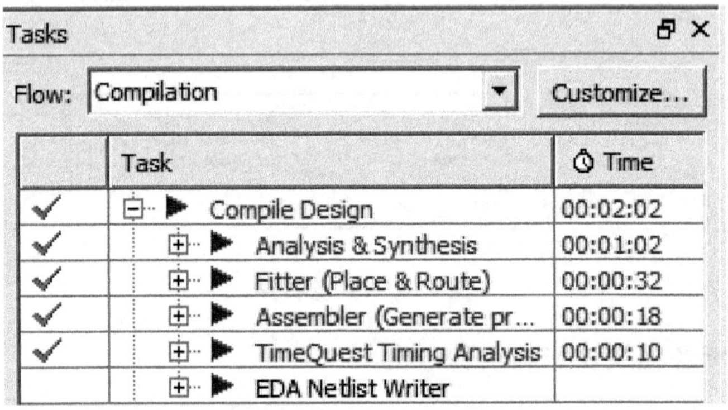

图 6.21　编译通过

5）Step5：下载（在已打开工程的前提下）

参见第三章“实验一　模拟信号源设计”中“3. 1. 5. 3　系统搭建”。

6）Step6：利用 Quartus Ⅱ 仿真进行观察

通过 Quartus 自带的 Signal Tap Ⅱ Logic Analyse 可进行仿真观察波形，并且可以将各个模块运算的中间值参数显示出来。

7）Step7：用示波器观察波形

配置详细步骤见“6. 1. 5. 2　功能验证　Step5”，在示波器上分别观察在不同插入错误概率和不同连续错误数量情况下的本地数据和错误提示，以及本地数据和接收数据，并将观察到的波形记录到“6. 1. 6. 2　系统搭建”中。

6. 1. 5. 4　核心模块编写

1）Step1：复制文件

将软件中“实验二十一　卷积编码设计实验（FPGA）”中“实验程序”文件夹下的“Level_3”工程文件夹复制到自己新建的文件夹中，在 Quartus Ⅱ 中打开该工程，点击顶层文件“FPGA_VB_Level3. bdf”。

2）Step2：设计任务

（1）在“code_en_top”模块中，完成卷积编码模块编写。

设计思路：

① 编写产生使能信号上升沿脉冲。

② 设定五位寄存器［根据卷积编码种类的（n，k，N）中的 N 决定为几位，若为 N 则设定 N+1 位寄存器］，每次有 en_code_in_d 输入，则延时后赋给寄存器最低位。

③ 根据选择的卷积编码种类，如（2，1，4）生成多项式 $g_0=1+x^3+x^4$，$g_1=1+x+x^3+x^4$，并且利用时钟上升沿变化，按照 g_0，g_1 的顺序交替输出卷积编码后信号 en_code_out_d。

（2）在“add_error_top”模块中，完成加扰模块编写。

设计思路：

① 设定误码率 er_rate，可取值为 0.7，分别对应 500，100，67，50，32，20，13，10。（注：误码率意义，100 即为在当生成 100 个伪随机码时要进行加入一次误码，加入连续误码个数根据 er_count 决定）对应误码率为 0，1/100，1/67，1/50，1/32，1/20，1/13，1/10。

② 设定连续加扰数 er_count，可取值为 0.15（0 即为无扰码）。

③ 若 er_rate 小于 400，则说明将加入误码，每当计数器等于 er_rate 时，要对原码进行 er_count 次加扰操作，此时 er_flag 为 1。加扰操作为：将输入的数据和 er_flag 进行异或。

（3）在“nrz_terminal_top”模块中，完成终端模块编写。

设计思路：

① 根据数字源信号模块的设计思路，产生同步的本地伪随机码。

② 在同步情况下，将输出的维特比译码后波形与伪随机码进行对比输出结果，若为 1 则说明产生错误，若为 0 则无误。

3）Step3：功能要求

（1）卷积编码模块

双击“code_en_top”模块，可以看到模块的功能定义和信号定义。

（2）加扰模块

双击“add_error_top”模块，可以看到模块的功能定义和信号定义。

（3）终端模块

双击“nrz_terminal_top”模块，可以看到模块的功能定义和信号定义。

4）Step4：模块编程

根据卷积编码和维特比译码原理，在每一个模块下的“编程开始”和“编程结束”之间完成自己的代码，完成编程。

5）Step5：编译、下载

参见第三章“实验一　模拟信号源设计”中“3.1.5.2　功能验证”。

6）Step6：利用 Quartus Ⅱ仿真进行观察

通过 Quartus 自带的 Signal Tap Ⅱ Logic Analyse 可进行仿真观察波形，并且可以将各个模块运算的中间值参数显示出来。

7）Step7：用示波器观察波形

配置详细步骤见“6.1.5.2　功能验证　Step5”，在示波器上分别观察在不同插入错误概率和不同连续错误数量情况下的本地数据和错误提示，以及本地数据和接收数据，并将观察到的波形记录到“6.1.6.3　核心模块编写”中。

6.1.6　实验记录

6.1.6.1　功能验证

（1）记录误码率相同时（示例：误码率 1/32），不同连续误码数情况下的原码波形、误码提示、维特比译码后波形。

连续误码数为 1 ① 原码波形和误码提示 ② 原码波形和译码后波形
连续误码数为 4 ① 原码波形和误码提示 ② 原码波形和译码后波形
连续误码数为 7 ① 原码波形和误码提示 ② 原码波形和译码后波形

（2）记录相同连续误码数时（示例：误码率 5），不同误码率的情况下原码波形、误码提示、维特比译码后波形。

误码率为 1/100 ① 原码波形和误码提示   ② 原码波形和译码后波形
误码率为 1/32 ① 原码波形和误码提示   ② 原码波形和译码后波形
误码率为 1/13 ① 原码波形和误码提示   ② 码波形和译码后波形

6.1.6.2　系统搭建

1）搭建后结果

① 总体布局
② 放大后细节

2）波形结果（结果同“6.1.6.1　功能验证”，故图略）

（1）记录误码率相同时（示例：误码率 1/32），不同连续误码数情况下的原码波形、误码提示、维特比译码后波形。

连续误码数为 1 ① 原码波形和误码提示 ② 原码波形和译码后波形
连续误码数为 4 ① 原码波形和误码提示 ③ 原码波形和译码后波形
连续误码数为 7 ① 原码波形和误码提示 ② 原码波形和译码后波形

（2）记录相同连续误码数时（示例：误码率 5），不同误码率的情况下原码波形、误码提示、维特比译码后波形。

误码率为 1/100 ① 原码波形和误码提示 ② 原码波形和译码后波形

误码率为 1/32
① 原码波形和误码提示

② 原码波形和译码后波形

误码率为 1/13
① 原码波形和误码提示

② 原码波形和译码后波形

6.1.6.3 核心模块编写

1）模块编程代码

① code_en_top
要求：将包含所有输入输出引脚定义的 code_en_top.v 下的全部程序粘贴在表中（删除不必要的注释）
答案：

② add_error_top
要求：将包含所有输入输出引脚定义的 add_error_top.v 下的全部程序粘贴在表中（删除不必要的注释）
答案：

③ nrz_terminal_top
要求：将包含所有输入输出引脚定义的 nrz_terminal_top.v 下的全部程序粘贴在下表中（删除不必要的注释）
答案：

2）波形结果（结果同“6.1.6.1 功能验证”，故图略）

（1）记录误码率相同时（示例：误码率 1/32），不同连续误码数情况下的原码波形、误码提示、维特比译码后波形。

连续误码数为 1 ① 原码波形和误码提示 ② 原码波形和译码后波形
连续误码数为 4 ① 原码波形和误码提示 ② 原码波形和译码后波形
连续误码数为 7 ① 原码波形和误码提示 ② 原码波形和译码后波形

（2）记录相同连续误码数时（示例：误码率 5），不同误码率的情况下原码波形、误码提示、维特比译码后波形。

误码率为 1/100 ① 原码波形和误码提示 ② 原码波形和译码后波形

误码率为 1/32 ① 原码波形和误码提示   ② 原码波形和译码后波形
误码率为 1/13 ① 原码波形和误码提示   ② 原码波形和译码后波形

第七章

扰码与解扰码设计

实验　扰码与解扰码设计

7.1.1　实验目的

（1）掌握通过 FPGA 完成扰码和解扰码的原理、规则及实现方法。

（2）学习 Verilog 语言，掌握实现扰码解扰码模块的编写方法。

（3）熟悉 FPGA 集成开发软件 Quartus Ⅱ的使用方法。

（4）熟悉使用 XSRP 软件无线电平台及其集成开发软件与示波器联调实测波形的方法。

7.1.2　实验仪器

1）硬件平台

电脑一台；双踪示波器；XSRP 软件无线电平台；FPGA 下载器 1 个。

2）软件平台

Quartus Ⅱ 11.0；XSRP 软件无线电创新平台集成开发软件。

7.1.3　实验内容

1）功能验证

将提供的 FPGA 下载文件（.sof 文件）下载到 XSRP 软件无线电平台中，通过 XSRP 集成开发软件将生成的信号数据传送到示波器上，可观察到加扰前后及解扰后的波形情况，并记录到“7.1.6.1　功能验证”中。

2）系统搭建

在 Quartus Ⅱ下，将提供的未完成连线的系统工程文件，通过了解各个模块的输入输出引脚及功能，将核心模块连线搭建成完整工程系统，编译、仿真、下载，用示波器观测波形，并记录到“7.1.6.2　系统搭建”中。

3）核心模块编写

在 Quartus Ⅱ下通过硬件描述语言（Verilog）输入的方式，编写工程中的核心模块程

序，进行软硬件联调，并将编写的核心程序以及观察到的波形结果记录到“7.1.6.3　核心模块编写”中。

7.1.4　实验原理

7.1.4.1　实验原理介绍

1）实验电路框图

扰码原理框图如图7.1所示。

图7.1　扰码原理框图

2）实验框图说明

本实验通过观测扰码和解扰过程，使学生了解数字通信网中扰码的原理规则和意义。

3）扰码原理

扰码原理是以线性回馈移位寄存器理论作为基础的。在数字基带信号传输中，将二进数字信息先作“随机化”处理，变为伪随机序列，从而限制连“0”或连“1”码的长度，以保证位定时信息恢复的质量，这种“随机化”处理称为“扰码”。接收端解除这个“扰乱”的过程称为“解扰”。当输入二进信息码为全0码时，扰码器实际上就是一个m序列伪随机码发生器。

采用扰码方法的主要缺点是对系统的误码性能有影响。在传输扰码序列过程中产生的单个误码会在接收端解扰码器的输出端产生多个误码，这是因为解扰时会导致误码的增加。

扰码器原理框图如图7.2所示。

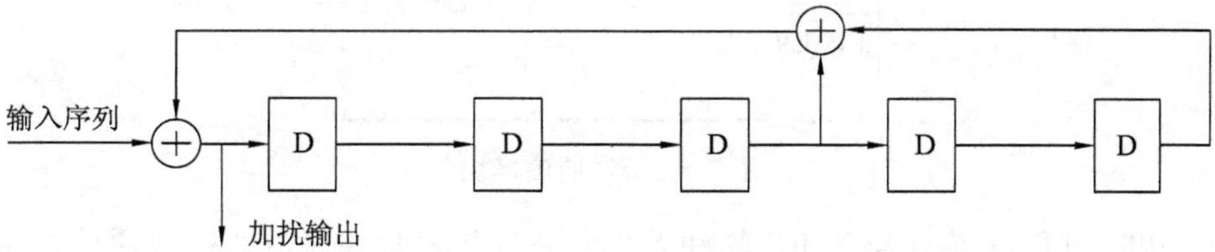

图7.2　扰码器原理框图

解扰器原理框图如图7.3所示。

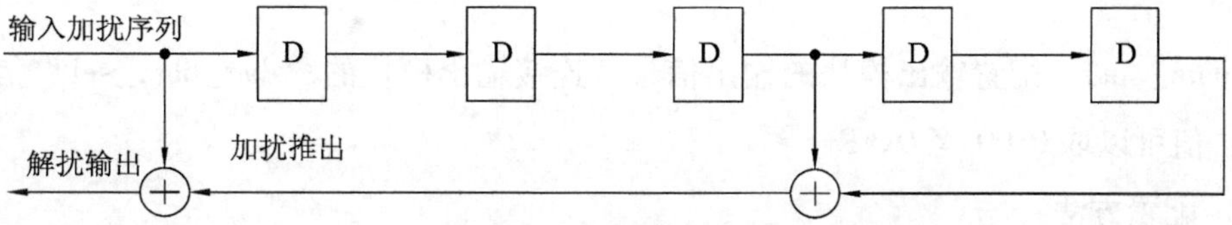

图7.3　解扰器原理框图

解扰过程中，还需要做的工作是位同步提取。位同步提取的方法一般有数字锁相环法和滤波法位同步提取等。

7.1.4.2　FPGA 设计原理及各模块介绍

加扰解扰调制的 FPGA 程序框图如图 7.4 所示。

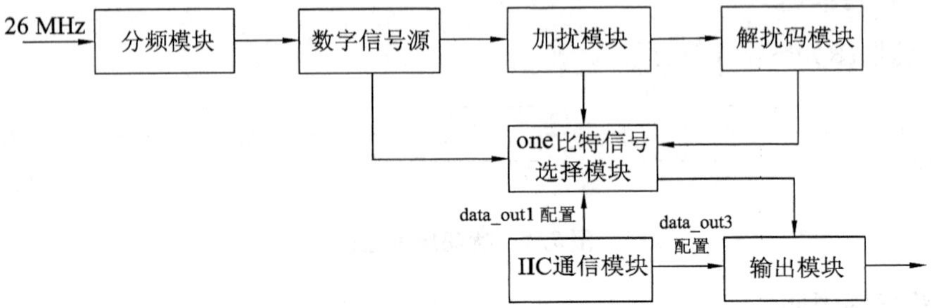

图 7.4　加扰解扰调制的 FPGA 程序框图

1）IIC 通信模块设计

IIC 通信模块设计如图 7.5 所示。

名称：arm_iic_reg_top

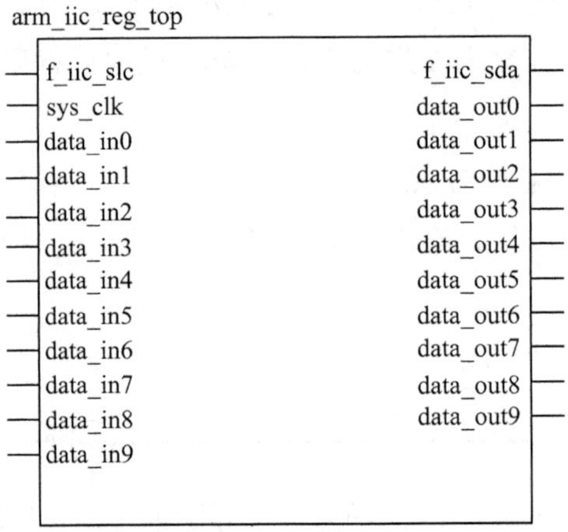

图 7.5　IIC 通信模块

（1）功能：FPGA 芯片与 XSRP 软件无线电平台开发软件通过此模块通信，用于配置实验参数。

① data_out1：配置 one 比特信号选择模块的输出信号，连接 one 比特信号选择模块的“data_sel”信号。

② data_out3：配置输出模块的输出信号，连接输出模块的“dac_data_sel”信号。

注：值可以取 0x00 至 0xFF。

（2）配置方法：

① 按照“3.1.1　验证准备”连接硬件设备。

② 打开 XSRP 软件无线电平台集成开发软件，点击 后，选择选项栏中的“FPGAParaConfig”出现如图 7.6 所示界面，在“地址”中输入“1”，“值”中输入 2，点击“配置”按钮即配置完成。注：XSRP 软件无线电平台集成开发软件输入的信号都以 16 进制的形式发送到 FPGA 芯片中。

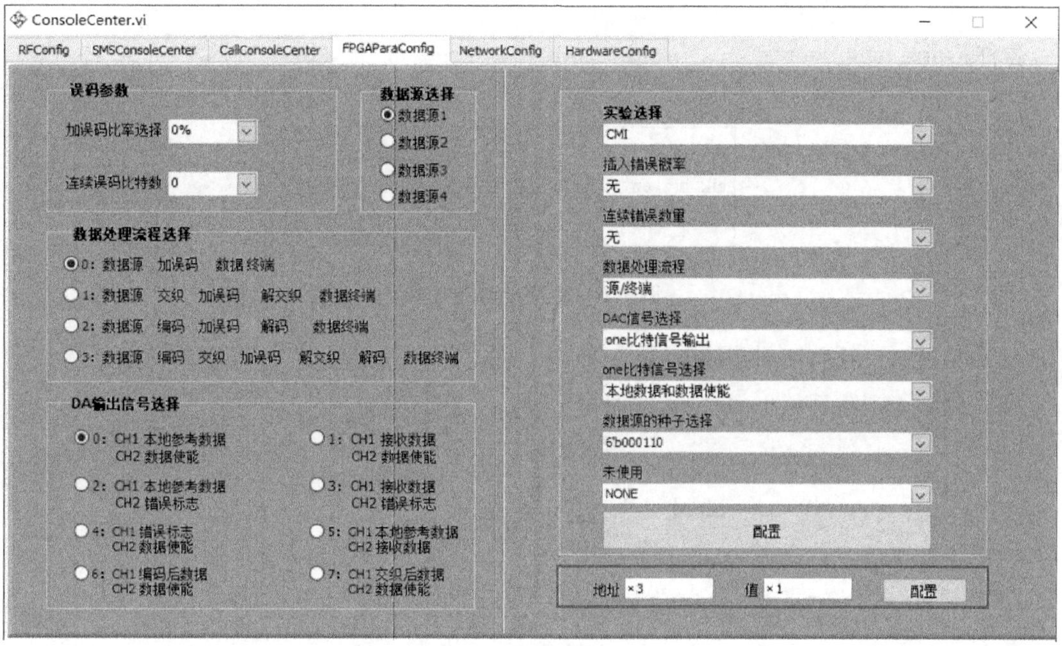

图 7.6　选择“FPGAParaConfig”出现的界面

（3）说明：此模块程序已提供，无须自己编写。注：值可以取 0x00 至 0xFF。

2）分频模块

分频模块如图 7.7 所示。

名称：clk_div2

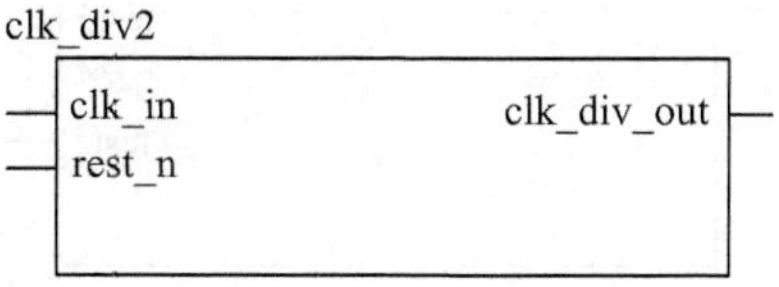

图 7.7　分频模块

（1）功能：对输入的时钟分频，输出 16 位信号，可选择其中任一 bit 作为其他模块的时钟。若选择输出的第 0 位为输入时钟，则第 1 位为输入时钟的 2 分频，第 2 位为输入时钟的 4 分频，以此类推（2^N 分频，N 为选择的位数）。

（2）输入参数：① clk_in：系统时钟。

② rest_n：复位信号，此处置 1。

（3）输出参数：clk_div_out：输出的计数数据，用以分频。

3）数字信号源模块

数字信号源模块如图 7.8 所示。

名称：nrz_mul_source

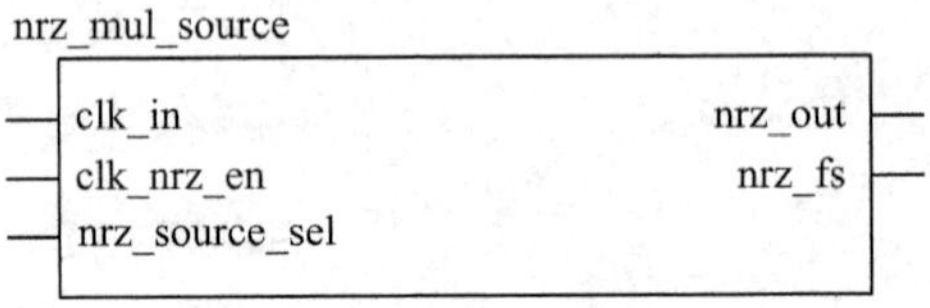

图 7.8　数字信号源模块

（1）功能：在 FPGA 中根据本原多项式，编写程序，产生一个 PN6 的伪随机序列。

（2）输入参数：① clk_in：系统时钟。

② clk_nrz_en：使能信号。

③ nrz_initial_sel：端口选通。

（3）输出参数：① nrz_out：无输出。

② nrz_fs：无用端口。

4）加扰模块

加扰模块如图 7.9 所示。

名称：rm_code

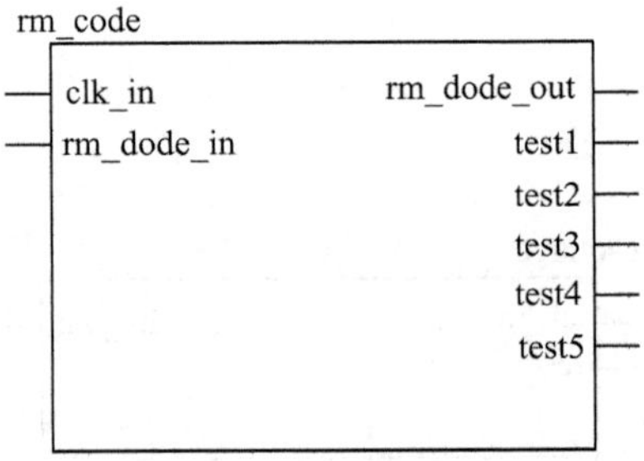

图 7.9　加扰模块

5）解扰码模块

解扰码模块如图 7.10 所示。

名称：rm_decode

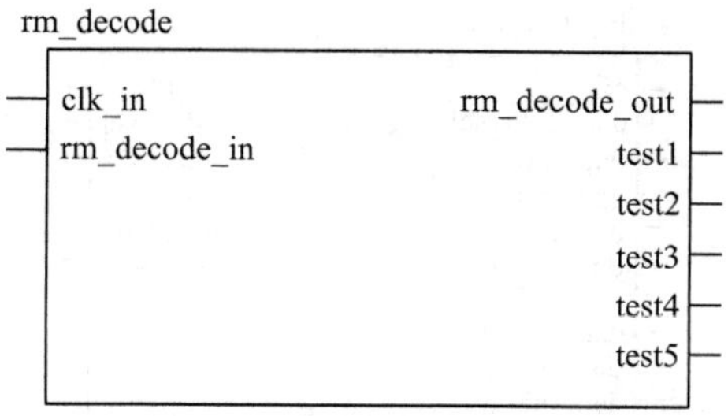

图 7.10　解扰码模块

6）one 比特信号选择模块

one 比特信号选择模块如图 7.11 所示。

名称：onebit_ to_ dac

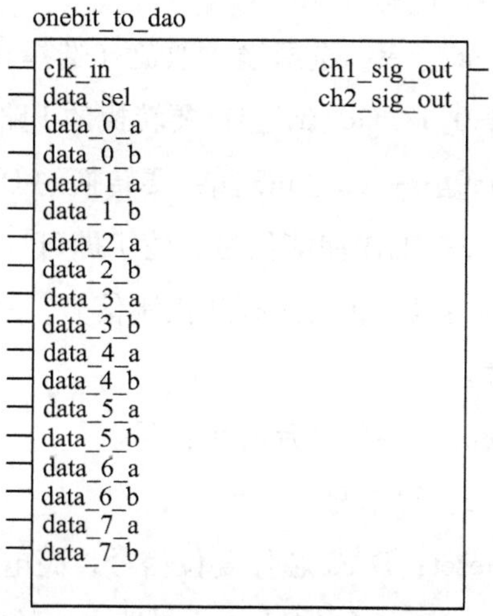

图 7.11　one 比特信号选择模块

（1）功能：将输入的 1 位信号转换位 10 位输出，并通过 data_ sel 选择输出 data_ 0～data 7 其中一个信号。变换方式：输入值为 1，转换成 8′hff；输入值为 0，转换成 8′h0，作此变换是为了便于在示波器上进行观察。

（2）输入参数：① clk：输入的时钟信号。

② data_ sel［2.. 0］：选择信号，从 data0～7 选择信号输出。

③ data0～data7：信号输入。

（3）输出参数：ch1_ sig_ out/ch2_ sig_ out：转换后的 10 位信号输出。

（4）说明：此模块程序已提供，无须自己编写。

7）输出模块

输出模块如图 7.12 所示。

名称：dac_ bus_ out

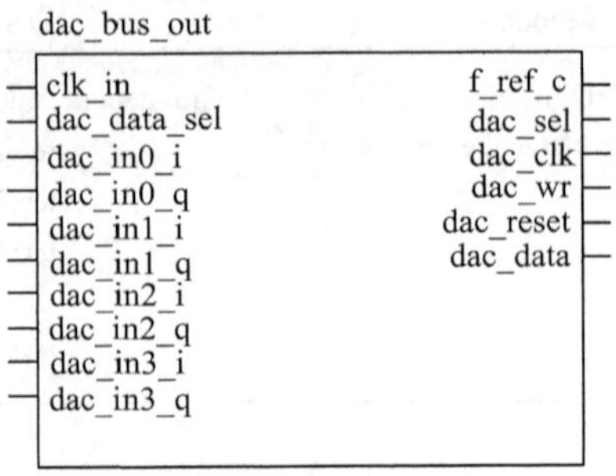

图 7.12　输出模块

（1）功能：将 IIC 通信模块选择的并行的两路信号转为符合硬件 DAC 芯片输入格式的串行信号，该信号可通过示波器显示。

（2）输入参数：① clk_in：模块控制时钟。

② dac_data_sel：选择输入通道（选择转换 dac_inx_i，dac_inx_q）。

③ dac_in0_i～dac_in3_i：要转换的 I 路数据。

④ dac_in0_q～ dac_in3_q：要转换的 Q 路数据。

（3）输出参数：① f_ref_c：工作使能信号，值 1 即可。

② dac_sel：I，Q 数据有效控制信号，高电平时 I 路有效，低电平时 Q 路有效。

③ dac_clk：DAC 芯片时钟信号。

④ dac_wr：写信号。

⑤ dac_reset：DAC 芯片复位信号，高电平复位，低电平正常工作。

⑥ dac_data：输出信号（一个端口要输出 I，Q 两路数据，故要dac_sel 来控制数据的有效性）。

（4）说明：此模块程序已提供，无须自己编写。

7.1.5　实验步骤

7.1.5.1　实验准备

1）Step1：硬件环境准备

参见第三章“实验一　模拟信号源设计”中“3.1.5.1　实验准备”。

2）Step2：软件环境准备

参见第三章“实验一　模拟信号源设计”中“3.1.5.1　实验准备”。

7.1.5.2　功能验证

1）Step1：新建文件夹

新建一文件夹名为“RM”，可命名为其他名称，但名称和所在路径不能含有中文字符。

2）Step2：复制文件

打开软件中“实验十一 扰码解扰设计实验（FPGA)”中“实验程序”文件夹下的“Level_1”文件夹，将其中的“fpga_rm_bsf. sof”文件复制到自己新建的文件夹中。

3）Step3：下载程序

参见第三章“实验一 模拟信号源设计”中“3.1.5.2 功能验证”。

4）Step4：利用 Quartus Ⅱ仿真进行观察

通过 Quartus 自带的 Signal Tap Ⅱ Logic Analyse 可进行仿真观察波形，并且可以将各个模块运算的中间值参数显示出来，如图 7.13 所示。

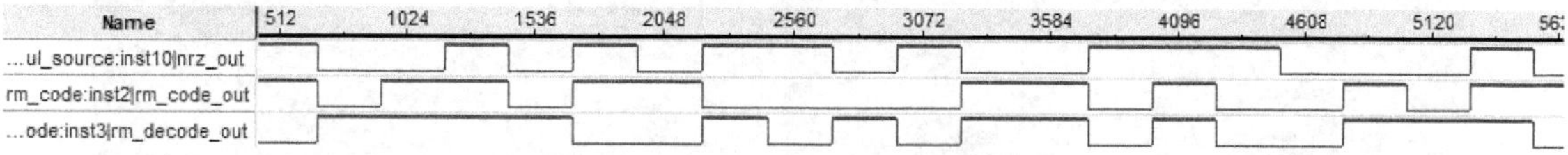

图 7.13 Signal Tap Ⅱ 仿真波形

5）Step5：用示波器观察波形

仿真结果无误后，打开 XSRP 软件无线电平台集成开发软件，出现如图 7.14 所示界面，在“实验选择”栏中选择“RM”。

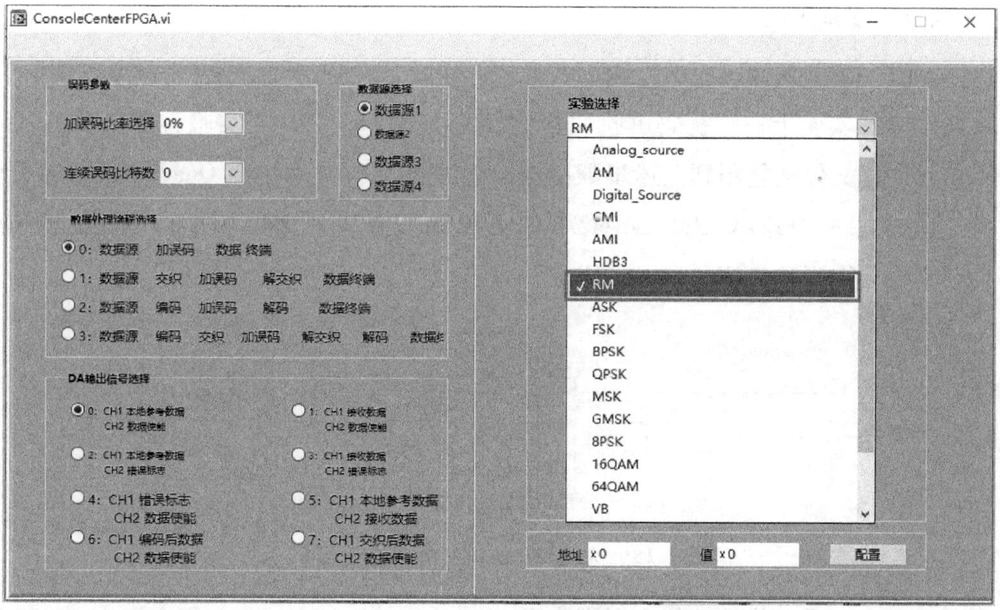

图 7.14 在“实验选择”栏中选择“RM”

在“信号源选择”栏中可任意选择：NRZ 码、15 位固定数据、31 位固定数据、64 位固定数据、8/256 位数据、8/1024 位数据、全 0 码、全 1 码。

one 比特信号选择：NRZ 源数据和 RM 输出，NRZ 源数据和 RM 译码输出，如图 7.15

所示。点击下方“配置”按钮，按下示波器的“Autoset”按钮，在示波器上分别观察NRZ 源数据和 RM 译码输出。

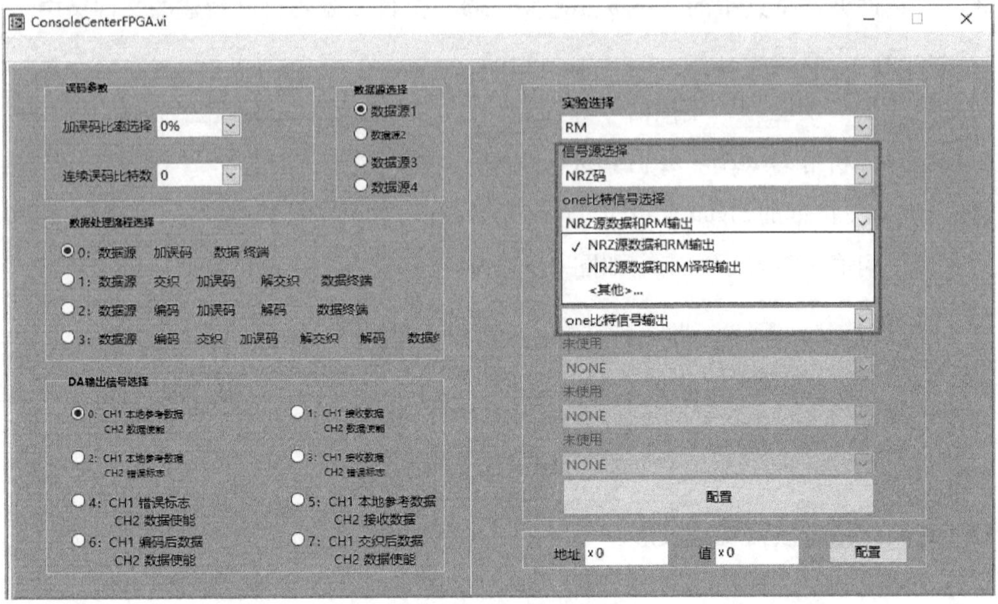

图 7.15　one 比特信号选择

7.1.5.3　系统搭建

1）Step1：复制文件

将软件中“实验十一　扰码解扰码设计实验（FPGA）”中“实验程序”文件夹下的“Level_2”工程文件夹复制到上述步骤中自己新建的文件夹中，在 Quartus Ⅱ 中打开该工程，点击顶层文件“FPGA_RM_Level2. qpf”，出现如图 7. 16 所示的实验框架，操作者在该框架下完成后续设计步骤。

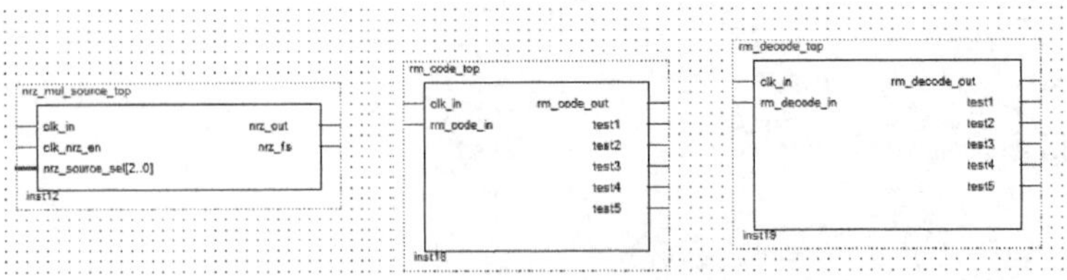

图 7. 16　扰码解扰系统需要的功能模块

2）Step2：查看各模块功能和引脚定义

依次双击打开“nrz_mul_source_top”“rm_code_top”“rm_decode_top”模块，可以查看模块的功能定义和各个引脚定义。

可从模块的注释中获取信息：

（1）模块功能：输入前面模块形成的 NRZ 码，进行加扰后输出。

（2）引脚功能：① clk_ in 模块控制时钟。

② rm_ code_ in 未加扰信号。

③ rm_ code_ out 已加扰信号。

④ test1，test2，test3，test4，test5 测试端口。

3） Step3：完成连线

在理解了每一个核心组成模块的功能和引脚定义后，根据原理框图，完成模块之间的连线，并将中间信号和最终的结果输送到 DAC 上进行输出，点击“保存”按钮。

4） Step4：编译

点击如图 7.17 所示 Quartus Ⅱ中工具栏的“编译”键。

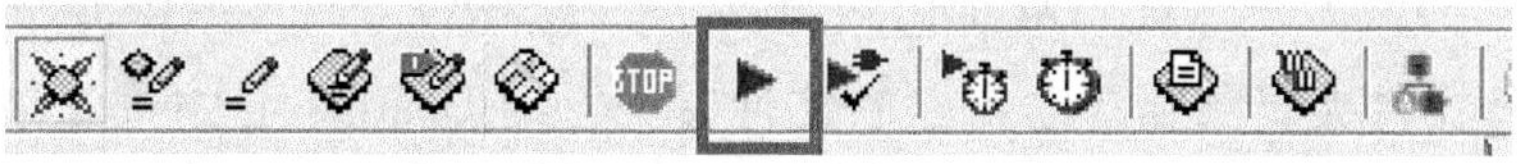

图 7.17　编译

若出现如图 7.18 所示错误，则说明有模块输入连线未完成，某模块缺失输入信号。

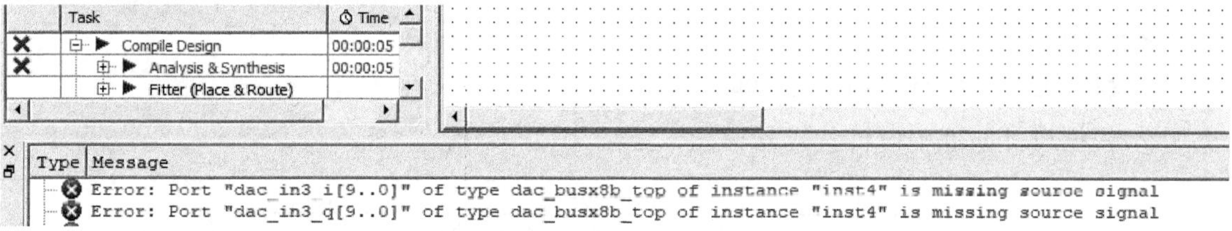

图 7.18　报错

若 Task 框中信息如图 7.19 所示，则表明编译通过，可以进行下载。

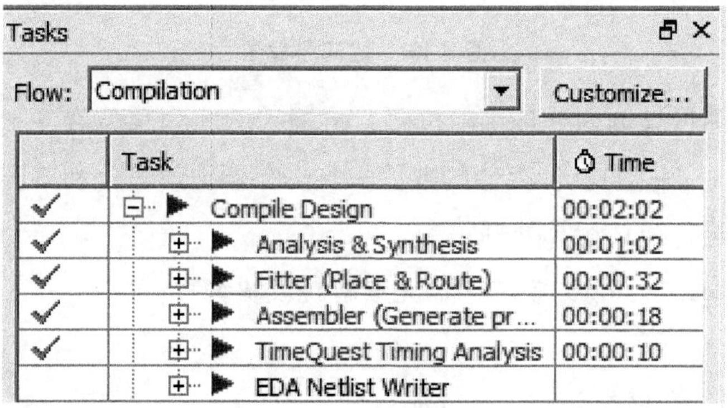

图 7.19　编译通过

5） Step5：下载（在已打开工程的前提下）

参见第三章“实验一　模拟信号源设计”中“3.1.5.3　系统搭建”。

6）Step6：利用 Quartus Ⅱ仿真进行观察

通过 Quartus 自带的 Signal Tap Ⅱ Logic Analyse 可进行仿真观察波形，并且可以将各个模块运算的中间值参数显示出来。

7）Step7：用示波器观察波形

配置详细步骤见“7.1.5.2 功能验证 Step5”，在示波器上分别观察 NRZ 码和帧同步、NRZ 码和 RM 输出、NRZ 码输出和 RM 译码波形输出，并将观察到的波形记录到“7.1.6.2 系统搭建”中。

7.1.5.4 核心模块编写

1）Step1：复制文件

将软件中“实验十一 扰码解扰码设计实验（FPGA）”中“实验程序”文件夹下的“Level_3”工程文件夹复制到自己新建的文件夹中，在 Quartus Ⅱ中打开该工程，点击顶层文件“FPGA_RM_Level3.bdf”。

2）Step2：设计任务

（1）在“rm_code_top”模块中，完成加扰模块编写。

设计思路：

① 设计七位移位寄存器 rm_data_reg。

② 根据设计原理中设计扰码器框图，如图 7.20 所示。

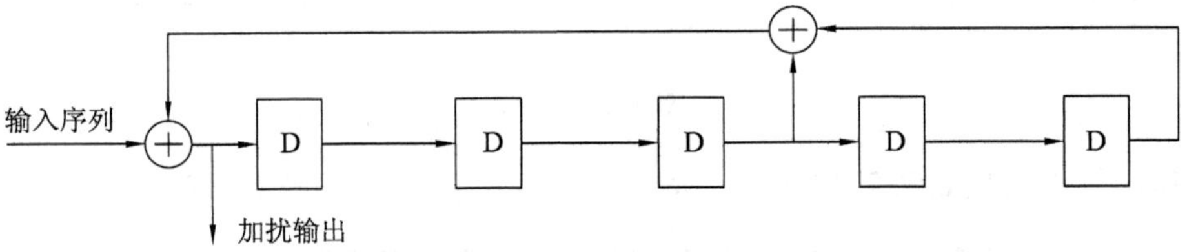

图 7.20 扰码器框图

根据扰码器框图设计输入处理伪随机码，将输入的序列移位存在 rm_data_reg 中，而加扰输出和 rm_data_reg［0］位存储的数值，与寄存器中第三位和第五位以及此刻输入序列值有关，将三者进行模 2 运算处理得到。

（2）在“rm_decode_top”模块中，完成解扰模块编写。

设计思路：

① 设计七位移位寄存器 jrm_data_reg。

② 根据设计原理中设计处理已加扰数据框图，如图 7.21 所示。

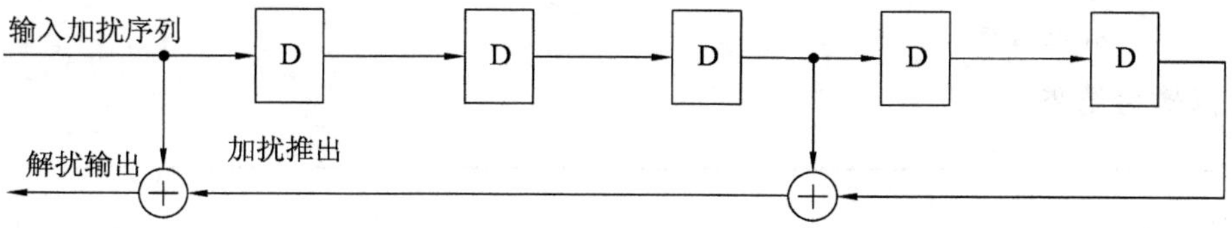

图 7.21　处理已加扰数据框图

根据解码器框图设计处理已加扰数据，将输入的序列移位存在 rm_ data_ reg 中，而加扰输出和 rm_ data_ reg［0］位存储的数值，与寄存器中第三位和第五位以及此刻输入加扰序列值有关，将三者进行模 2 运算处理得到。

3）Step3：功能要求

（1）加扰模块，双击“rm_ code_ top”模块，可以看到模块的功能定义和信号定义。

（2）解扰模块，双击“rm_ decode_ top”模块，可以看到模块的功能定义和信号定义。

4）Step4：模块编程

根据模拟信号源生成原理，在“编程开始”和“编程结束”之间完成自己的代码，其他各个模块也需要同样步骤编程。

5）Step5：编译、下载

参见第三章“实验一　模拟信号源设计”中“3.1.5.2　功能验证”。

6）Step6：利用 Quartus Ⅱ仿真进行观察

通过 Quartus 自带的 Signal Tap Ⅱ Logic Analyse 可进行仿真观察波形，并且可以将各个模块运算的中间值参数显示出来。

7）Step7：用示波器观察波形

配置详细步骤见“7.1.5.2　功能验证　Step5”，在示波器上分别观察 NRZ 码和帧同步、NRZ 码和 RM 输出、NRZ 码输出和 RM 译码波形输出，并将观察到的波形记录到“7.1.6.3　核心模块编写”中。

7.1.6　实验记录

7.1.6.1　功能验证

记录 NRZ 源数据和 RM 输出，RM 译码输出。

① NRZ 源数据和 RM 输出   ② NRZ 源数据和 RM 译码输出

7.1.6.2 系统搭建

1）搭建后结果

① 总体布局 ② 放大后细节

2）波形结果（结果同“7.1.6.1 功能验证”，故图略）

记录 NRZ 源数据和 RM 输出、RM 译码输出。

① NRZ 源数据和 RM 输出 ② NRZ 源数据和 RM 译码输出

7.1.6.3 核心模块编写

1）模块编程代码

① rm_ code_ top 要求：将包含所有输入输出引脚定义的 rm_ code_ top. v 下的全部程序粘贴在表中（删除不必要的注释） 答案：
② rm_ decode_ top 要求：将包含所有输入输出引脚定义的 rm_ decode_ top. v 下的全部程序粘贴在表中（删除不必要的注释） 答案：

2）波形结果（结果同“7.1.6.1 功能验证”，故图略）

记录 NRZ 源数据和 RM 输出、RM 译码输出。

① NRZ 源数据和 RM 输出 ② NRZ 源数据和 RM 译码输出

第八章

交织与解交织设计

实验　交织与解交织设计

8.1.1　实验目的

（1）掌握通过 FPGA 完成交织与解交织的原理及实现方法。

（2）学习 Verilog 语言，掌握实现交织与解交织模块的编写方法。

（3）熟悉 FPGA 集成开发软件 Quartus Ⅱ 的使用方法。

（4）熟悉使用 XSRP 软件无线电平台及其集成开发软件与示波器联调实测波形的方法。

8.1.2　实验仪器

1）硬件平台

电脑一台；双踪示波器；XSRP 软件无线电平台；FPGA 下载器 1 个。

2）软件平台

Quartus Ⅱ 11.0；XSRP 软件无线电创新平台集成开发软件。

8.1.3　实验内容

1）功能验证

将提供的 FPGA 下载文件（.sof 文件）下载到 XSRP 软件无线电平台中，通过 XSRP 集成开发软件将生成的信号数据传送到示波器上，可观察到交织前后、加扰码后及解交织后的波形情况，并记录到“8.1.6.1　功能验证”中。

2）系统搭建

在 Quartus Ⅱ下，将提供的未完成连线的系统工程文件，通过了解各个模块的输入输出引脚及功能，将核心模块连线搭建成完整工程系统，编译、仿真、下载，用示波器观测波形，并记录到“8.1.6.2　系统搭建”中。

3）核心模块编写

在 Quartus Ⅱ下通过硬件描述语言（Verilog）输入的方式，编写工程中的核心模块程

序，进行软硬件联调，并将编写的核心程序以及观察到的波形结果记录到“8.1.6.3　核心模块编写”中。

8.1.4　实验原理

8.1.4.1　实验原理

交织是通信系统中进行数据处理而采用的一种技术，交织器从其本质上来说就是一种实现最大限度地改变信息结构而不改变信息内容的器件。从传统上来讲，就是使信道传输过程中所突发产生集中的错误最大限度的分散化。

在陆地移动通信这种变参信道上，比特差错经常是成串发生的。这是由于持续较长的深衰落谷点会影响到相继一串的比特。然而，信道编码仅在检测和校正单个差错和不太长的差错串时才有效。为了解决这一问题，希望能找到把一条消息中的相继比特分散开的方法，即一条消息中的相继比特以非相继方式被发送。这样，在传输过程中即使发生了成串差错，恢复成一条相继比特串的消息时，差错也就变成单个（或长度很短），这时再用信道编码纠错功能纠正差错，恢复原消息。这种方法就是交织技术。

概括地说，交织就是把码字的 b 个比特分散到 n 个帧中，以改变比特间的邻近关系，因此 n 值越大，传输特性越好，但传输时延也越大，所以在实际使用中必须作折衷考虑。交织有以下两种方法：

1）块交织

块交织也叫矩阵行列转置法，可以表述为一个二维存储器阵列（NXB）。交织过程是数据先按行写入，再按列读出；解交织过程则相反，是数据先按列写入，再按行读出。块交织结构简单，但数据延时时间长而且所需的存储器比较大。

2）卷积交织

交织器输入端的输入符号数据按顺序分别进入 B 条支路延时器，每一路延时不同的符号周期。第一路无延时，第二路延时 M 个符号周期，第三路延时 $2M$ 个符号周期，……，第 B 路延时（$B.1$）M 个符号周期。交织器的输出端按输入端的工作节拍分别同步输出对应支路经延时的数据。卷积交织每条支路符号数据的延时节拍为 $di=(i.1)MB, i=1,2,\cdots,B$。解交织器的延时数与交织器相反。

8.1.4.2　FPGA 设计原理及各模块介绍

卷积编码的 FPGA 程序框图如图 8.1 所示。

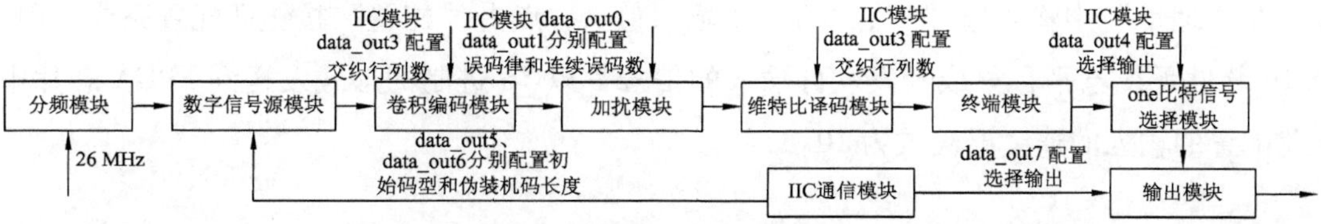

图 8.1　卷积编码的 FPGA 程序框图

1）IIC 通信模块

IIC 通信模块如图 8.2 所示。

名称：arm_iic_reg_top

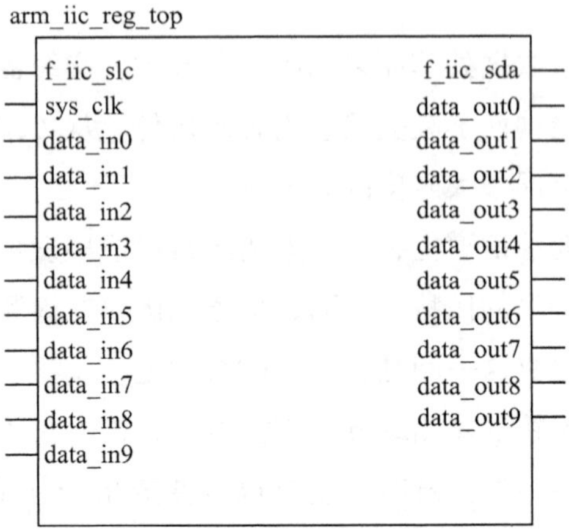

图 8.2　IIC 通信模块

（1）功能：FPGA 芯片与 XSRP 软件无线电平台开发软件通过此模块通信，用于配置实验参数。

① data_out0：配置加扰模块的误码率，连接加扰模块的“er_rate”。

② data_out1：配置加扰模块的连续误码数，连接加扰模块的“er_count”。

③ data_out3：配置输出模块的输出信号，连接输出模块的“dac_data_sel”。

④ data_out4：配置 one 比特信号选择模块的输出信号，连接 one 比特信号选择模块的“data_sel”信号。

⑤ data_out5：配置数字信号源模块的初始码型，连接数字信号源模块的“nrz_initial_sel”信号。

⑥ data_out6：配置数字信号源模块的伪随机码长度，连接数字信号源模块的“nrz_data_len”信号。

（2）配置方法：

① 按照“3.1.1　验证准备”连接硬件设备

② 打开 XSRP 软件无线电平台集成开发软件，点击 出现如图 8.3 所示界面，例如，在“地址”中输入值“1”，“值”中输入值 A，点击“配置”按钮即配置完成。因为 XSRP 软件无线电平台集成开发软件输入的信号都以 16 进制的形式发送到 FPGA 芯片中，因此配置的输入的连续误码数为 10。

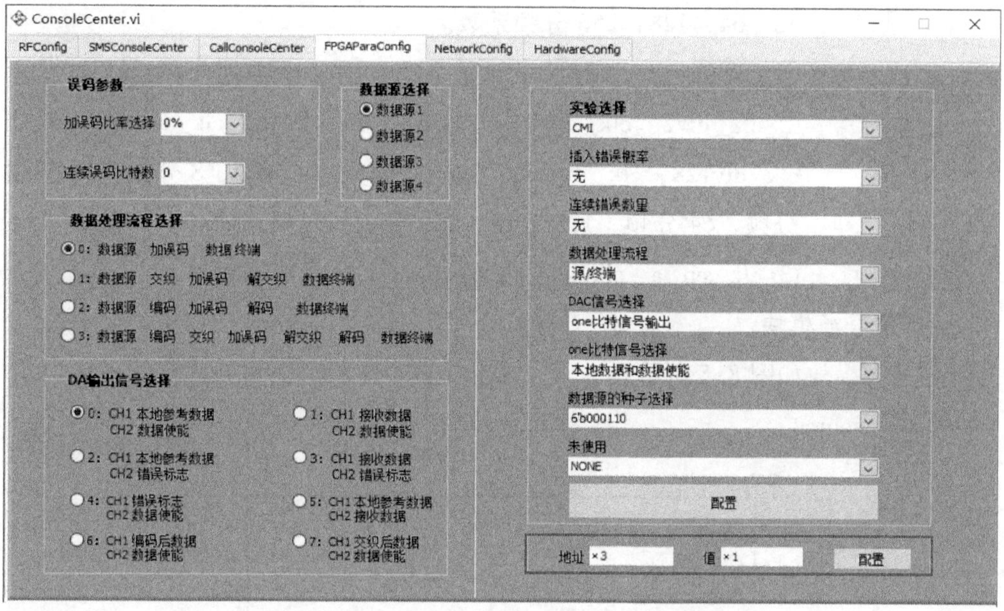

图 8.3　XSRP 软件无线电平台集成开发软件界面

（3）说明：此模块程序已提供，无须自己编写。注：值可以取 0x00 至 0xFF。

2）分频模块

分频模块如图 8.4 所示。

名称：clk_div

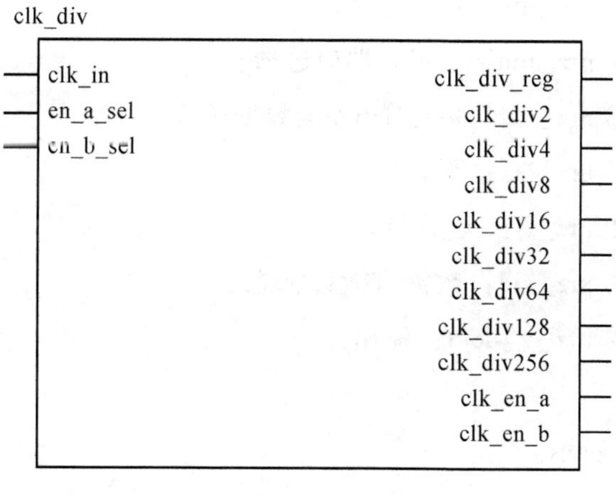

图 8.4　分频模块

（1）功能：将系统时钟（26 MHz），进行 2/4/8/16/32/64/128/256 分频输出。

（2）输入参数：① clk_in：系统时钟。

② en_a_sel：取值为 0~7，选择控制输出 clk_en_a 为 2，4，8，16，32，64，128，256 分频系数。

③ en_b_sel：取值为 0~7，选择控制输出 clk_en_b 为 2，4，8，16，

32，64，128，256 分频系数。

（3）输出参数：① clk_div_reg：输出的计数数据，用以分频。

② clk_div2，clk_div4，clk_div8，clk_div16，clk_div32，clk_div64，clk_div128，clk_div256：输出 2 分频、4 分频、8 分频、16 分频、32 分频、64 分频、128 分频、256 分频的分频时钟。

③ clk_en_a，clk_en_b：输出 a，b 分频信号时钟。

3）数字信号源模块

数字信号源模块如图 8.5 所示。

名称：nrz_source

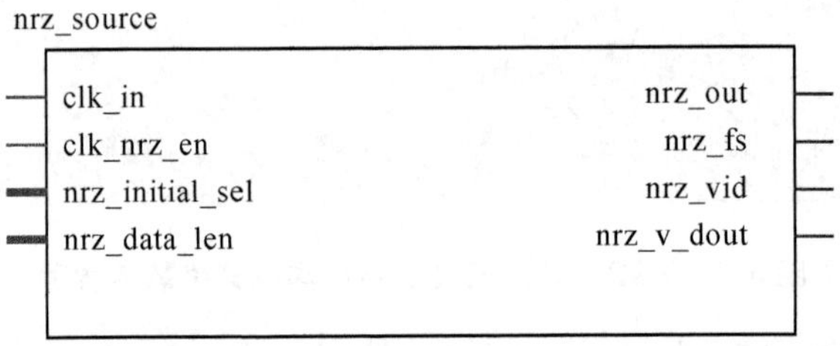

图 8.5　数字信号源模块

（1）功能：输出有限制长度的 NRZ 码。

（2）输入参数：① clk_in：模块控制时钟。

② clk_nrz_en：使能信号。

③ nrz_initial_sel：端口选通。

④ nrz_data_len：NRZ 码数据长度。

（3）输出参数：① nrz_out：无输出。

② nrz_fs：无用端口。

③ nrz_vid：数据有效性标志。

④ nrz_v_dout：输出。

4）交织模块

交织模块如图 8.6 所示。

名称：interleaver_en

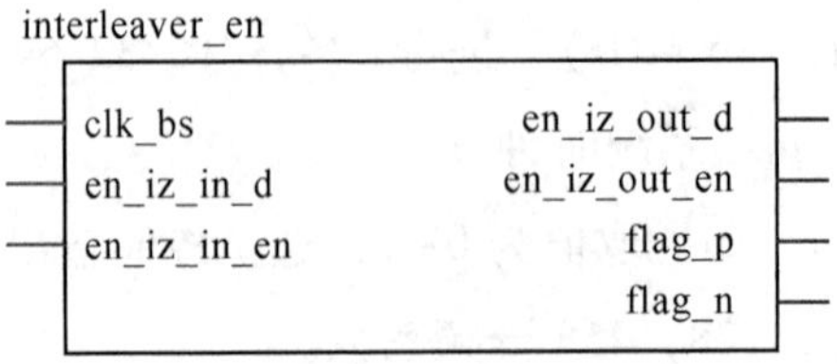

图 8.6　交织模块

（1）功能：实现交织编码，保证数据均匀分散。

（2）输入参数：① clk_bs：工作时钟。

② en_jz_in_d：数字源信号输入。

③ en_jz_in_en：交织前数据有效信号输入。

（3）输出参数：① en_jz_out_d：交织后数据输出。

② en_jz_out_en：交织后数据有效信号输出。

5）加扰模块

加扰模块如图 8.7 所示。

名称：add_error

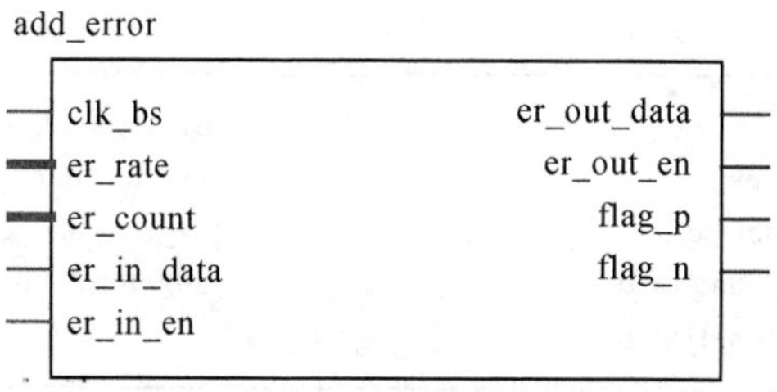

图 8.7　加扰模块

（1）功能：对输入的信号进行加入错误码操作。

（2）输入参数：① clk_bs：工作时钟。

② er_rate：误码率。

③ er_count：连续错误码数。

④ er_in_data：加扰前数据。

⑤ er_in_en：加扰有效信号。

（3）输出参数：① er_out_data：加扰后输出数据。

② er_out_en：加扰后数据有效信号输出。

③ flag_p，flag_n：表示位。

6）解交织模块

解交织模块如图 8.8 所示。

名称：interleaver_de

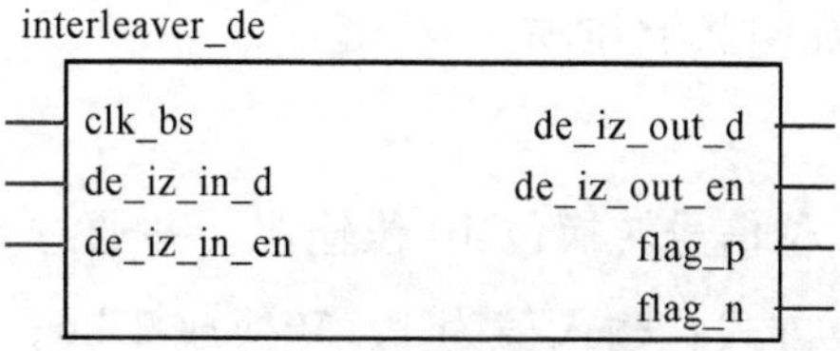

图 8.8　解交织模块

（1）功能：对输入的信号进行解交织。

（2）输入参数：① clk_bs：工作时钟。

② de_jz_in_d：加扰后信号输入。

③ de_jz_in_en：解交织前数据有效信号输出。

（3）输出参数：① de_jz_out_d：解交织后数据输出。

② de_jz_out_en：解交织后数据有效信号输出。

7）终端模块

终端模块如图 8.9 所示。

名称：nrz_terminal

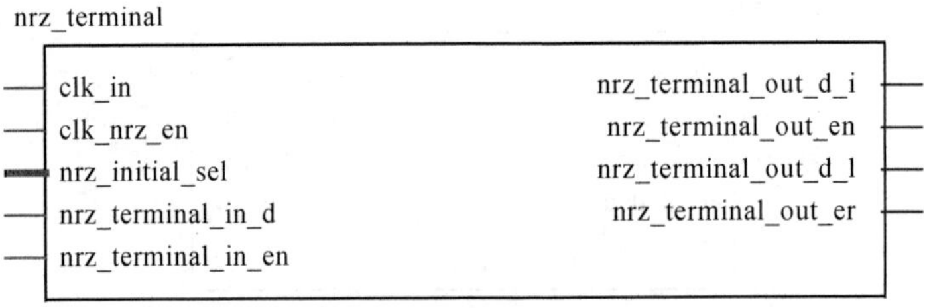

图 8.9　终端模块

（1）功能：编写代码产生同步信号并产生本地 NRZ 码。在同步情况下，将输出的维特比译码后波形与 NRZ 码进行对比输出结果，若为 1 则说明产生错误，若为 0 则无误。

（2）输入参数：① clk_in：工作时钟。

② clk_nrz_en：位同步信号。

③ nrz_initial_sel：随机数的初始值。

④ nrz_terminal_in_d：接收端的数据输入。

⑤ nrz_terminal_in_en：接收端的数据有效性输入。

（3）输出参数：① nrz_terminal_out_d_i：接收数据延时对齐输出。

② nrz_terminal_out_d_l：本地数据输出。

③ nrz_terminal_out_er：两者对比，错误为 1。

④ nrz_terminal_out_en：数据有效使能输出。

8）one 比特信号选择模块

one 比特信号选择模块如图 8.10 所示。

名称：onebit_to_dac

（1）功能：将输入的 1 位信号转换位 10 位输出，并通过 data_sel 选择输出 data_0～data_7 其中一个信号。变换方式：输入值为 1，转换成 8′hff；输入值为 0，转换成 8′h0，作此变换是为了便于在示波器上进行观察。

（2）输入参数：① clk：输入的时钟信号。

② data_ sel ［2.. 0］：选择信号，从 data0~7 选择信号输出。

③ data0 ~ data7：信号输入。

（3）输出参数：ch1_ sig_ out/ch2_ sig_ out：转换后的 10 位信号输出。

（4）说明：此模块程序已提供，无须自己编写。

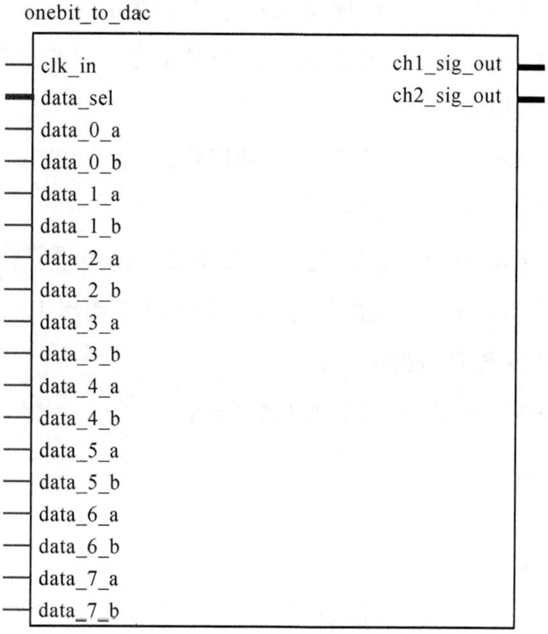

图 8. 10　one 比特信号选择模块

9）输出模块

输出模块如图 8. 11 所示。

名称：dac_ bus_ out

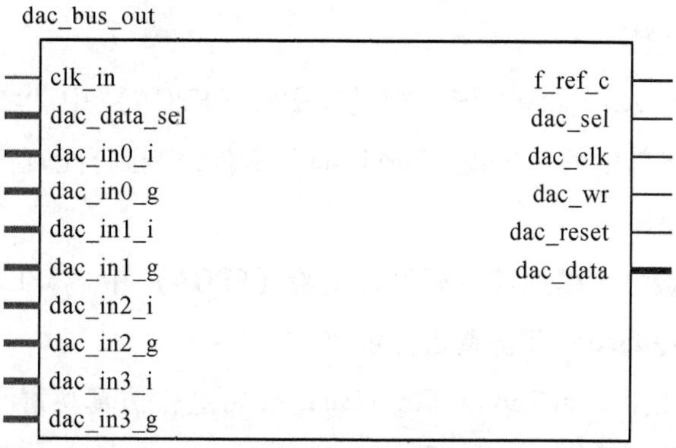

图 8. 11　输出模块

（1）功能：将 IIC 通信模块选择的并行的两路信号转为符合硬件 DAC 芯片输入格式

的串行信号，该信号可通过示波器显示。

（2）输入参数：① clk_in：模块控制时钟。

② dac_data_sel：选择输入通道（选择转换 dac_inx_i，dac_inx_q）。

③ dac_in0_i～dac_in3_i：要转换的 I 路数据。

④ dac_in0_q～ dac_in3_q：要转换的 Q 路数据。

（3）输出参数：① f_ref_c：工作使能信号，值 1 即可。

② dac_sel：I，Q 数据有效控制信号，高电平时 I 路有效，低电平时 Q 路有效。

③ dac_clk：DAC 芯片时钟信号。

④ dac_wr：写信号。

⑤ dac_reset：DAC 芯片复位信号，高电平复位，低电平正常工作。

⑥ dac_data：输出信号（一个端口要输出 I，Q 两路数据，故要dac_sel 来控制数据有效性）。

（4）说明：此模块程序已提供，无须自己编写。

8.1.5　实验步骤

8.1.5.1　实验准备

1）Step1：硬件环境准备

参见第三章“实验一　模拟信号源设计”中“3.1.5.1　实验准备”。

2）Step2：软件环境准备

参见第三章“实验一　模拟信号源设计”中“3.1.5.1　实验准备”。

8.1.5.2　功能验证

1）Step1：新建文件夹

新建一文件夹名为“JZ”，可命名为其他名称但必须为全英文。

2）Step2：复制文件

打开软件中“实验 22：交织与解交织设计实验（FPGA）”中“实验程序”文件夹下的“Level_1”文件夹，将其中的“fpga_viterbi.sof”文件复制到自己新建的文件夹中。

3）Step3：下载程序

参见第三章“实验一　模拟信号源设计实验（FPGA）”中“3.1.5.2　功能验证”。

4）Step4：利用 Quartus Ⅱ 仿真进行观察

通过 Quartus 自带的 Signal Tap Ⅱ Logic Analyse 可进行仿真观察波形，并且可以将各个模块运算的中间值参数显示出来，如图 8.12 所示。

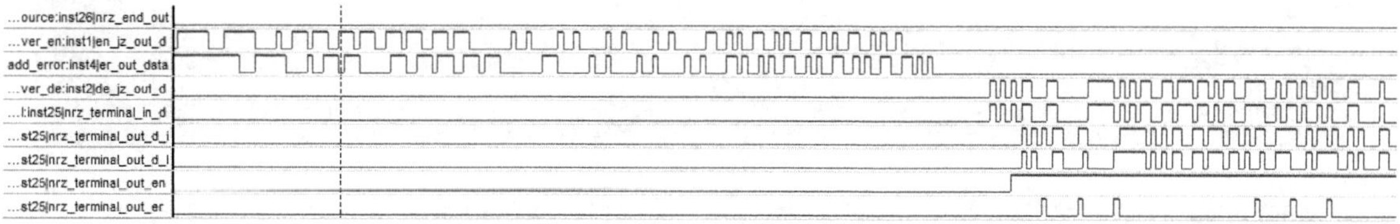

图 8.12 Signal Tap Ⅱ波形图

5）Step5：用示波器观察波形

仿真结果无误后，打开 XSRP 软件无线电平台集成开发软件，点击 出现如图 8.13 所示的界面，选择选项栏中的“FPGAParaConfig”后在实验选择栏中选择“VB”。

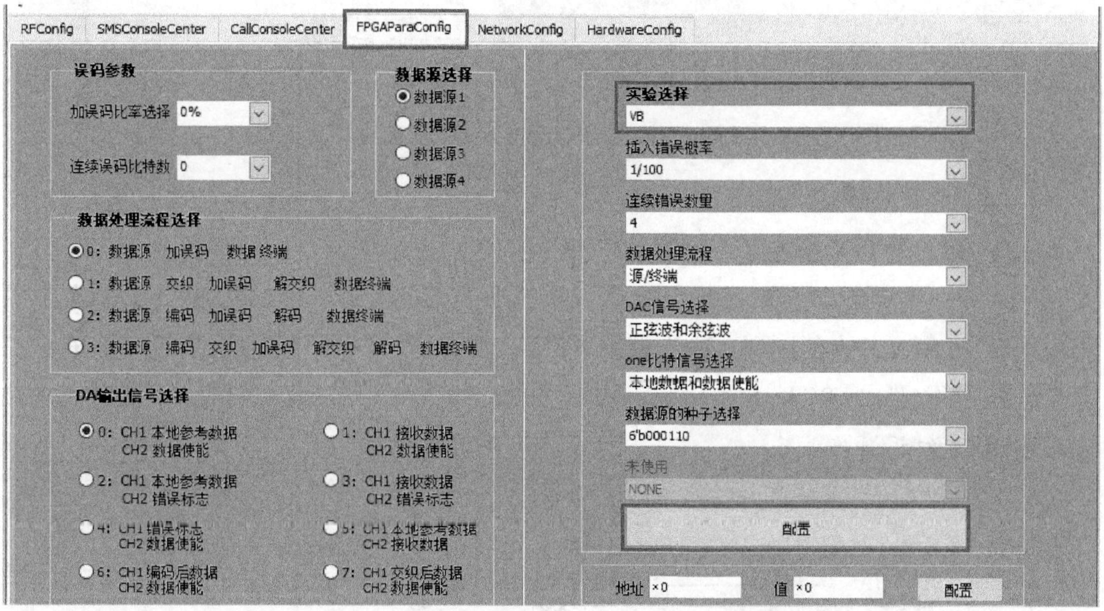

图 8.13 选择选项栏中的“FPGAParaConfig”后在实验选择栏中选择“VB”

选择“插入错误码概率”，并选择“连续错误数量”后，选择“数据处理流程”为：源/交织/解交织/终端，在“one 比特信号选择”下拉栏任意选择，如图 8.14 所示。点击下方“配置”按钮，按下示波器的“Autoset”按钮，在示波器上分别观察在不同插入错误概率和不同连续错误数量情况下的本地数据和错误提示以及本地数据和接收数据。

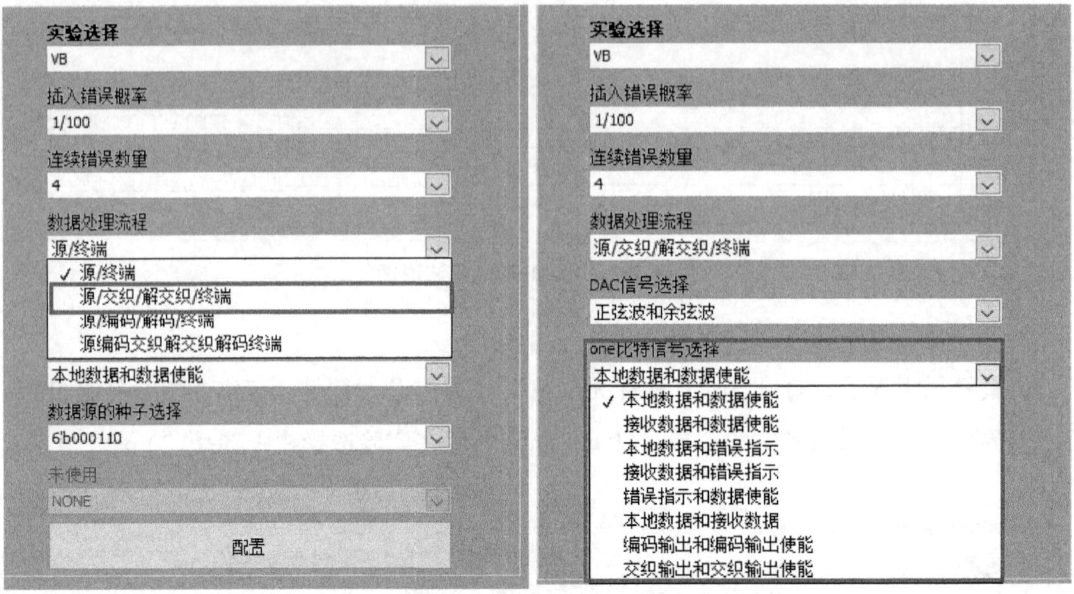

图 8.14　交织与解交织控制界面

8.1.5.3　系统搭建

1）Step1：复制文件

将软件中“实验 22：交织解交织设计实验（FPGA）”中“实验程序”文件夹下的“Level_2”工程文件夹复制到上述步骤中自己新建的文件夹中，在 Quartus Ⅱ中打开该工程，点击顶层文件“FPGA_JZ_Level2. qpf”，出现如图 8. 15 所示的实验框架，操作者在该框架下完成后续设计步骤。

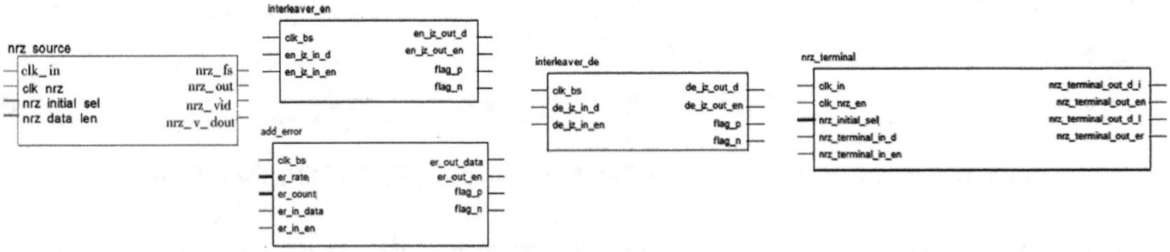

图 8.15　实验框架

2）Step2：查看各模块功能和引脚定义

依次双击打开“interleaver_en_top”“add_error_top”“interleaver_de_top”“nrz_terminal_top”模块，可以查看模块的功能定义和各个引脚定义。

可从模块的注释中获取信息：

（1）模块功能：实现数据的交织，数据行写入、列读出。

（2）引脚功能：① clk_bs：时钟输入。

② en_jz_in_d：数据输入。

③ en_jz_in_en：数据有效性标志。

④ en_jz_out_d：调制 I 路输出。

⑤ en_jz_out_en：无效。

⑥ flag_p，flag_n：测试用。

3）Step3：完成连线

在理解了每个核心组成模块的功能和引脚定义后，根据原理框图，完成模块之间的连线，并将中间信号和最终的结果输送到 DAC 上进行输出，点击“保存”按钮。

4）Step4：编译

点击如图 8.16 所示 Quartus Ⅱ中工具栏的“编译”键。

图 8.16　编译

若出现如图 8.17 所示错误，则说明有模块输入连线未完成，某模块缺失输入信号。

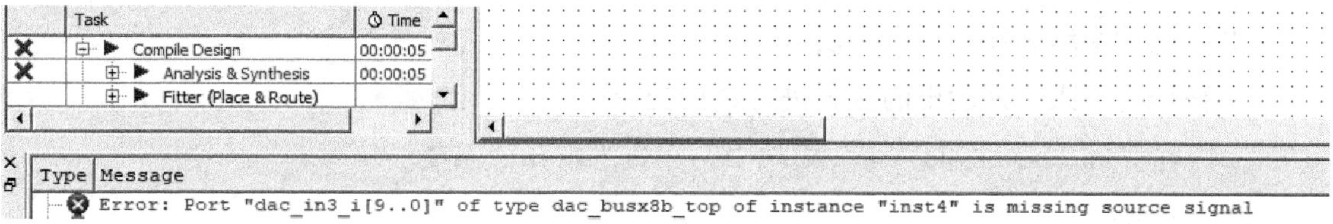

图 8.17　报错

若 Task 框中信息如图 8.18 所示，则表明编译通过，可以进行下载。

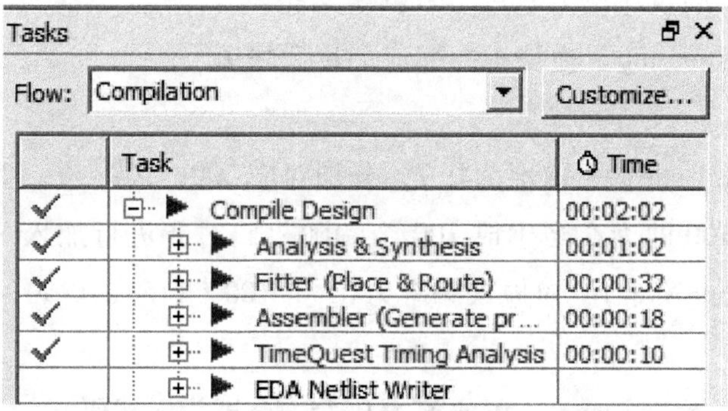

图 8.18　编译通过

5）Step5：下载（在已打开工程的前提下）

参见第三章“实验一　模拟信号源设计”中“3.1.5.3　系统搭建”。

6）Step6：利用 Quartus Ⅱ仿真进行观察

通过 Quartus 自带的 Signal Tap Ⅱ Logic Analyse 可进行仿真观察波形，并且可以将各个模块运算的中间值参数显示出来。

7）Step7：用示波器观察波形

配置详细步骤见“8.1.5.2　功能验证　Step5”，在示波器上分别观察在不同插入错误概率和不同连续错误数量情况下的本地数据和错误提示，以及本地数据和接收数据，并将观察到的波形记录到“8.1.6.2　系统搭建”中。

8.1.5.4　核心模块编写

1）Step1：复制文件

将软件中“实验22：交织与解交织设计实验（FPGA）”中“实验程序”文件夹下的“Level_3”工程文件夹复制到自己新建的文件夹中，在Quartus Ⅱ中打开该工程，点击顶层文件“FPGA_JZ_Level3.bdf”。

2）Step2：设计任务

（1）在interleaver_en_top模块中，完成卷积编码模块编写。

设计思路：

① 利用模块工作时钟，产生写DRAM地址，产生写DRAM使能。

② 产生读交织表地址，产生读DRAM地址。

③ 按照行写入、列读出的方式进行数据交织。

（2）在“interleaver_de_top”模块中，完成维特比译码模块编写。

设计思路：

① 利用模块工作时钟，持续计数产生写交织表地址。

② 产生读DRAM地址，产生读DRAM使能信号。

③ 按照列写入、行读出的方式进行数据解交织。

（3）在“add_error_top”模块中，完成加扰模块编写。

设计思路：

① 设定误码率er_rate，可取值为0.7，分别对应500，100，67，50，32，20，13，10（注：误码率意义，100即为在当生成100个伪随机码时要进行加入一次误码，加入连续误码个数根据er_count决定），对应误码率为0，1/100，1/67，1/50，1/32，1/20，1/13，1/10。

② 设定连续加扰数er_count，可取值为0.15（0即为无扰码）。

③ 若er_rate小于400，则说明将加入误码，每当计数器等于er_rate时，要对原码进行er_count次加扰操作，此时er_flag为1。加扰操作：将输入的数据和er_flag进行异或。

（4）在“nrz_terminal_top”模块中，完成终端模块编写。

设计思路：

① 根据数字源信号模块的设计思路，产生同步的本地伪随机码。

② 在同步情况下，将输出的解交织后波形与伪随机码进行对比输出结果，若为 1 则说明产生错误，若为 0 则无误。

3）Step3：功能要求

（1）交织模块，双击“interleaver_en_top”模块，可以看到模块的功能定义和信号定义。

（2）解交织模块，双击“interleaver_de_top”模块，可以看到模块的功能定义和信号定义。

（3）加扰模块，双击“add_error_top”模块，可以看到模块的功能定义和信号定义。

（4）终端模块，双击“nrz_terminal_top”模块，可以看到模块的功能定义和信号定义。

4）Step4：模块编程

根据卷积编码和维特比译码原理，在每个模块下的“编程开始”和“编程结束”之间完成自己的代码，完成编程。

5）Step5：编译、下载

参见第三章“实验一　模拟信号源设计”中“3. 1. 5. 2　功能验证”。

6）Step6：利用 Quartus Ⅱ仿真进行观察

通过 Quartus 自带的 Signal Tap Ⅱ Logic Analyse 可进行仿真观察波形，并且可以将各个模块运算的中间值参数显示出来。

7）Step7：用示波器观察波形

配置详细步骤见“8. 1. 5. 2　功能验证　Step5”，在示波器上分别观察在不同插入错误概率和不同连续错误数量情况下的本地数据和错误提示，以及本地数据和接收数据，并将观察到的波形记录到“8. 1. 6. 3　核心模块编写”中。

8. 1. 6　实验记录

8. 1. 6. 1　功能验证

（1）记录误码率相同时（示例：误码率 1/32），不同连续误码数情况下的原码波形、误码提示、维特比译码后波形。

连续误码数为 1 ① 原码波形和误码提示   ② 原码波形和译码后波形

连续误码数为 4 ① 原码波形和误码提示   ② 原码波形和译码后波形
连续误码数为 7 ① 原码波形和误码提示   ② 原码波形和译码后波形

（2）记录相同连续误码数时（示例：误码率 5），不同误码率的情况下原码波形、误码提示、维特比译码后波形。

误码率为 1/100 ① 原码波形和误码提示   ② 原码波形和译码后波形
误码率为 1/32 ① 原码波形和误码提示   ② 原码波形和译码后波形
误码率为 1/13 ① 原码波形和误码提示   ② 原码波形和译码后波形

8.1.6.2　系统搭建

1）搭建后结果

① 总体布局
② 放大后细节

2）波形结果（结果同“8.1.6.1　功能验证”，故图略）

（1）记录误码率相同时（示例：误码率 1/32），不同连续误码数情况下的原码波形、误码提示、维特比译码后波形。

连续误码数为 1 ① 原码波形和误码提示 ② 原码波形和译码后波形
连续误码数为 4 ① 原码波形和误码提示 ② 原码波形和译码后波形
连续误码数为 7 ① 原码波形和误码提示 ② 原码波形和译码后波形

（2）记录相同连续误码数时（示例：误码率 5），不同误码率的情况下原码波形、误码提示、维特比译码后波形。

误码率为 1/100 ① 原码波形和误码提示   ② 原码波形和译码后波形
误码率为 1/32 ① 原码波形和误码提示   ② 原码波形和译码后波形
误码率为 1/13 ① 原码波形和误码提示   ② 原码波形和译码后波形

8.1.6.3　核心模块编写

1）模块编程代码

① interleaver_en_top 要求：将包含所有输入输出引脚定义的 interleaver_en_top.v 下的全部程序粘贴在表中（删除不必要的注释） 答案：
② add_error_top 要求：将包含所有输入输出引脚定义的 add_error_top.v 下的全部程序粘贴在表中（删除不必要的注释） 答案：

③ interleaver_ de_ top 要求：将包含所有输入输出引脚定义的 interleaver_ de_ top. v 下的全部程序粘贴在表中（删除不必要的注释） 答案：
④ nrz_ terminal_ top 要求：将包含所有输入输出引脚定义的 nrz_ terminal_ top. v 下的全部程序粘贴在表中（删除不必要的注释） 答案：

2）波形结果（结果同“8.1.6.2 功能验证”，故图略）

（1）记录误码率相同时（下例：1/32），不同连续误码数情况下的原码波形、误码提示、维特比译码后波形。

连续误码数为 1 ① 原码波形和误码提示 ② 原码波形和译码后波形
连续误码数为 4 ① 原码波形和误码提示 ② 原码波形和译码后波形
连续误码数为 7 ① 原码波形和误码提示 ② 原码波形和译码后波形

（2）记录相同连续误码数时（示例：误码率 5），不同误码率的情况下原码波形、误码提示、维特比译码后波形。

误码率为 1/100 ① 原码波形和误码提示 ② 原码波形和译码后波形
误码率为 1/32 ① 原码波形和误码提示 ② 原码波形和译码后波形
误码率为 1/13 ① 原码波形和误码提示 ② 原码波形和译码后波形

第九章

同步信号提取设计

实验一　位同步信号提取设计

9.1.1　实验目的

（1）熟悉 FPGA 集成开发软件 Quartus Ⅱ的使用方法。

（2）掌握 Verilog 编写程序的方法。

（3）掌握位同步信号的提取设计的理论原理。

（4）掌握通过 FPGA 产生信号源、锁相环法提取位同步信号的原理实现方法。

9.1.2　实验仪器

1）硬件平台

电脑一台；双踪示波器；XSRP 软件无线电创新平台。

2）软件平台

XSRP 软件无线电创新平台集成开发软件；Quartus Ⅱ 11.0。

9.1.3　实验内容

1）功能验证

将提供的 FPGA 下载文件下载到 XSRP 软件无线电创新平台中，通过示波器观察信号源波形及恢复的位同步信号波形、信号源及帧同步信号波形，并记录到“9.1.6　实验记录”中。

2）系统搭建

在 Quartus Ⅱ下，将提供的顶层文件通过原理图输入的方式构建成系统，编译、仿真、下载，用示波器观测波形，并记录到“9.1.6　实验记录”中。

3）核心模块程序编写

在 Quartus Ⅱ下，通过硬件描述语言（Verilog 语言）编写核心模块的程序，并进行系统联调，用示波器观测波形，并将观测到的波形和核心代码记录到“9.1.6　实验记录”中。

9.1.4 实验原理

9.1.4.1 通过 FPGA 进行位同步信号提取设计的原理

数字锁相环实现框图如图 9.1 所示。

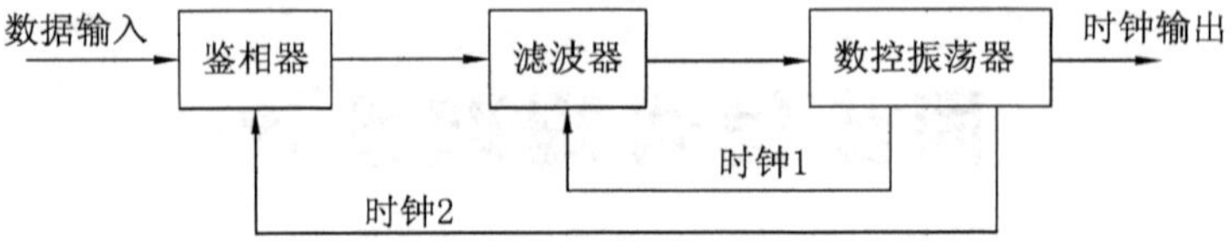

图 9.1 数字锁相环框图

下面对数字锁相环的各个组成模块的详细功能、内部结构以及对外接口信号进行说明。

1）超前-滞后型数字鉴相器（LL-DPD）

与一般 DPLL 的 DPD 的设计不同，位同步 DPLL 的 DPD 需要排除位流数据输入连续几位码值保持不变的不利影响。LL-DPD 为二元鉴相器，在有效的相位比较结果中仅给出相位超前或相位滞后两种相位误差极性，而相位误差的绝对大小固定不变。LL-DPD 通常有两种实现方式：微分型 LL-DPD 和积分型 LL-DPD。积分型 LL-DPD 具有优良的抗干扰性能，而它的结构和硬件实现都比较复杂。微分型 LL-DPD 虽然抗干扰能力不如积分型 LL-DPD，但是结构简单，硬件实现比较容易。本实验采用微分型 LL-DPD，将环路抗噪声干扰的任务交给 DLF 模块负责。LL-DPD 模块内部结构与对外接口信号如图 9.2 所示。

DataIn ClkEst DataIn ClkEst Mem a c b a b c Sign AbsVal PhsDif

图 9.2 LL-DPD 模块内部结构与对外接口信号

LL-DPD 模块输入输出关系仿真波形图如图 9.3 所示，LL-DPD 在 ClkEst 跳变沿（含上升沿和下降沿）处采样 DataIn 上的码值，寄存在 Mem 中。在 ClkEst 下降沿处再将它们对应送到两路异或逻辑中，判断出相位误差信息并输出。Sign 给出相位误差极性，即 ClkEst 相对于 DataIn 是相位超前（Sign = 1）还是滞后（Sign = 0）。AbsVal 给出相位误差绝对值：若前一位数据有跳变，则判断有效，以 AbsVal 输出 1 表示；否则，输出 0 表示判断无效。

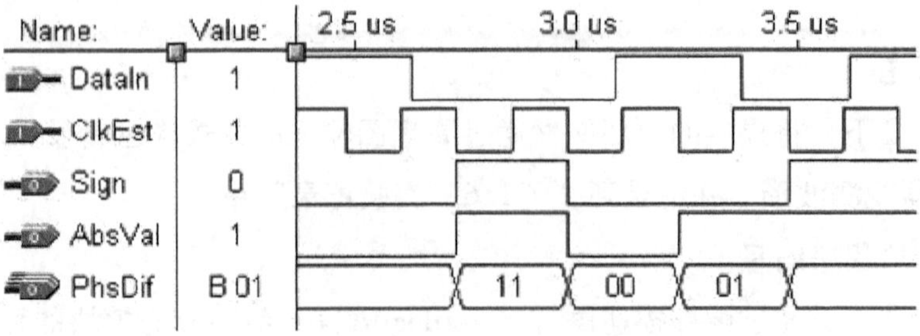

图 9.3 LL-DPD 模块输入输出关系仿真波形图

2）数字环路滤波器（DLF）

DLF 用于滤除因随机噪声引起的相位抖动，并生成控制 DCO 动作的控制指令。本实验实现的 DLF 内部结构及其对外接口信号如图 9.4 所示。

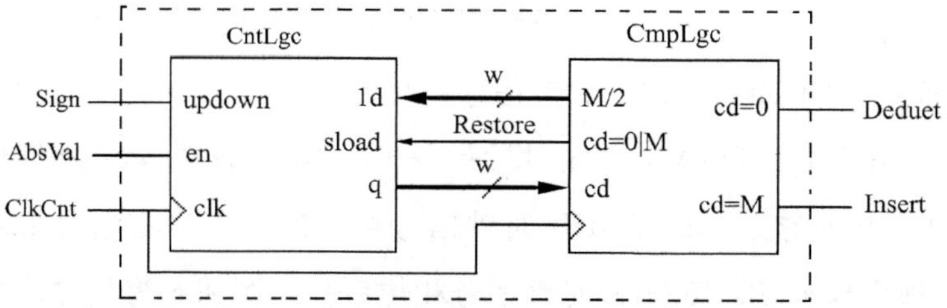

图 9.4　DLF 模块内部结构与对外接口信号

滤波功能用加减计数逻辑 CntLgc 实现，控制指令由比较逻辑 CmpLgc 生成。在初始时刻，CntLgc 被置初值 M/2。前级 LL-DPD 模块送来的相位误差 PhsDif 在 CntLgc 中作代数累加。在计数值达到边界值 0 或 M 后，比较逻辑 CmpLgc 将计数逻辑 CntLgc 同步置回 M/2，同时相应地在 Deduct 或 Insert 引脚上输出一高脉冲作为控制指令。随机噪声引起的 LL-DPD 相位误差输出由于长时间保持同一极性的概率极小，在 CntLgc 中会被相互抵消，而不会传到后级模块中去，达到了去噪滤波的目的。计数器逻辑 CntLgc 的模值 M 对 DPLL 的性能指标有着显著影响。加大模值 M，有利于提高 DPLL 的抗噪能力，但是会导致较大的捕捉时间和较窄的捕捉带宽。减小模值 M 可以缩短捕捉时间，扩展捕捉带宽，但是降低了 DPLL 的抗噪能力。根据理论分析和调试实践，确定 M 为 1024，图 9.4 中计数器数据线宽度 w 可以根据 M 确定为 10。

3）数控振荡器（DCO）

DCO 的主要功能是根据前级 DLF 模块输出的控制信号 Deduct 和 Insert 生成本地估算时钟 ClkEst，这一时钟信号即为 DPLL 恢复出来的位时钟。同时，DCO 还产生协调 DPLL 内各模块工作的时钟，使它们能够协同动作。要完成上述功能，DCO 应有三个基本的组成部分：高速振荡器（HsOsc）、相位调节器（PhsAdj）、分频器（FnqDvd），如图 9.5 所示。

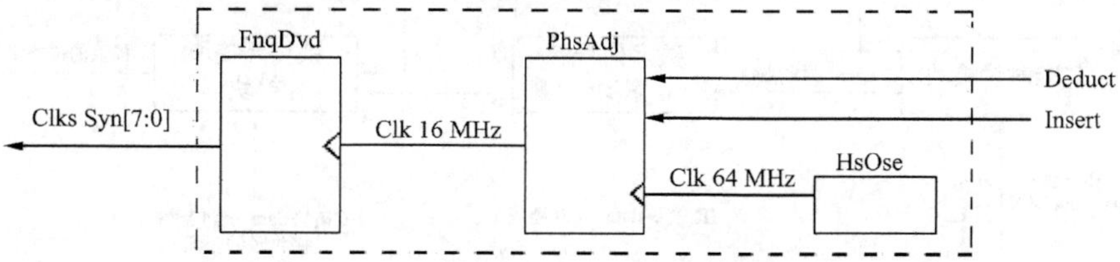

图 9.5　DCO 模块内部结构与对外接口信号

高速振荡器（HsOsc）提供高速稳定的时钟信号 Clk，该时钟信号有固定的时钟周期，周期大小即为 DPLL 在锁定状态下相位跟踪的精度，同时，它还影响 DPLL 的捕捉时间和捕捉带宽。考虑到 DPLL 工作背景的要求，以及尽量提高相位跟踪的精度以降低数据接收的误码率的目的，取 HsOsc 输出信号 Clk 频率为所需提取位时钟信号的 16 倍。例如，取 HsOsc 输出信号 Clk 64 MHz 的周期为 15.625 ns，即高速振荡器 HsOsc 的振荡频率为 64 MHz。

PhsAdj 在控制信号 Deduct 和 Insert 上均无高脉冲出现时，仅对 Osc 输出的时钟信号作 4 分频处理，从而产生的 Clk 16 MHz 时钟信号将是严格 16 MHz 的。当信号 Deduct 上有高脉冲时，在脉冲上升沿后，PhsAdj 会在时钟信号 Clk 16 MHz 的某一周期中扣除一个 Clk 64 MHz 时钟周期，从而导致 Clk 16 MHz 时钟信号相位前移。当在信号 Insert 上有高脉冲时，相对应的处理会导致 Clk 16 MHz 时钟信号相位后移。图 9.6 为相位调节器单元经编译仿真的波形图。

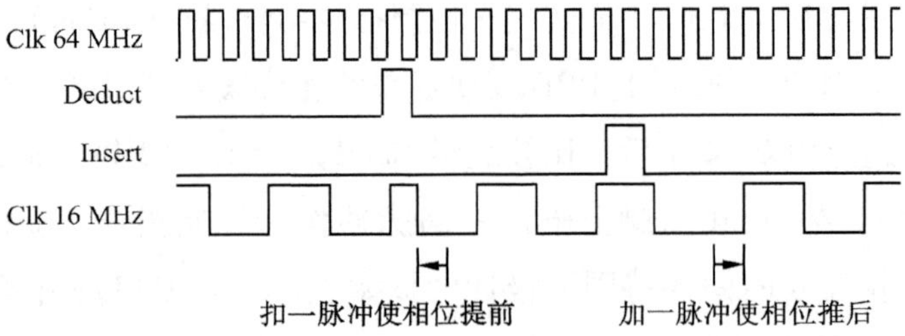

图 9.6　DCO 模块相位调节器 PhsAdj 单元输入输出关系

引入分频器 FnqDvd 的目的主要是为 DPLL 中 DLF 模块提供时钟控制，协调 DLF 与其他模块的动作。分频器 FnqDvd 用计数器实现，可以提供多路与输入位流数据有良好相位同步关系的时钟信号。在系统中，分频器 FnqDvd 提供 8 路输出 ClksSyn［7..0］。其中，ClksSyn1 为本地估算时钟 ClkEst，也即恢复出的位时钟；ClksSyn0 为 DLF 模块的计数时钟 ClkCnt，其速率是 ClkEst 的两倍，可以加速计数，缩短 DPLL 的捕捉时间，并可扩展其捕捉带宽。

9.1.4.2　FPGA 设计原理及各模块介绍

位同步信号提取设计系统框图如图 9.7 所示。

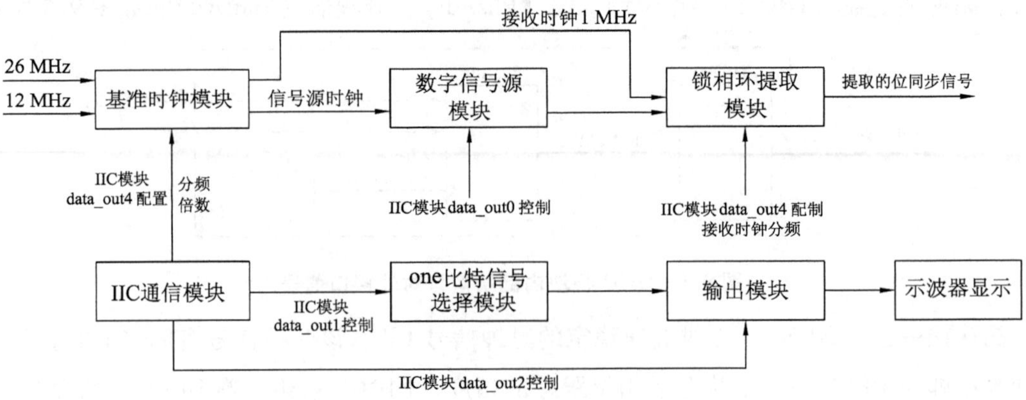

图 9.7　位同步信号提取设计系统框图

1）IIC 通信模块

IIC 通信模块如图 9.8 所示。

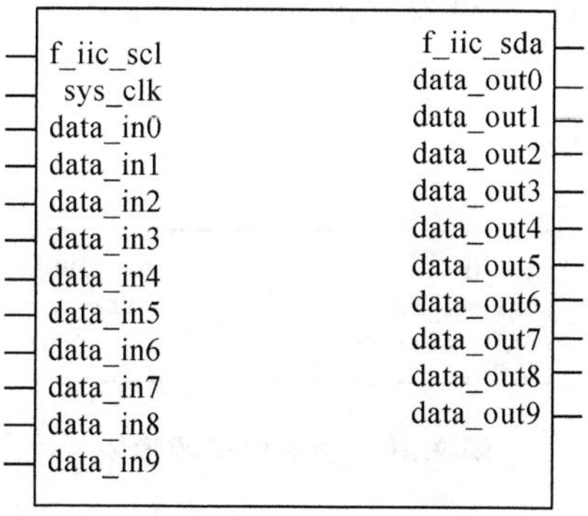

图 9.8　IIC 通信模块

功能：FPGA 芯片与 XSRP 软件无线电平台集成开发软件通过此模块通信，用于配置实验参数。配置方法见“④ data_out4：配置方法”。

① data_out0：选择数字信号源输出波形，连接数字信号源模块的“nrz_source_sel”信号。0~PN6 的伪随机序列；6~64 位全 0 码。

② data_out1：选择 one 比特信号选择模块输出的信号，连接 one 比特信号选择模块的“data_sel”信号。

③ data_out2：选择输出模块输出的信号，连接输出模块的“dac_data_sel”信号。

④ data_out4：配置从发送基准时钟到数字信号源时钟的分频倍数，连接数字信号源模块的“clk_div_basic”信号和锁相环提取模块的“clk_div_basic”模块。

注：值可以取 0x00 至 0xFF。

2）基准时钟模块

基准时钟模块如图 9.9 所示。

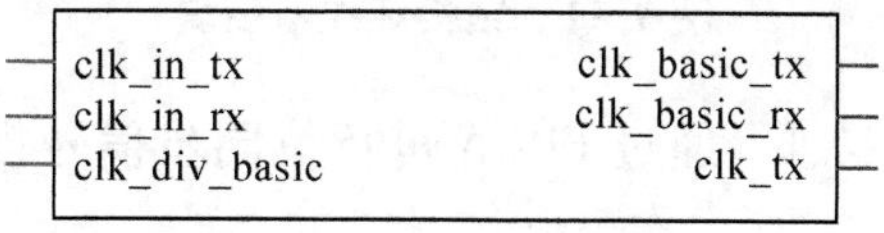

图 9.9　基准时钟模块

（1）功能：分别对输入的两个时钟分频，产生发送基准时钟和接受基准时钟，时钟频率均为 1 MHz，1 MHz 的发送基准时钟根据分频倍数分频产生数据发射的时钟信号。

（2）输入参数：① clk_in_tx：系统时钟 26 MHz。

② clk_in_rx：系统时钟 12 MHz。

③ clk_div_basic [7..0]：基准时钟到位同步的分频倍数。

（3）输出参数：① clk_basic_tx：发射端的基准时钟（1 MHz）。

② clk_basic_rx：接收端的基准时钟（1 MHz）。

③ clk_tx：数据发射的时钟信号。

3）数字信号源模块

数字信号源模块如图 9. 10 所示。

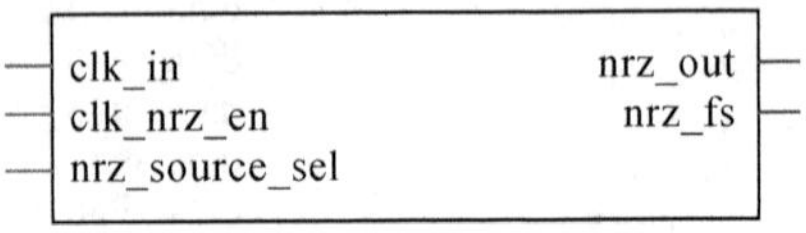

图 9. 10　数字信号源模块

（1）功能：通过 nrz_source_sel 信号选择，输出码型分别为伪随机码、15 位任意码型、32 位任意码型、64 位任意码型、256 位数据，只有 8 位非 0、1024 位数据，只有 8 位非 0、64 位全 0 码、64 位全 1 码。

（2）输入参数：① clk_in：时钟信号。

② clk_nrz_en：使能端，置 1。

③ nrz_initial_sel：选择重新输入的数据，输出一个周期的 PN8 序列之后，会重新加载信号源数据，加载的数据可通过此信号设置。

（3）输出参数：① nrz_out：NRZ 信号输出。

② nrz_fs：码元输出标志。

4）锁相环提取模块

锁相环提取模块如图 9. 11 所示。

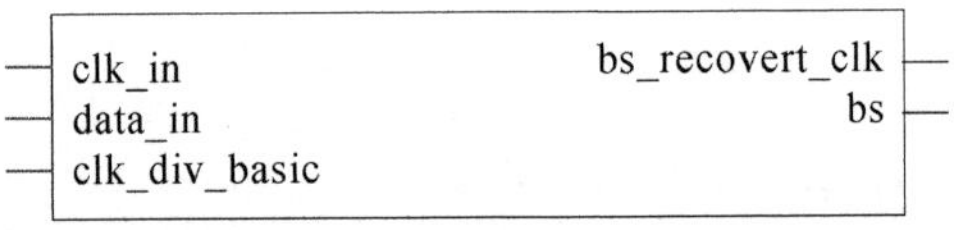

图 9. 11　锁相环提取模块

（1）功能：根据“9. 1. 4. 1　通过 FPGA 进行位同步信号提取设计的原理”进行位同步信号的提取。

（2）输入参数：① clk_in：时钟。

② data_in：接收端基准时钟。

③ clk_div_basic [7.. 0]：基准时钟到位同步的分频倍数。

（3）输出参数：bs_recovert_clk：提取的位同步信号。

5）one 比特信号选择模块

one 比特信号选择模块如图 9. 12 所示。

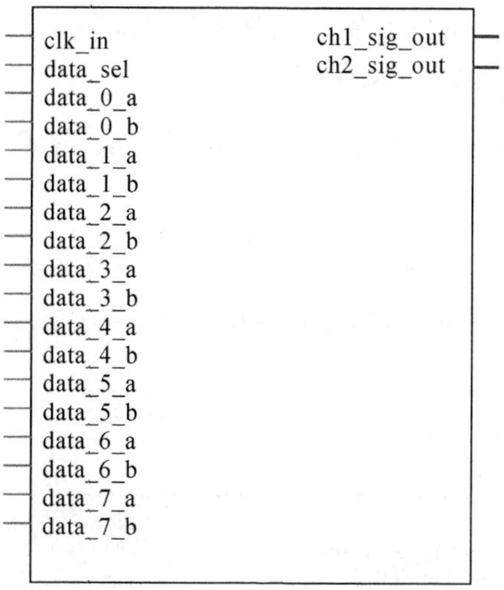

图 9.12　one 比特信号选择模块

功能：通过 IIC 通信模块选择输入信号中的两路，将选择的信号进行变换后输出。变换方式：输入值为 1，转换成 8′hff，输入值为 0，转换成 8′h0，作此变换是为了便于在示波器上进行观察。

① data_sel=0，ch1_sig_out=data_0_a 变换后的信号，ch2_sig_out=data_0_b 变换后的信号。

② data_sel=1，ch1_sig_out=data_1_a 变换后的信号，ch2_sig_out=data_1_b 变换后的信号。

③ data_sel=2~7，输出为 ch1_sig_out 和 ch2_sig_out，以此类推。

6）eight 比特信号选择模块

eight 比特信号选择模块如图 9.13 所示。

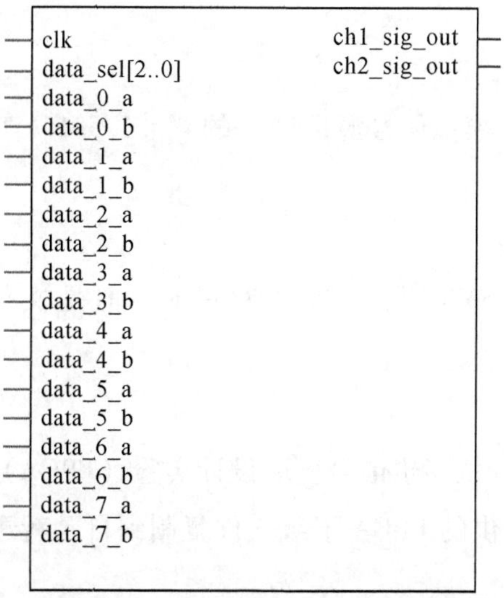

图 9.13　eight 比特信号选择模块

（1）功能：通过对 data_sel 的设置，选择输出 data0~7 其中的一个信号。

（2）输入参数：① clk：输入时钟信号。

② data_sel［2..0］：选择信号，从 data0 a（b）~data7a（b）中选择输出信号。

③ data0 a（b）~data7a（b）：信号输入。

（3）输出参数：ch1_sig_out（ch2_sig_out）：信号输出。

7）输出模块

输出模块如图 9.14 所示。

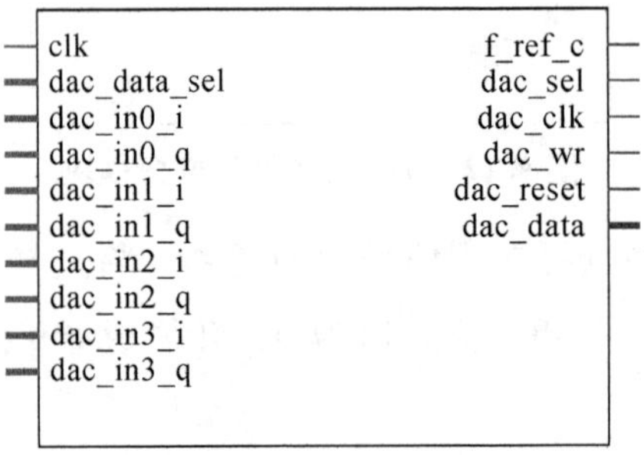

图 9.14　输出模块

功能：将 IIC 通信模块选择的并行的两路信号转为符合硬件 DAC 芯片输入格式的串行信号，该信号可通过示波器显示。

① dac_data_sel=0，dac_data 为 dac_in0_i 和 dac_data_q 转换成的串行信号，连接示波器后，示波器的 CH1 显示的是 dac_in0_i 波形，CH2 显示的是 dac_in0_q 波形。

② dac_data_sel=1~3，以此类推。

9.1.5　实验步骤

9.1.5.1　实验准备

参见第三章“实验一　模拟信号源设计”的“3.1.5.1　实验准备”。

9.1.5.2　功能验证

1）Step1：新建文件夹

新建文件夹命名为“SYNC”，可命名为其他，但是文件夹的路径不能包含中文字符。

2）Step2：复制文件

打开软件中“实验 23：位同步信号提取设计实验（FPGA）”中“实验程序”文件夹下的“Level1”文件夹，将提供的 FPGA 下载文件复制到自己新建的文件夹下。

3）Step3：下载文件

用 Quartus Ⅱ 软件打开下载文件，将下载文件下载到 XSRP 软件无线电创新平台中。

下载过程参见第三章“实验一　模拟信号源设计”的“3. 1. 5. 2　功能验证”。

4）Step4：用示波器观察波形

下载完成后，打开 XSRP 软件无线电创新平台集成开发软件，“实验选择”——SYNC。

（1）“信号源选择”——NRZ 码；“DAC 信号选择”——信号源和发送时钟，点击“配置”按钮，按下示波器“Auto”按钮，观察 NRZ 信号和发送时钟。

（2）“信号源选择”——NRZ 码；“DAC 信号选择”——信号源和恢复时钟（简单），点击“配置”按钮，按下示波器“Auto”按钮，观察信号源和位同步提取模块（简单）提取的位同步信号。

（3）“信号源选择”——NRZ 码；“DAC 信号选择”——信号源和恢复时钟（锁相环），点击“配置”按钮，按下示波器“Auto”按钮，观察信号源和位同步提取模块（锁相环）提取的位同步信号。

（4）“信号源选择”——NRZ 码；“DAC 信号选择”——发送时钟和恢复时钟（简单），点击“配置”按钮，按下示波器“Auto”按钮，观察发送时钟和位同步提取模块（简单）提取的位同步信号。

（5）“信号源选择”——NRZ 码；“DAC 信号选择”——发送时钟和恢复时钟（锁相环），点击“配置”按钮，按下示波器“Auto”按钮，观察发送时钟和位同步提取模块（锁相环）提取的位同步信号，“信号源选择”NRZ 码的配置如图 9. 15 所示。

（6）“信号源选择”——全 0 码；“DAC 信号选择”——信号源和发送时钟，点击“配置”按钮，按下示波器“Auto”按钮，观察 NRZ 信号和发送时钟。

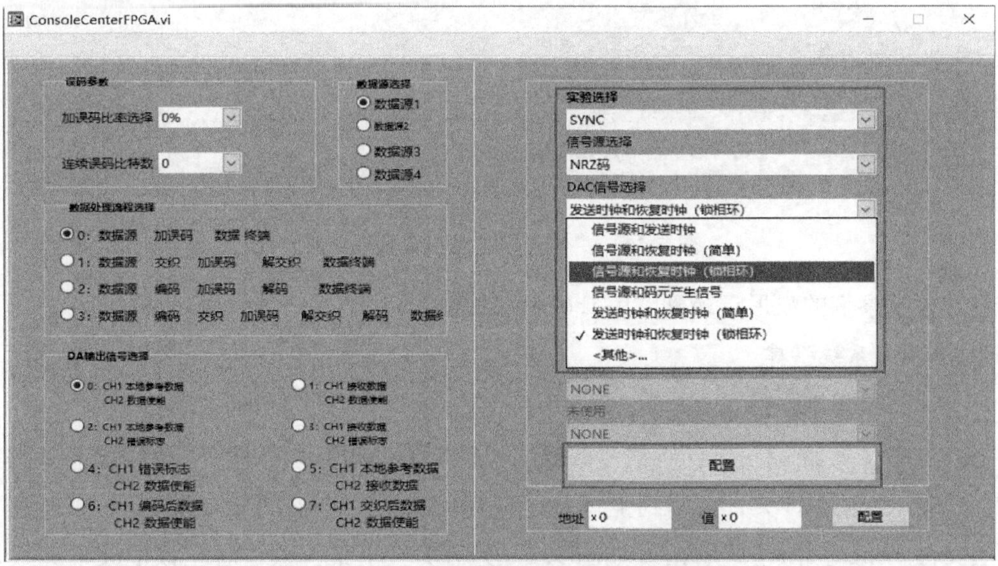

图 9. 15　“信号源选择”——NRZ 码配置

（7）“信号源选择”——全0码；“DAC信号选择”——信号源和恢复时钟（简单），点击“配置”按钮，按下示波器“Auto”按钮，观察信号源和位同步提取模块（简单）提取的位同步信号。

（8）“信号源选择”——全0码；“DAC信号选择”——信号源和恢复时钟（锁相环），点击“配置”按钮，按下示波器“Auto”按钮，观察信号源和位同步提取模块（锁相环）提取的位同步信号。

（9）“信号源选择”——全0码；“DAC信号选择”——发送时钟和恢复时钟（简单），点击“配置”按钮，按下示波器“Auto”按钮，观察发送时钟和位同步提取模块（简单）提取的位同步信号。

（10）“信号源选择”——全0码；“DAC信号选择”——发送时钟和恢复时钟（锁相环），点击“配置”按钮，按下示波器“Auto”按钮，观察发送时钟和位同步提取模块（锁相环）提取的位同步信号，“信号源选择”全0码的配置如图9.16所示。

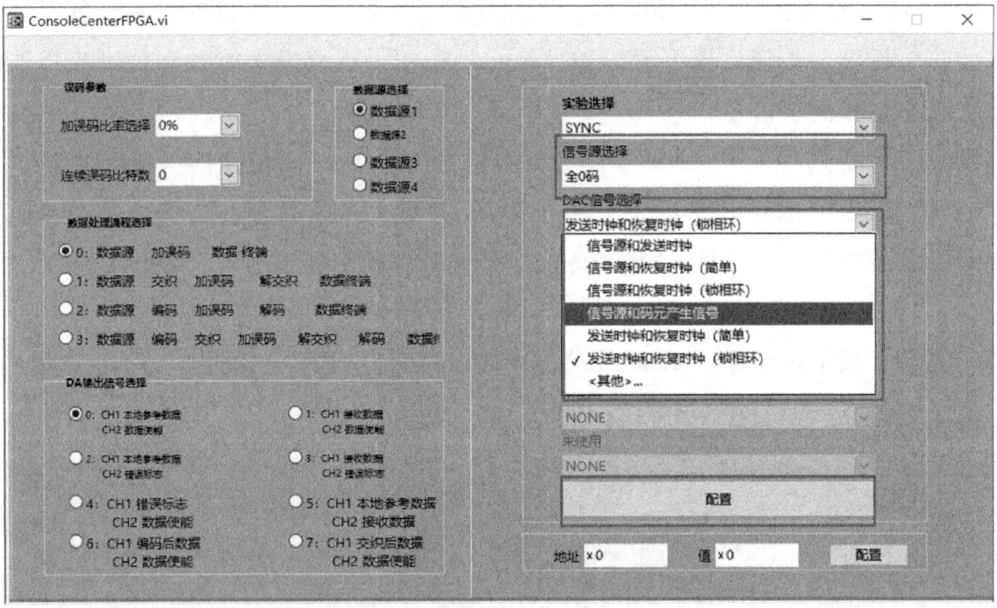

图9.16　“信号源选择”全0码配置

将上述观察带的波形记录到“9.1.6.1　功能验证中”。

9.1.5.3　系统搭建

1）Step1：复制文件

将软件中“实验23：位同步信号的提取设计实验（FPGA）”中“实验程序”文件夹下的“Level2”工程文件夹，复制到上述自己新建的文件夹中。用Quartus Ⅱ打开工程，点击顶层文件“fpga_sync_2”，出现如图9.17所示实验框架，操作者在该框架下完成后续设计步骤。

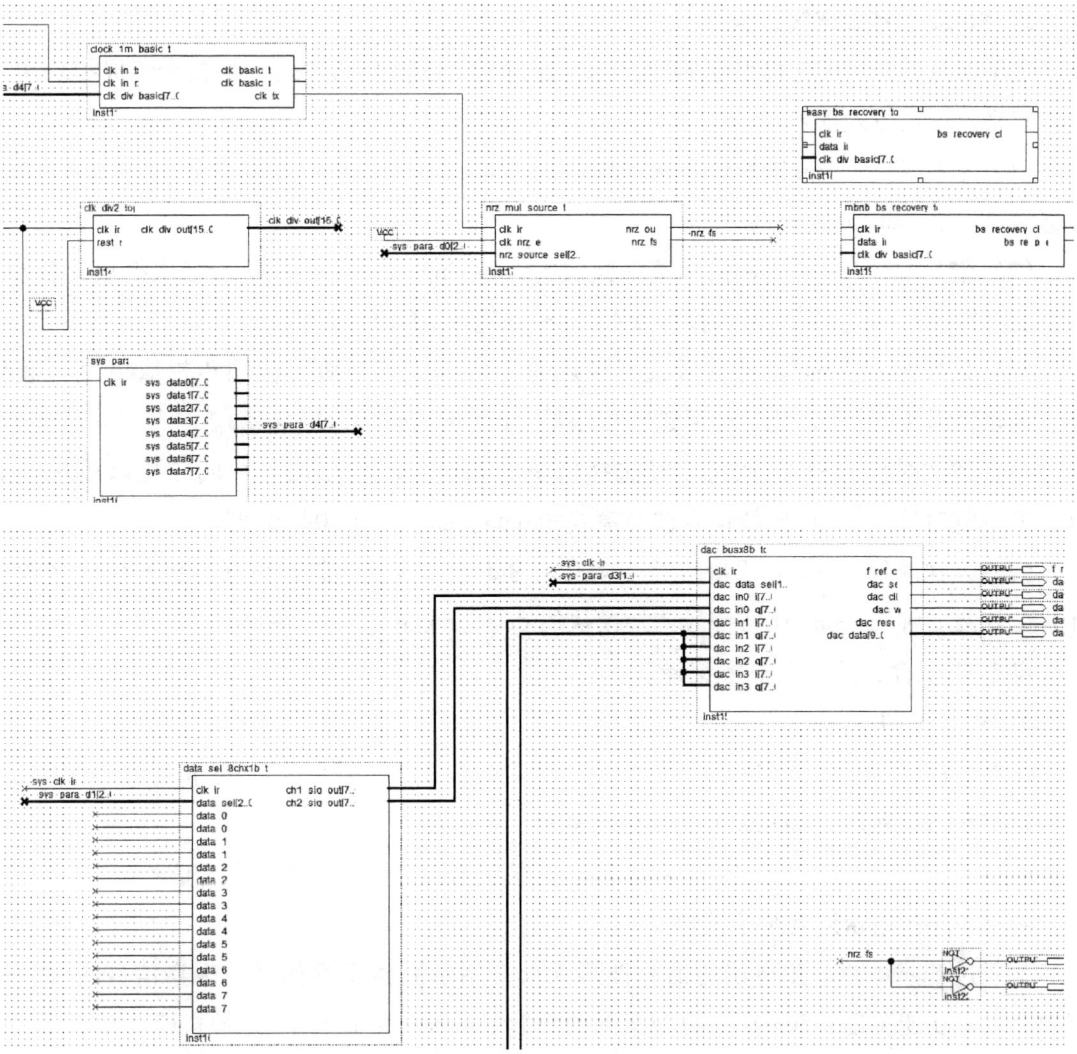

图 9.17　实验框架

2）Step2：查看各模块功能和引脚定义

依次打开“clk_to_1mhz_top”“nrz_multi_source_top”“bit_sync _recover_top”模块等，查看各模块的功能定义和引脚定义，例如，打开“bit_sync_recover _top”模块，查看功能和引脚定义。

模块功能：锁相环法实现位同步信号提取功能

引脚定义：input　　　　　　clk_in，　　　　　//接收基准时钟

　　　　　input　　　　　　data_in，　　　　 //NRZ 信号

　　　　　input　[7：0]　 clk_div_basic，　 //基准时钟到位同步的分频倍数

　　　　　output　reg　　　bs_recovery_clk，//恢复的位同步信号

　　　　　output　reg　　　bs_re_p_en

3）Step3：完成连线、编译

在了解每个模块的功能和引脚定义后，通过原理图输入的方式，将各个组成模块用线连接起来。连线方式如下：

（1）信号源——one 比特信号选择模块的 data_in0_i 引脚，发送时钟——one 比特信号选择模块的 data_in0_q 引脚。

（2）信号源——one 比特信号选择模块的 data_in1_i 引脚，位同步提取模块（简单）的恢复时钟——one 比特信号选择模块的 data_in1_q［1..0］引脚。

（3）信号源——one 比特信号选择模块的 data_in2_i 引脚，位同步提取模块（锁相环）的恢复时钟——one 比特信号选择模块的 data_in2_q［1..0］引脚。

（4）发送时钟——one 比特信号选择模块的 data_in3_i 引脚，位同步提取模块（简单）的恢复时钟——one 比特信号选择模块的 data_in3_q［1..0］引脚。

（5）发送时钟——one 比特信号选择模块的 data_in4_i 引脚，位同步提取模块（锁相环）的恢复时钟——one 比特信号选择模块的 data_in4_q［1..0］引脚。

点击 保存，然后点击 编译。

4）Step4：下载

详细过程见第三章“实验一　模拟信号源设计”的“3.1.5.3　系统搭建　Step5”。

5）Step5：利用 Quartas Ⅱ 仿真进行观察

通过 Signal Tap Ⅱ 显示和捕获实时信号，观察原信号和恢复的位同步信号。

6）Step6：用示波器观察波形

若通过 Signal Tap Ⅱ 观察的信号波形无误，用示波器观察信号，观察信号的过程见“9.1.5.2　功能验证　Step4”，将观察到的波形记录到“9.1.6.2　系统搭建”中。

9.1.5.4　核心模块程序编写

1）Step1：复制文件

将软件中“实验 23：位同步信号提取设计实验（FPGA）”中“实验程序”文件夹下的“Level3”工程文件夹，复制到上述自己新建的文件夹中。用 Quartus Ⅱ 打开工程，点击顶层文件“fpga_sync_3”。

2）Step2：设计任务

在“mbnb_bs_recovery_top”模块下编程，要求：用锁相环法提取位同步信号。

设计思路：

① 获取提取的发送时钟的上升沿和下降沿。

② 分别在上升沿和下降沿上读取输入的信号源，将两处下降沿上的输入信号与一处上升沿上的输入信号异或处理，计算出相位误差极性和相位误差绝对值信号。详见“9.1.4.1　通过 FPGA 进行位同步信号提取设计的原理——1）超前-滞后型数字鉴相器

（LL-DPD）”。

③ 定义一个数据 count_v，根据实验原理可知，步骤 2 中相位误差绝对值若为 1，则证明相位误差有效，此时若误差极性信号为 1，count_v 加 1；若误差极性信号为 0，count_v 减 1。若 count_v 减到 0，则证明相位超前，需要扣除一个脉冲，定义一个扣除脉冲信号，使其值为 1；若 count_v 加到 M，则证明相位滞后，需要附加一个脉冲，定义一个附加脉冲信号，使其值为 1，同时将 count_v 信号置为 M/2。

④ 定义一个脉冲计数信号，正常情况下，计数信号加 1。当产生扣除脉冲时，计数信号加 2 以扣除一个脉冲；产生附加脉冲时，计数信号加 0 以增加一个脉冲。

⑤ 在调节后的信号的中间位置输出上升沿作为时钟。

3） Step3：编程

双击“mbnb_bs_recovery_top”模块，可以看到模块的功能定义和引脚定义，在“开始编程”和“结束编程”之间，按照功能和引脚的定义以及设计任务的要求编写代码。

4） Step4：编译

上述模块全部编程之后，点击▶编译。

5） Step5：下载

详细过程见第三章“实验一　模拟信号源设计”的“3.1.5.3　系统搭建　Step5”。

6） Step6：利用 Quartus Ⅱ仿真进行观察

下载完成后，观察信号，观察过程见“9.1.5.2　功能验证　Step4”，将观察到的信号波形记录到“9.1.6.3　核心模块程序编写”中。

7） Step7：用示波器观察波形

若示波器显示的波形无误，则将设计要求中的模块代码记录到“9.1.6.3　核心模块程序编写”中。

9.1.6　实验记录

9.1.6.1　功能验证

信号源和发送时钟	

信号源和 恢复时钟（简单）	
信号源和 恢复时钟（锁相环）	
发送时钟和 恢复时钟（简单）	
发送时钟和 恢复时钟（锁相环）	

9.1.6.2 系统搭建

原理图连线
信号源和发送时钟

信号源和恢复时钟（简单）
信号源和恢复时钟（锁相环）
发送时钟和恢复时钟（简单）
发送时钟和恢复时钟（锁相环）

9.1.6.3　核心模块程序编写

信号源和发送时钟
信号源和恢复时钟（简单）
信号源和恢复时钟（锁相环）

发送时钟和恢复时钟（简单）
发送时钟和恢复时钟（锁相环）
mbnb_bs_recovery_top 模块代码

实验二　帧同步信号提取设计

9.2.1　实验目的

（1）熟悉 FPGA 集成开发软件 Quartus 的使用方法。

（2）掌握 Verilog 编写程序的方法。

（3）掌握帧同步信号的提取设计的理论原理。

（4）掌握通过 FPGA 产生信号源、集中插入法提取帧同步信号的原理实现方法。

9.2.2　实验仪器

1）硬件平台

电脑一台；双踪示波器；XSRP 软件无线电创新平台。

2）软件平台

XSRP 软件无线电创新平台集成开发软件；Quartus Ⅱ 11.0。

9.2.3　实验内容

1）功能验证

将提供的 FPGA 下载文件下载到 XSRP 软件无线电创新平台中，通过示波器观察生成的总线信号、时钟信号、插入帧同步码信号、帧同步信号，并记录到“9.2.6　实验记录”中。

2）系统搭建

在 Quartus Ⅱ下，将提供的顶层文件通过原理图输入的方式，构建成系统，编译、仿真、下载，用示波器观测波形，并记录到“9.2.6　实验记录”中。

3）核心模块程序编写

在 Quartus Ⅱ下，通过硬件描述语言（Verilog 语言）编写核心模块的程序，并进行系统联调，用示波器观测波形，将观测到的波形和核心代码记录到“9.2.6　实验记录”中。

9.2.4　实验原理

9.2.4.1　通过 FPGA 进行帧同步信号提取设计的原理

在数字通信系统中，称节拍一致为“位同步”，称编组一致为“帧同步”。在时分复用通信体系中，为了正确地传输信息，必须在信息码流中插入一定数量的帧同步码，它可以是一组特定的码组，也可以是特定宽度的脉冲；可以集中插入，也可以分散插入。集中插入法也称为连贯式插入法，即在每帧数据开头集中插入特定码型的帧同步码组，这种帧同步法只适用于同步通信系统，需要位同步信号才能实现。适合做帧同步码的特殊码组有很多，对帧同步码组的要求是它们的自相关函数尽可能尖锐，便于从随机数字信息序列中识别出这些帧同步码组，从而准确定位一帧数据的起始时刻。由于这些特殊码组是一个非

周期序列或有限序列，在求它的自相关函数时，序列中只有部分元素参加相关运算，其表示式为

$$R(j) = \sum_{i=1}^{n-j} x_i x_{i+j} \tag{9.1}$$

通常把这种非周期序列的自相关函数称为局部自相关函数。对同步码的另一个要求是识别器应该尽量简单。目前，一种常用的帧同步码组是巴克码。

巴克码是一种非周期序列，一个 n 位的巴克码组为 $\{x_1, x_2, \cdots, x_n\}$，其中 x_i 的取值为+1或-1，它的局部自相关函数为

$$R(j) = \sum_{i=1}^{n-j} x_i x_{i+j} = \begin{cases} n & j = 0 \\ 0 \text{ 或 } \pm 1 & 0 < j < n \\ 0 & j \geqslant n \end{cases} \tag{9.2}$$

目前已找到的巴克码组如表 9.1 所列。

表 9.1　巴克码组

n	巴克码组
2	++
3	++−
4	+++−；++−+
5	++++−+
6	+++−−+−
7	+++−−+−
11	+++−−−+−−+−
13	+++++−−++−+−+

在信号源模块产生的 NRZ 码中，帧同步码是集中插入到每帧信号的 1~7 位的，因此只要帧同步码识别电路在码流中能识别到与设置的帧同步码相同的码组，就会输出一个一致脉冲。本实验是采用滑动窗口来检测帧同步码的，如图 9.18 所示。

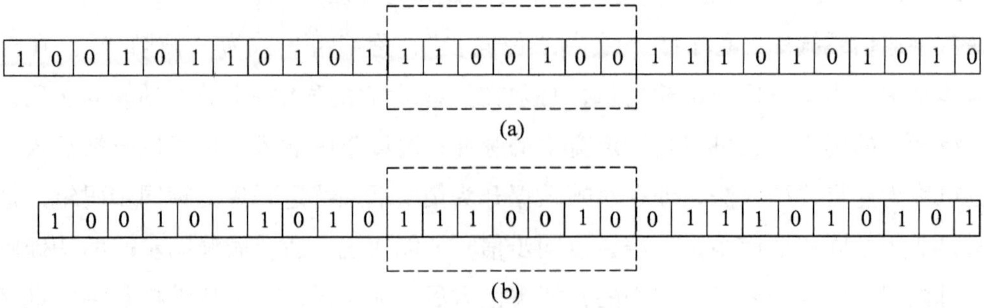

图 9.18　滑动窗口检测帧同步码

9.2.4.2　FPGA 设计原理及各模块介绍

帧同步信号提取设计系统框图如图 9.19 所示。

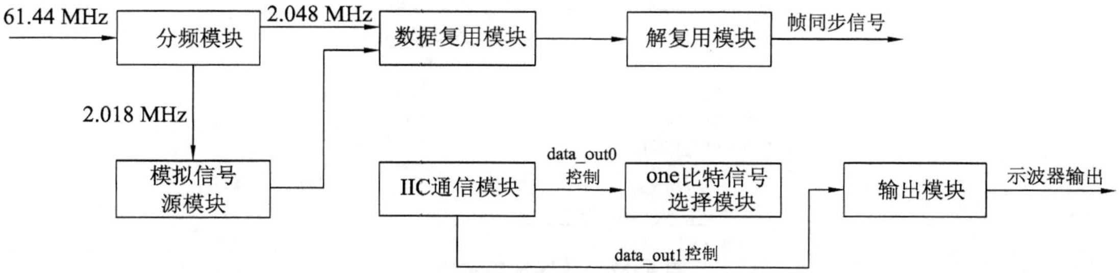

图 9.19　帧同步信号提取设计系统框图

1）模拟信号源模块

模拟信号源模块如图 9.20 所示。

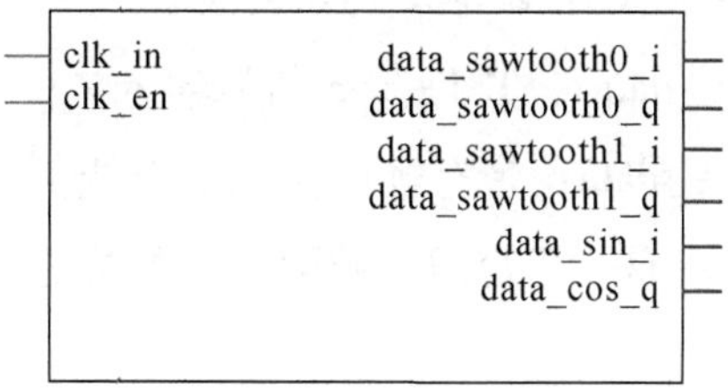

图 9.20　模拟信号源模块

（1）功能：产生两种三角波，一种正弦波，作为总线信号输入的数据。

（2）输入参数：① clk_in：时钟。

② clk_en：时隙脉冲。

2）分频模块

分频模块如图 9.21 所示。

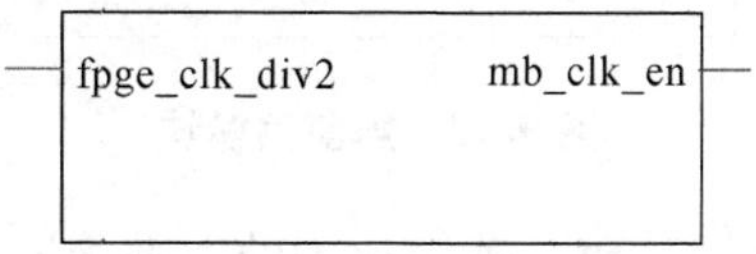

图 9.21　分频模块

（1）功能：总线信号，每个时隙 8 bit，需要 2.048 MHz 时钟，分频模块的作用即对输入信号分频，产生 2.048 MHz 时钟。

（2）输入参数：fpga_clk_div2：系统时钟。

（3）输出参数：mb_clk_en：输出 2.048 MHz。

3）数据复用模块

数据复用模块如图 9.22 所示。

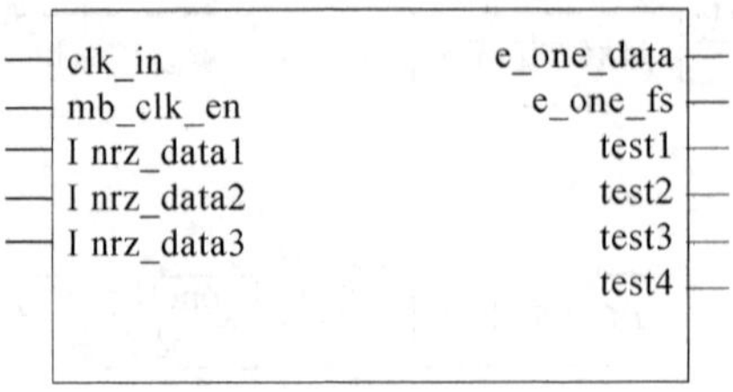

图 9.22　数据复用模块

（1）功能：产生一个总线信号，每个时隙 8 bit，其中 TS0 是同步码。每帧信号的 TS0 都是固定的同步码。TS1 到 TS3 由信号源模块提供，其余时隙信号为 0。

（2）输入参数：① clk_in：系统时钟。

② mb_clk_en：2.048 MHz 时钟。

③ I_nrz_datax：TS1～TS3 信号输入。

（3）输出参数：① e_one_data：带有帧同步码的总线信号输出。

② e_one_fs：开始插入帧同步码的标志。

4）解复用模块

解复用模块如图 9.23 所示。

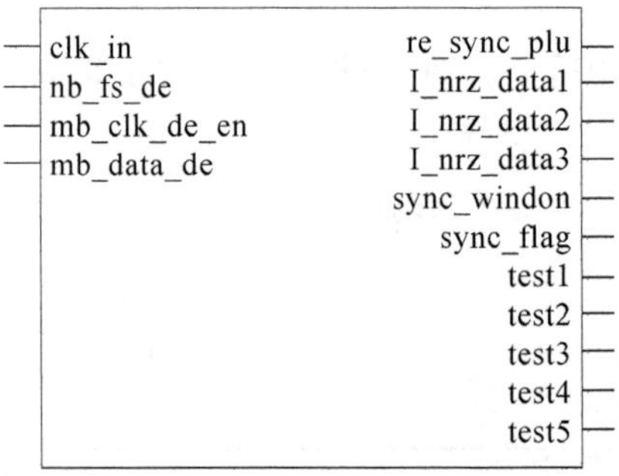

图 9.23　解复用模块

（1）功能：用滑窗法检测同步码，若窗口中的数据等于帧头，输出高电平作为帧同步信号，否则滑动窗口继续判别；同时通过加窗口的方法减小假同步的概率，判定同步状态，若处于捕捉态，led 灯不亮；处于建立态，led 灯闪烁；处于同步态：led 灯常亮。

（2）输入参数：① clk_in：时钟输入。

② nb_fs_de：此处置 1。

③ mb_clk_de_en：此处置 1。

④ mb_data_de：总线信号。

（3）输出参数：① l_nrz_data1：提取出的 TS1 数据。

② l_nrz_data2：提取出的 TS2 数据。

③ l_nrz_data3：提取出的 TS3 数据。

④ sync_flag：帧同步信号。

⑤ test1：帧同步展宽，便于观察。

⑥ test2：窗口。

⑦ test3：帧同步信号。

⑧ test4：帧同步信号。

⑨ test5：LED 显示同步。

5）IIC 通信模块

IIC 通信模块如图 9.24 所示。

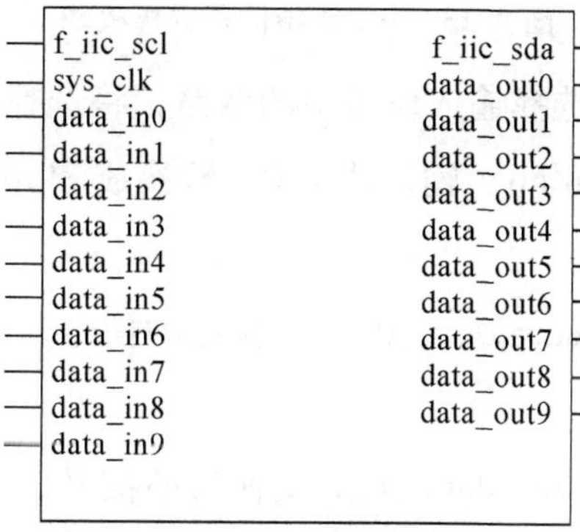

图 9.24　IIC 通信模块

（1）功能：FPGA 芯片与 XSRP 软件无线电平台集成开发软件通过此模块通信，用于配置实验参数。

① data_out3：选择 one 比特信号选择模块输出的信号，连接 one 比特信号选择模块的“data_sel”信号。

② data_out4：选择输出模块输出的信号，连接输出模块的“dac_data_sel”信号。

注：值可以取 0x00 至 0xFF。

6）one 比特信号选择模块

one 比特信号选择模块如图 9.25 所示。

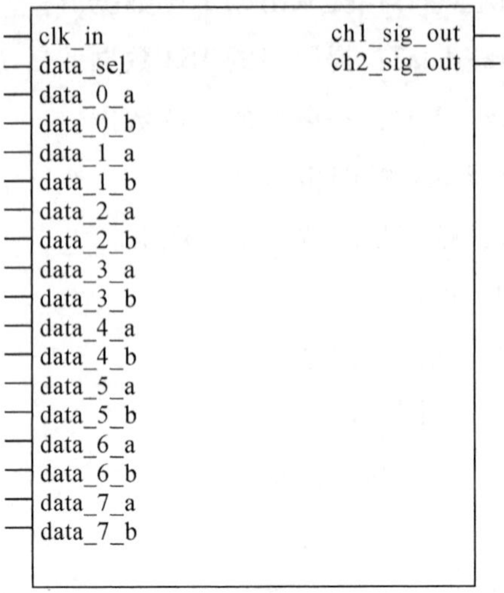

图 9. 25　one 比特信号选择模块

功能：通过 IIC 通信模块选择输入信号中的两路，将选择的信号进行变换后输出。变换方式：输入值为 1，转换成 8′hff；输入值为 0，转换成 8′h0，作此变换是为了便于在示波器上进行观察。

① data_sel=0，ch1_sig_out=data_0_a 变换后的信号，ch2_sig_out=data_0_b 变换后的信号。

② data_sel=1，ch1_sig_out=data_1_a 变换后的信号，ch2_sig_out=data_1_b 变换后的信号。

③ data_sel=2~7，输出为 ch1_sig_out 和 ch2_sig_out，以此类推。

7）输出模块

输出模块如图 9. 26 所示。

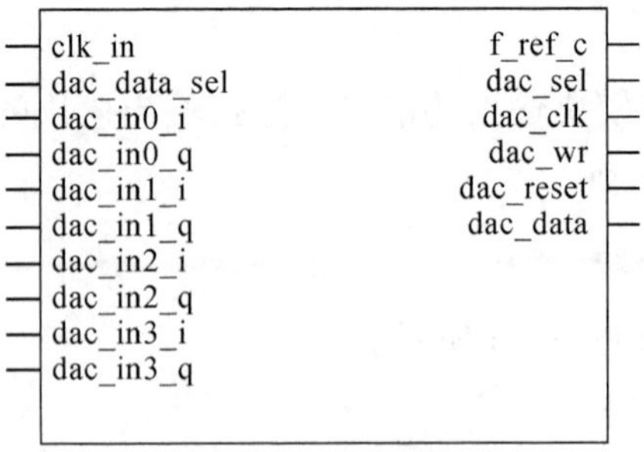

图 9. 26　输出模块

功能：将 IIC 通信模块选择的并行的两路信号转为符合硬件 DAC 芯片输入格式的串行信号，该信号可通过示波器显示。

① dac_data_sel=0，dac_data 为 dac_in0_i 和 dac_data_q 转换成的串行信号，连接示波器后，示波器的 CH1 显示的是 dac_in0_i 波形，CH2 显示的是 dac_in0_q 波形。

② dac_data_sel=1~3，以此类推。

9.2.5　实验步骤

9.2.5.1　实验准备

参见第三章“实验一　模拟信号源设计”的“3.1.5.1　实验准备”。

9.2.5.2　功能验证

1）Step1：新建文件夹

新建文件夹命名为“FRE_SYNC”，可命名为其他，但是文件夹的路径不能包含中文字符。

2）Step2：复制文件

打开软件中“实验 24：帧同步信号提取设计实验（FPGA)”中“实验程序”文件夹下的“Level1”文件夹，将提供的 FPGA 下载文件复制到自己新建的文件夹中。

3）Step3：下载

用 Quartus Ⅱ 软件打开下载文件，将下载文件下载到 XSRP 软件无线电创新平台中。下载过程参见第三章“实验一　模拟信号源设计”的“3.1.5.2　功能验证”。

4）Step4：用示波器观察波形

下载完成后，打开 XSRP 软件无线电创新平台集成开发软件，“实验选择”——FRE_SYNC“DAC 信号选择”不同的配置，如图 9.27 所示。

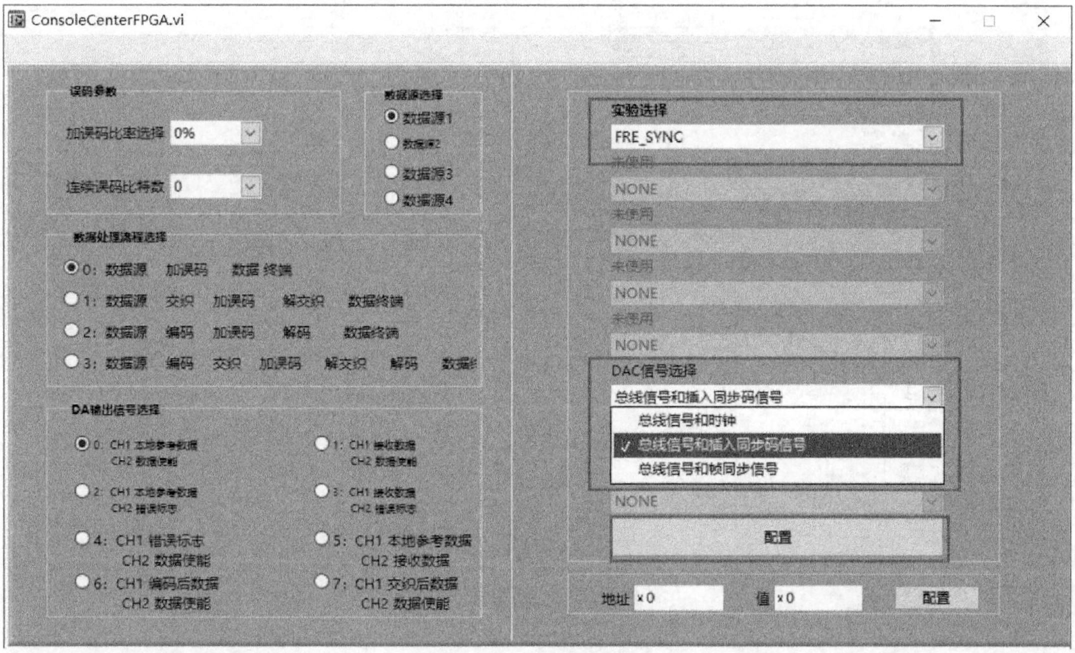

图 9.27　软件界面

（1）“DAC 信号选择”——总线信号和时钟，点击“配置”按钮，按下示波器“Auto”按钮，观察生成的总线信号和时钟信号。

（2）“DAC 信号选择”——总线信号和插入同步码信号，点击“配置”按钮，按下示波器“Auto”按钮，观察生成的总线信号和插入同步码的标志信号。

（3）“DAC 信号选择”——总线信号和帧同步信号，点击“配置”按钮，按下示波器“Auto”按钮，观察生成的总线信号和帧同步信号。

将上述观察的波形记录到“9. 2. 6. 1　功能验证中。

9. 2. 5. 3　系统搭建

1）Step1：复制文件

将软件中“实验 24：帧同步信号的提取设计实验（FPGA）”中“实验程序”文件夹下的“Level2”工程文件夹，复制到上述自己新建的文件夹中。用 Quartus Ⅱ打开工程，点击顶层文件“fpga_fre_sync_2”，出现如图 9. 28 所示实验框架，操作者在该框架下完成后续设计步骤。

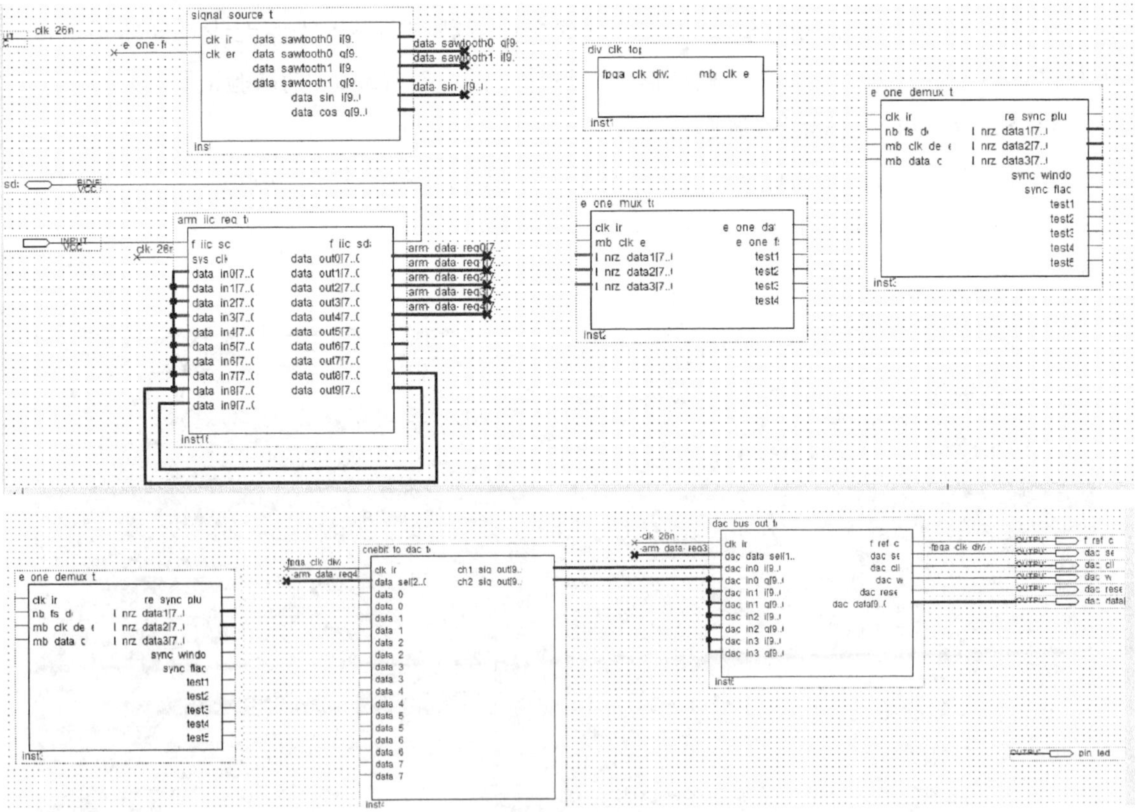

图 9. 28　实验框架

2）Step2：查看各模块功能和引脚定义

依次打开“signal_source_top”“div_clk_top”“e_one_mux”“e _one_demux”模块等，查看各模块的功能定义和引脚定义，例如，打开“e_one _mux”模块，查看功能和引脚定义。

模块功能：产生 32 时隙的信号，其中 TS0 是同步码

引脚定义：	input		clk_in,	
	input		mb_clk_en,	//2048 kH_2
	input	[7：0]	l_nrz_data1,	//TS1 数据
	input	[7：0]	l_nrz_data2,	//TS2 数据
	input	[7：0]	l_nrz_data3,	//TS3 数据
	output	reg	e_one_data,	//带有帧同步的信号输出
	output	reg	e_one_fs,	//帧同步标志

3）Step3：完成连接、编译

在了解每个模块的功能和引脚定义后，通过原理图输入的方式，将各个组成模块用线连接起来。连接方式如下：

（1）数据复用模块生成的总线信号——one 比特信号选择模块的 data_in0_i 引脚，时钟——one 比特信号选择模块的 data_in0_q 引脚。

（2）数据复用模块生成的总线信号——one 比特信号选择模块的 data_in1_i 引脚，数据复用模块生成的插入同步码的指示信号——one 比特信号选择模块的 data_in1_q [1..0] 引脚。

（3）数据复用模块生成的总线信号——one 比特信号选择模块的 data_in2_i 引脚，解数据复用模块产生的帧同步信号——one 比特信号选择模块的 data_in2_q [1..0] 引脚。

点击保存，然后点击编译。

4）Step4：下载

详细过程见第三章“实验一　模拟信号源设计”的“3. 1. 5. 3　系统搭建　Step5”。

5）Step5：观察信号

通过 Signal Tap Ⅱ显示和捕获实时信号，观察原信号和帧同步信号。

6）Step6：用示波器观察波形

若通过 Signal Tap Ⅱ观察的信号波形无误，用示波器观察信号，观察和的信号和过程见“9. 2. 5. 2　功能验证　Step4”，将观察到的波形记录到“9. 2. 6. 1　系统搭建”中。

9.2.5.4　核心模块程序编写

1）Step1：复制文件

将软件中“实验24：帧同步信号提取设计实验（FPGA）”中“实验程序”文件夹下的“Level3”工程文件夹，复制到上述自己新建的文件夹中。用 Quartus Ⅱ打开工程，点击顶层文件“fpga_fre_sync_3”。

2）Step2：设计任务

（1）在“e_one_mux_top”模块下编程，要求：产生一个总线信号，其中TS0是固定的同步码，TS1~TS3由信号源输入。

设计思路：

① 设计一个256进制计数器，32时隙共有256 bit，每当计数到0时，产生1次标志，作为周期脉冲。

② 周期脉冲信号为1时，将输入的信号存入寄存器中。

③ 每产生一个周期脉冲信号，向256位寄存器赋值，作为总线信号。

（2）在“e_one_demux_top”模块下编程，要求：用滑窗法检测帧头信号，当检测到信号时，产生帧同步信号，将TS1~TS3信号从总线信号中分离出来。

设计思路：

① 根据帧的长度，周期性输出窗起始脉冲信号，在帧信号提前2 bit开始，展宽18个位同步信号作为窗的宽度，用于检测帧头。

② 根据同步状态，输出窗口信号。若建立了同步状态，此时输出的窗口信号记为步骤①中的窗口，否则，输出的串口信号置1。

③ 将输入译码后的信号与窗口信号作与运算，移位检测窗口中是否有帧同步码，若有，将帧同步信号置1。

④ 检测同步状态。设置初始状态为未同步状态，当检测到帧同步信号时，状态变换为建立状态；此时计算自相关函数，若自相关函数大于等于10，则进入同步状态，若大于等于4小于10，保持建立状态，若小于4，重新检测帧同步码，回到未同步状态；在同步状态，若计算的自相关函数大于等于2，则保持同步状态，否则回到未同步状态重新检测。

⑤ 当处于未同步状态时，灯常灭；处于建立状态时，灯闪烁；处于同步状态时，灯常亮。

⑥ 从帧中分离出时隙1、时隙2、时隙3的数据。

3）Step3：编程

（1）双击“e_one_mux_top”模块，可以看到模块的功能定义和引脚定义，在“开始编程”和“结束编程”之间，按照功能和引脚的定义以及设计任务的要求编写代码。

（2）双击“e_one_mux_top”模块，可以看到模块的功能定义和引脚定义，在“开始编程”和“结束编程”之间，按照功能和引脚的定义以及设计任务的要求编写代码。

4）Step4：编译

上述模块全部编程之后，点击▶编译。

5）Step5：下载

详细过程见第三章“实验一　模拟信号源设计”的“3.1.5.3　系统搭建　Step5”。

6）Step6：观察信号

下载完成后，观察信号，观察过程见“9.2.5.2　功能验证　Step4”，将观察到的信号波形记录到“9.2.6.3　核心模块程序编写”中。

7）Step7：用示波器观察波形

若示波器显示的波形无误，则将设计要求中的模块代码记录到“9.2.6.3　核心模块程序编写”中。

9.2.6　实验记录

9.2.6.1　功能验证

总线信号和时钟信号	
总线信号和 插入同步码信号	
总线信号和 帧同步信号	

9.2.6.2 系统搭建

原理图连线
总线信号和时钟信号
总线信号和插入同步码信号
原信号及帧同步信号
Signal Tap Ⅱ波形 帧同步展宽信号、窗口信号、总线信号、帧同步信号、插入同步码信号

9.2.6.3 核心模块程序编写

总线信号和时钟信号
总线信号和插入帧同步码信号

总线信号及帧同步信号
“e_ one_ mux_ top”模块代码
“e_ one_ demux_ top”模块代码

第十章

PCM 传输系统设计

实验　PCM 传输系统设计

10.1.1　实验目的

（1）熟悉 FPGA 集成开发软件 Quartus 的使用方法。

（2）掌握 Verilog 编写程序的方法。

（3）掌握通过 FPGA 产生数字信号源、模拟信号源、CMI（5B6B，8B10B）编译码、帧同步、位同步的原理实现方法。

10.1.2　实验仪器

1）硬件平台

电脑一台；双踪示波器；XSRP 软件无线电创新平台。

2）软件平台

XSRP 软件无线电创新平台集成开发软件；Quartus Ⅱ 11.0。

10.1.3　实验内容

1）功能验证

将提供的 FPGA 下载文件下载到 XSRP 软件无线电创新平台中，通过示波器观察信号源波形、帧同步信号波形、编码信号、译码信号、编码时钟、恢复的位同步时钟，并记录到“10.6.1　实验记录”中。

2）系统搭建

在 Quartus Ⅱ下，将提供的顶层文件通过原理图输入的方式，构建成系统，编译、仿真、下载，用示波器观测波形，并记录到“10.6.1　实验记录”中。

3）核心模块程序编写

在 Quartus Ⅱ下，通过硬件描述语言（Verilog 语言）编写核心模块的程序，并进行系统联调，用示波器观测波形，将观测到的波形和核心代码记录到“10.6.1　实验记录”中。

10.1.4 实验原理

10.1.4.1 通过 FPGA 进行 PCM 传输系统设计的原理

PCM 传输系统设计原理框图如图 10.1 所示。

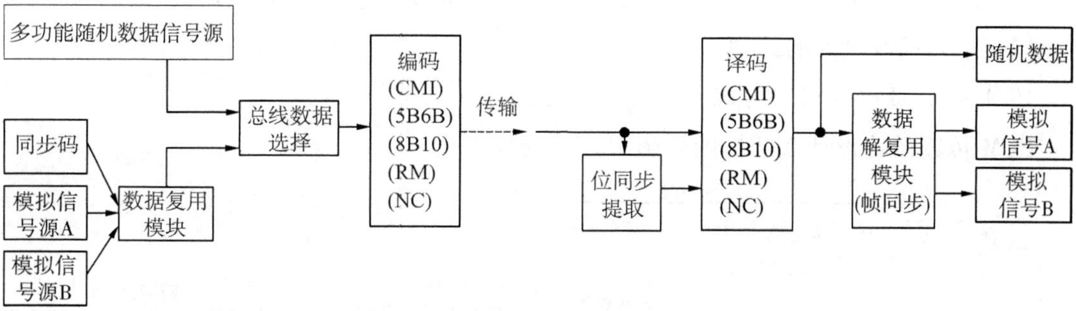

图 10.1 PCM 传输系统设计原理框图

数据复用模块可以将多路低速率的数字信号复用到一条高速数据总线上，再由上位机进行 CMI、5B6B 等不同的码型变换，最后通过电信号或光信号进行传输，接收端先进行位同步提取模块，提取位同步信号，再经过相应的译码反变换模块，输出总线信号，最后通过数据解复用模块进行帧同步检测，并分别分离出不同步时隙上的模拟信号。用示波器可以观察模块信号源的波形，也可以观察解复用后的模拟信号，进行信号对比。通过上位机控制，也可以观察各模块的输出信号，理解各模块的工作原理。通过编码选择不同步信，选择不同步的编码方式，可以理解它们各自的优缺点，以及它们对接收端恢复时钟所起到的作用。

本实验系统支持在两台实验设备之间传输模拟或数字信号。

1）CMI 编码原理

详细原理参见第四章“实验6：CMI 编译码设计”的“4.2.4.1 通过 FPGA 进行 CMI 编译码设计的原理”。

2）HDB3 编码原理

详细原理参见第四章“实验三 5B6B 编译码设计”的“4.3.4.1 通过 FPGA 进行 HDB3 编译码设计的原理”。

3）PCM 编码原理

详细原理参见第四章“实验一 PCM 编译码器设计”的“4.1.4.1 PCM 调制原理”。

4）RM 扰码原理

详细原理参见第七章“实验扰码与解扰码设计”的“7.1.4.2 FPGA 设计原理及各模块介绍”。

5）位同步原理

详细原理参见第九章“实验一 位同步信号提取设计”的“9.1.4.1 通过 FPGA 进行位同步信号提取设计的原理”。

6）帧同步原理

详细原理参见第九章“实验二 帧同步信号提取设计”的“9.2.4.1 通过 FPGA 进行帧同步信号提取设计的原理”。

10.1.4.2 FPGA 设计原理及各模块介绍

PCM 传输系统设计系统框图如图 10.2 所示。

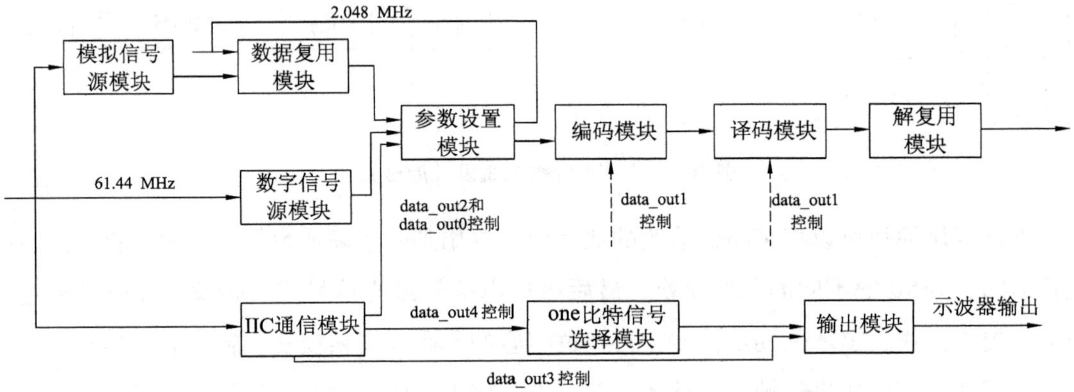

图 10.2 PCM 传输系统设计系统框图

1）IIC 通信模块

IIC 通信模块如图 10.3 所示。

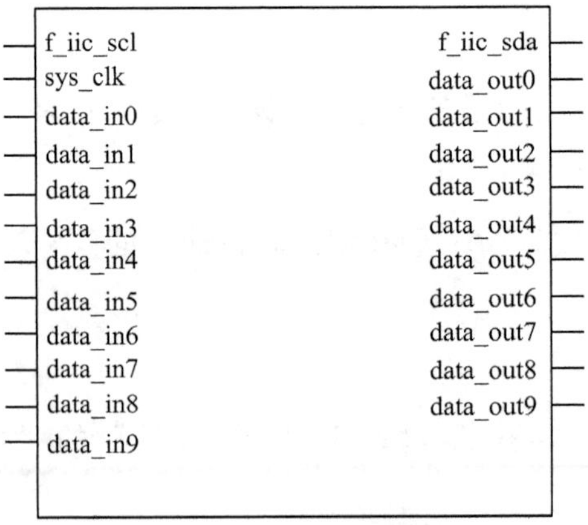

图 10.3 IIC 通信模块

功能：FPGA 芯片与 XSRP 软件无线电平台集成开发软件通过此模块通信，用于配置实验参数。

① data_out0：data_out0［0］选择位同步信号，连接译码模块的“bs_recov_sel”信号，data_out0［1］选择生成总线的发送时钟，连接参数模块的“e_one_clk_sel”信号。

② data_ out1：选择编码译码方式，连接编码模块和译码模块的“code_ type”信号。

③ data_ out2：data_ out2［0］选择分组同步机制，连接参数模块的“frame_ sync_ sel”信号，data_ out2［1］选择信号源，连接参数模块的“data_ sour_ sel”信号。

④ data_ out3：选择 one 比特信号选择模块输出的信号，连接输出模块的“data_ sel”信号。

⑤ data_ out4：选择输出模块输出的信号，连接输出模块的“dac_ data_ sel”信号。

⑥ data_ out6：选择数字信号源输出波形，连接数字信号源模块的“nrz_ source_ sel”信号。

注：值可以取 0x00 至 0xFF。

2）模拟信号源模块

模拟信号源模块如图 10.4 所示。

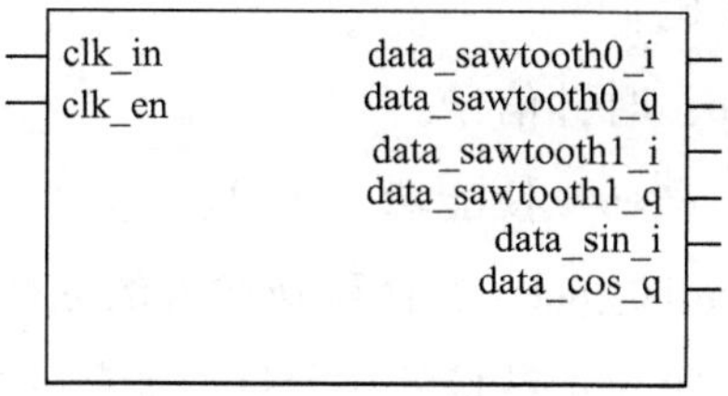

图 10.4　模拟信号源模块

（1）功能：产生两种三角波，一种正弦波，作为 32 时隙信号输入的数据。

（2）输入参数：① clk_ in：时钟。

② clk_ en：时隙脉冲。

3）数据复用模块

数据复用模块如图 10.5 所示。

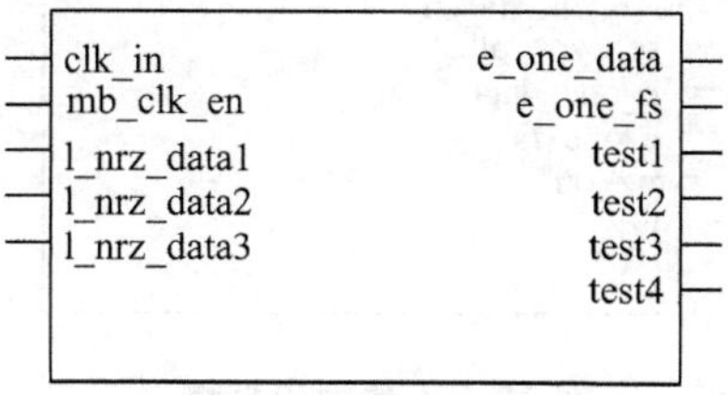

图 10.5　数据复用模块

（1）功能：产生一个 32 时隙信号，每个时隙 8 bit，其中 TS0 是同步码。每帧信号的 TS0 都是固定的同步码。本实验中 TS1 到 TS3 由信号源模块提供，其余时隙信号为 0。

（2）输入参数：① clk_ in：系统时钟。

② mb_ clk_ en：2. 048 MHz 时钟。

③ I_ nrz_ datax：TS1 ~ TS3 信号输入。

（3）输出参数：① e_ one_ data：带有帧同步码的 32 时隙信号输出。

② e_ one_ fs：开始插入帧同步码的标志。

4）数字信号源模块

数字信号源模块如图 10. 6 所示。

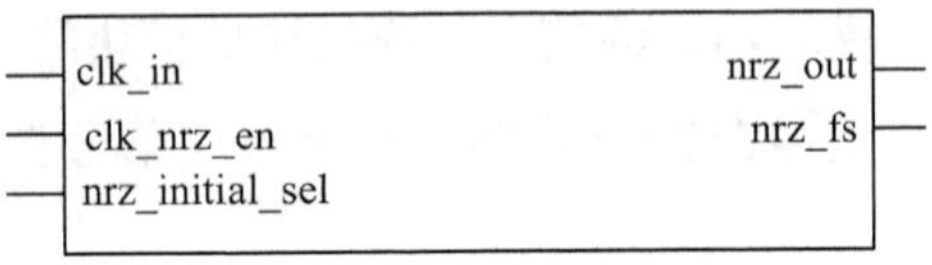

图 10. 6　数字信号源模块

（1）功能：通过 nrz_ source_ sel 信号选择，输出码型分别为伪随机码、15 位任意码型、32 位任意码型、64 位任意码型、256 位数据，只有 8 位非 0、1024 位数据，只有 8 位非 0、64 位全 0 码、64 位全 1 码。

（2）输入参数：① clk_ in：时钟信号。

② clk_ nrz_ en：使能端 ，置 1。

③ nrz_ initial_ sel：选择重新输入的数据，输出一个周期的 PN8 序列之后，会重新加载信号源数据，加载的数据可以通过此信号设置。

（3）输出参数：① nrz_ out：NRZ 信号输出。

② nrz_ fs：码元输出标志。

5）参数设置模块

参数设置模块如图 10. 7 所示。

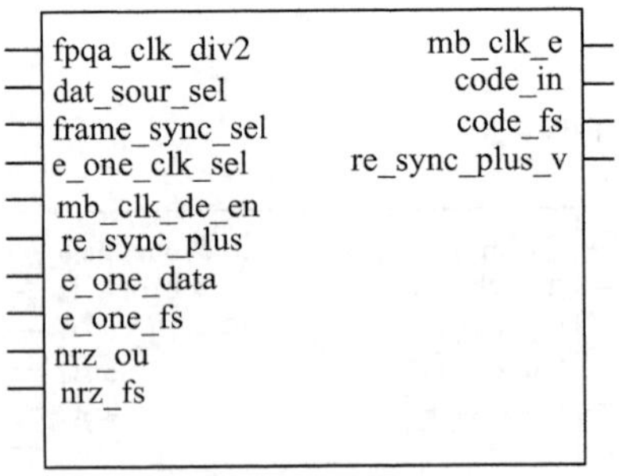

图 10. 7　参数设置模块

（1）功能：通过 data_ sour_ sel 信号选择被编码的信号来自模拟信号源或者数据复用模块，通过 frame_ sync_ sel 信号选择分组同步机制，通过 e_ one_ sel 信号选择生成总线的发射时钟。

（2）输入参数：① fpga_ clk_ div2：时钟信号。

② data_ sour_ sel：信号源输出选择信号。

③ frame_sync_sel：分组同步机制选择信号。

④ e_one_clk_sel：生成总线的发射时钟（本地时钟发送接收时钟恢复出的时钟发送）。

⑤ mb_clk_de_en ：接收端的时钟恢复。

⑥ re_sync_plus：e_one 总线中的同步码的同步状态（用 e_one 总线中的同步码进行 mbnb 分组调整表示不需要帧同步，只利用分组正确的比例进行分组调整）。

⑦ e_one_data：含帧同步码的 32 时隙信号。

⑧ e_one_fs：帧同步码的标志。

（3）输出参数：① code_in：信号源输出，用于编码。

② code_fs：输出信号的帧同步码。

③ re_sync_plus_v：外部对同步分组的调整的脉冲。

6）编码模块

编码模块如图 10. 8 所示。

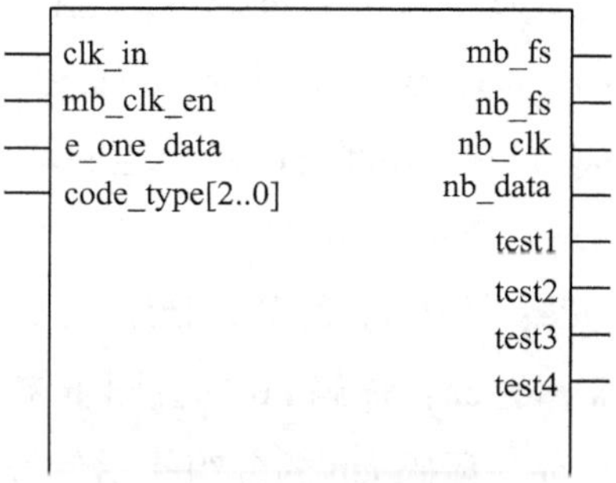

图 10. 8　编码模块

（1）功能：通过 code_type 信号选择编码方式。

当 code_type = 0 时，CMI 编码；

当 code_type = 1 时，5B6B 编码；

当 code_type = 2 时，8B10B 编码；

当 code_type = 3 时，扰码。

（2）输入参数：① clk_in：时钟信号。

② mb_clk_en：编码的位同步使能信号。

③ e_one_data：编码信号输入。

④ code_type ［2.. 0］：编码方式选择信号。

（3）输出参数：① mb_fs：编码 mb 的分组指示信号。

② nb_fs：编码 nb 的分组指示信号。

③ nb_clk：编码 nb 的位同步使能信号。

④ nb_data：编码后的输出信号。

7）译码模块

译码模块如图 10.9 所示。

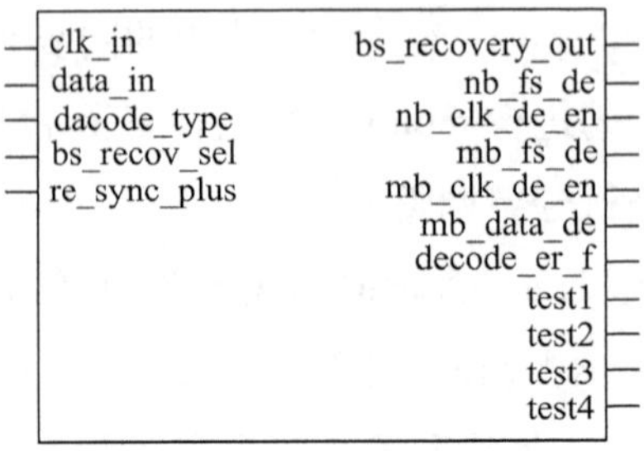

图 10.9 译码模块

（1）功能：译码

（2）输入参数：① clk_in：时钟信号。

② data_in：编码后的时钟信号。

③ decode_type [2..0]：译码方式选择信号，与编码方式相对应。

④ bs_recov_sel：位同步信号选择信号。

⑤ re_sync_plus：外部对同步分组的调整的脉冲。

（3）输出参数：① bs_recovery_out：译码的位同步信号。

② nb_fs_de：译码 nb 的分组指示信号。

③ nb_clk_de_en：译码 nb 的位同步使能信号。

④ mb_fs_de：译码 mb 的分组指示信号。

⑤ mb_clk_de_en：译码 mb 的位同步使能信号。

⑥ mb_data_de：译码输出。

⑦ decode_er_f：译码分组错误指示，可用于观察。

8）解复用模块

解复用模块如图 10.10 所示。

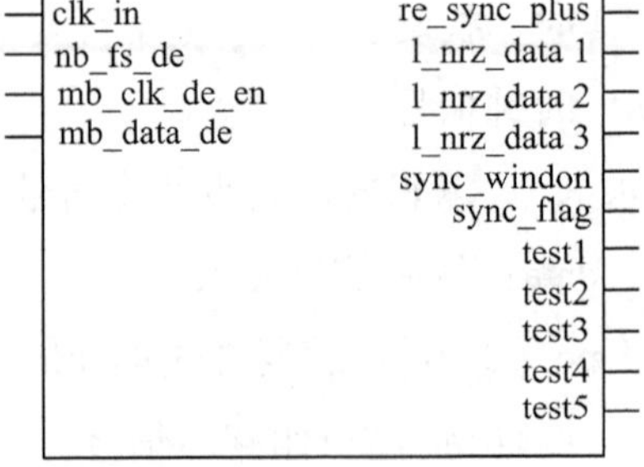

图 10.10 解复用模块

（1）功能：用滑窗法检测同步码，若窗口中的数据等于帧头，输出高电平作为帧同步信号，否则滑动窗口继续判别；同时通过加窗口的方法减小假同步的概率，判定同步状态，若处于捕捉态，led 灯不亮；若处于建立态，led 灯闪烁；若处于同步态，led 灯常亮。

（2）输入参数：① clk_ in：时钟输入。

② nb_ fs_ de：此处置 1。

③ mb_ clk_ de_ en：此处置 1。

④ mb_ data_ de：32 时隙信号。

（3）输出参数：① l_ nrz_ data1：提取出的 TS1 数据。

② l_ nrz_ data2：提取出的 TS2 数据。

③ l_ nrz_ data3：提取出的 TS3 数据。

④ sync_ flag：帧同步信号。

⑤ test1：帧同步展宽，便于观察。

⑥ test2：窗口。

⑦ test3：帧同步信号。

⑧ test4：帧同步信号。

⑨ test5：led 显示同步。

9）one 比特信号选择模块

one 比特信号选择模块如图 10. 11 所示。

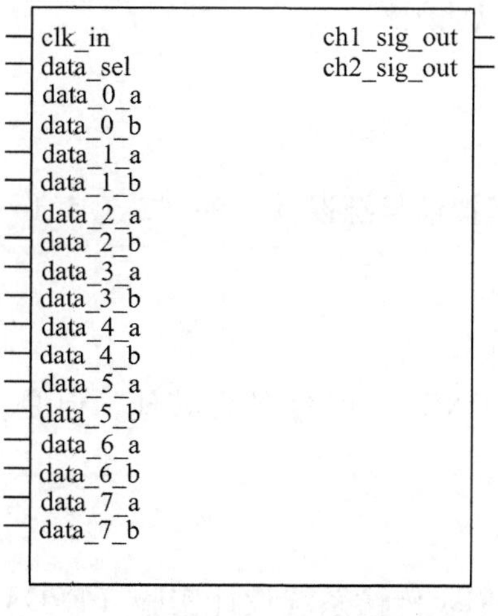

图 10. 11　one 比特信号选择模块

功能：通过 IIC 通信模块选择输入信号中的两路，将选择的信号进行变换后输出。变换方式：输入值为 1，转换成 8′hff；输入值为 0，转换成 8′h0，作此变换是为了便于在示波器上进行观察。

① data_ sel = 0，ch1_ sig_ out = data_ 0_ a 变换后的信号，ch2_ sig_ out = data_ 0_ b 变换后的信号。

② data_ sel = 1，ch1_ sig_ out = data_ 1_ a 变换后的信号，ch2_ sig_ out = data_ 1_ b 变换后的信号。

③ data_ sel = 2 ~ 7，输出为 ch1_ sig_ out 和 ch2_ sig_ out，以此类推。

10）输出模块

输出模块如图 10. 12 所示。

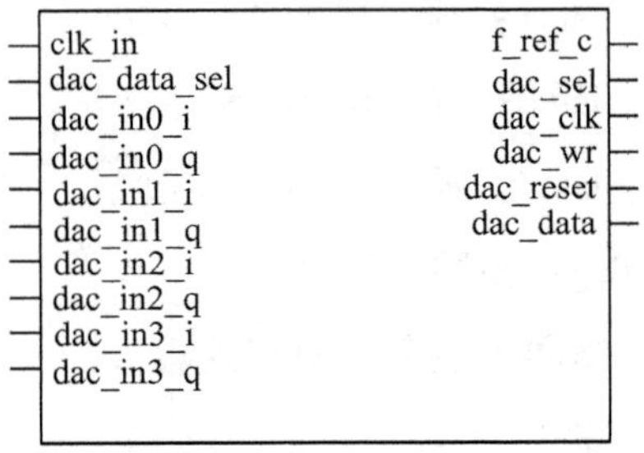

图 10. 12　输出模块

功能：将 IIC 通信模块选择的并行的两路信号转为符合硬件 DAC 芯片输入格式的串行信号，该信号可通过示波器显示。

① dac_ data_ sel = 0，dac_ data 为 dac_ in0_ i 和 dac_ data_ q 转换成的串行信号，连接示波器后，示波器的 CH1 显示的是 dac_ in0_ i 波形，CH2 显示的是 dac_ in0_ q 波形。

② dac_ data_ sel = 1 ~ 3，以此类推。

10. 1. 5　实验步骤

10. 1. 5. 1　实验准备

参见第三章“实验一　模拟信号源设计”的“3. 1. 5. 1　实验准备”。

10. 1. 5. 2　功能验证

1）Step1：新建文件夹

新建文件夹命名为“E_ ONE”，可命名为其他，但是文件夹的路径不能包含中文字符。

2）Step2：复制文件

打开软件中“实验 25：PCM 传输系统设计实验（FPGA）”中“实验程序”文件夹下的“Level1”文件夹，将提供的 FPGA 下载文件复制到自己新建的文件夹中。

3）Step3：下载

用 Quartus Ⅱ 软件打开下载文件，将下载文件下载到 XSRP 软件无线电创新平台中。

下载过程参见第三章“实验一　模拟信号源设计”的“3.1.5.2　功能验证”。

4）Step4：配置

下载完成后，打开 XSRP 软件无线电创新平台集成开发软件，“实验选择”——E1。

（1）“主从配置和时钟恢复选择”——主机和常规恢复，“编码方式”——CMI，“总线选择和分组选择”——随机数据和错误分组，“DAC 信号选择”——one 比特信号输出，“one 比特信号选择”——编码前总线和时钟，点击“配置”按钮，按下示波器“AutoSet”按钮，观察生成的 E1 总线和发送时钟信号。

（2）其他选择不变，“one 比特信号选择”——编码前总线和帧同步，点击“配置”按钮，按下示波器“AutoSet”按钮，观察生成的 E1 总线和帧同步信号。

（3）其他选择不变，“one 比特信号选择”——编码前总线和编码后数据，点击“配置”按钮，按下示波器“AutoSet”按钮，观察生成的 E1 总线和 CMI 编码后的信号。

（4）其他选择不变，“one 比特信号选择”——编码后数据和编码时钟，点击“配置”按钮，按下示波器“AutoSet”按钮，观察 CMI 编码后的信号和编码时钟。

（5）其他选择不变，“one 比特信号选择”——编码前总线数据和译码后总线数据，点击“配置”按钮，按下示波器“AutoSet”按钮，观察生成的 E1 总线和 CMI 译码后的信号，如图 10.13 所示。

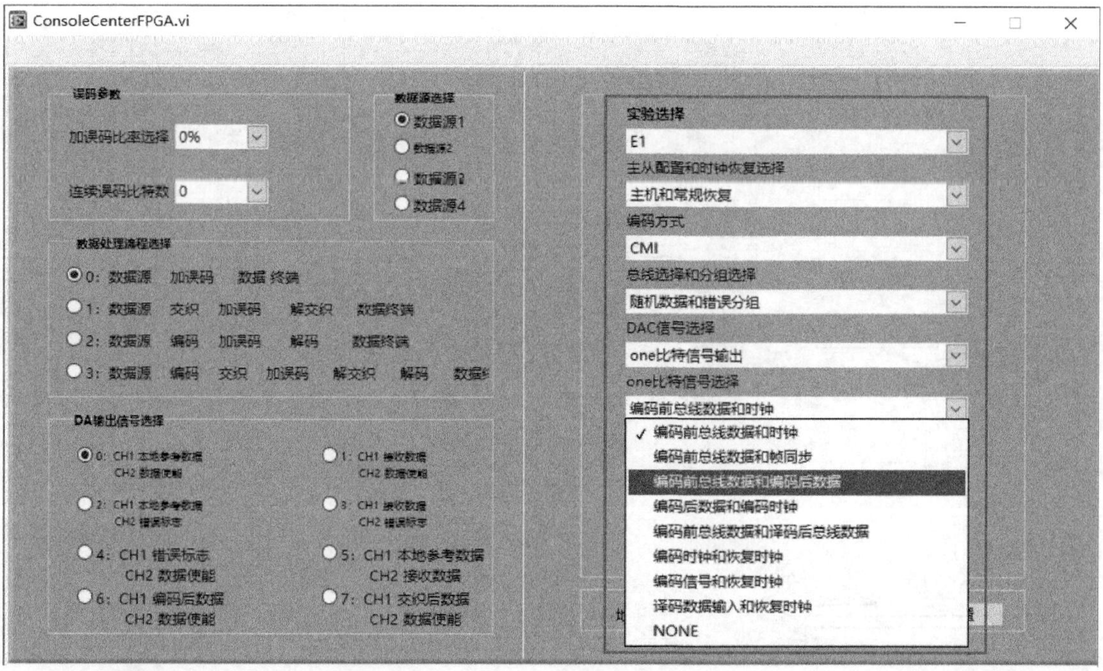

图 10.13　“one 比特信号选择”——译码数据输入和恢复时钟，点击“配置”按钮

（6）其他选择不变，“one 比特信号选择”——编码时钟和恢复时钟，点击“配置”按钮，按下示波器“AutoSet”按钮，观察编码时钟和恢复的位同步时钟。

（7）其他选择不变，“one 比特信号选择”——译码数据输入和恢复时钟，点击“配置”按钮，按下示波器“AutoSet”按钮，观察生成的总线信号和恢复的位同步时钟信号。

（8）还可观察其他编码方式的上述信号，只需改变“编码方式”选择，重复上述步骤（1）~（7）即可。

将观察到的波形记录到“10.1.6.1　功能验证中”。

10.1.5.3　系统搭建

1）Step1：复制文件

将软件中“PCM 传输系统设计实验（FPGA）”中“实验程序”文件夹下的“Level2”工程文件夹，复制到上述自己新建的文件夹中。用 Quartus Ⅱ 打开工程，点击顶层文件“fpga _ e_ one_ 2”，出现如图 10.14 所示的实验框架，学生在该框架下完成后续设计步骤。

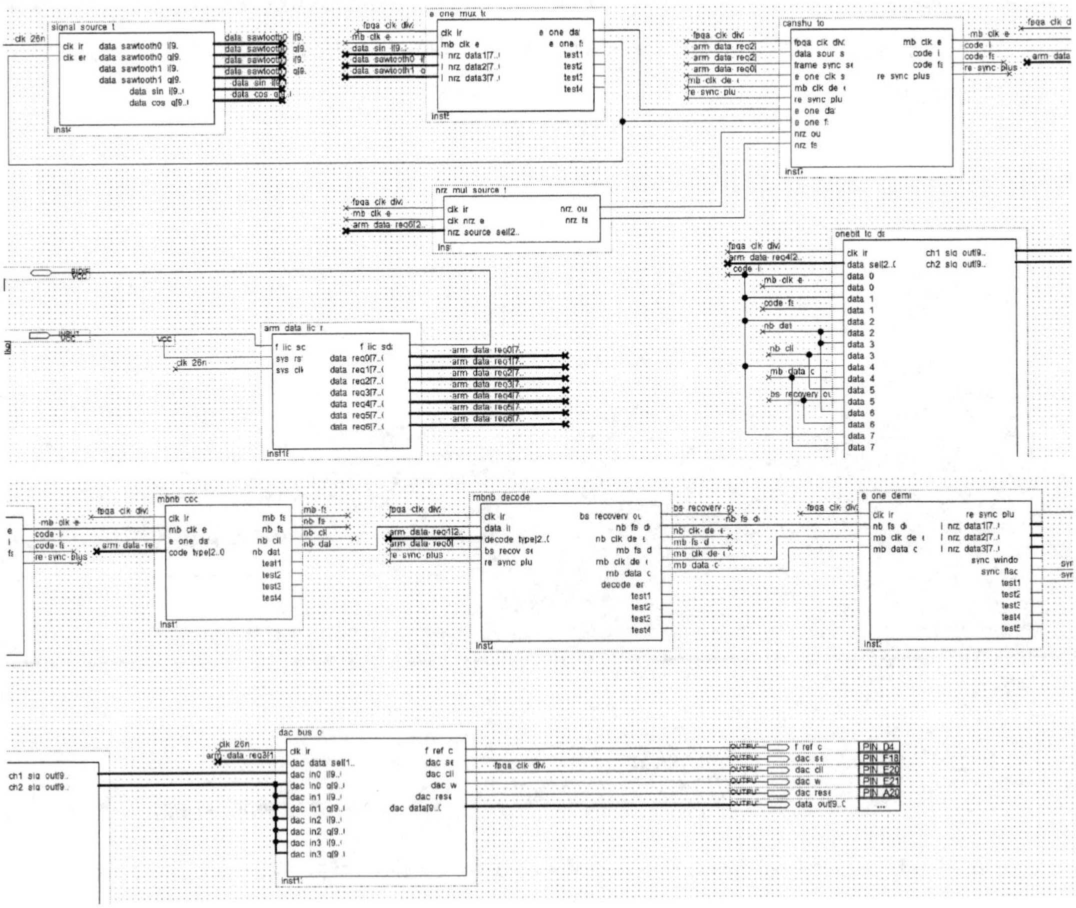

图 10.14　实验框架

2）**Step2：查看各模块功能和引脚定义**

依次打开“signal_source_top”“div_clk_top”“e_one_mux”“e_one_demux”模块等，查看各模块的功能定义和引脚定义，例如，打开“e_one_mux”模块，查看功能和引脚定义。

模块功能：生成总线信号，其中 TS0 是同步码。

引脚定义：
```
input                clk_in,
input                mb_clk_en,        //2048 kHz
input    [7:0]       l_nrz_data1,      //TS1 数据
input    [7:0]       l_nrz_data2,      //TS2 数据
input    [7:0]       l_nrz_data3,      //TS3 数据
output   reg         e_one_data,       //带有帧同步的信号输出
output   reg         e_one_fs,         //帧同步标志
```

3）**Step3：完成连接、编译**

在了解每个模块的功能和引脚定义后，通过原理图输入的方式，将各个组成模块用线连接起来。连接方式如下：

（1）IIC 通信模块选择输出的总线信号——one 比特信号选择模块的 data_in0_i 引脚，发送时钟——one 比特信号选择模块的 data_in0_q 引脚。

（2）IIC 通信模块选择输出的总线信号——one 比特信号选择模块的 data_in1_i 引脚，IIC 通信模块选择输出的帧同步信号——one 比特信号选择模块的 data_in1_q [1..0] 引脚。

（3）IIC 通信模块选择输出的总线信号——one 比特信号选择模块的 data_in2_i 引脚，编码模块输出的编码信号——one 比特信号选择模块的 data_in2_q [1..0] 引脚。

（4）编码模块输出的编码信号——one 比特信号选择模块的 data_in3_i 引脚，编码时钟——one 比特信号选择模块的 data_in3_q [1..0] 引脚。

（5）IIC 通信模块选择输出的总线信号——one 比特信号选择模块的 data_in4_i 引脚，译码模块输出的译码信号——one 比特信号选择模块的 data_in4_q [1..0] 引脚。

（6）编码时钟——one 比特信号选择模块的 data_in5_i 引脚，译码模块输出的恢复的位同步信号——one 比特信号选择模块的 data_in5_q [1..0] 引脚。

（7）编码模块产生的编码信号——one 比特信号选择模块的 data_in6_i 引脚，译码模块输出的恢复的位同步信号——one 比特信号选择模块的 data_in6_q [1..0] 引脚。

（8）IIC 通信模块选择输出的总线信号——one 比特信号选择模块的 data_in7_i 引脚，译码模块输出的恢复的位同步信号——one 比特信号选择模块的 data_in7_q [1..0] 引脚。

点击 💾 保存，然后点击 ▶ 编译。

4）Step4：下载

详细过程见第三章“实验一　模拟信号源设计”的“3.1.5.3　系统搭建　Step5”。

5）Step5：利用 Quartus Ⅱ仿真进行观察

通过 Signal Tap Ⅱ显示和捕获实时信号，观察总线数据、编码信号、译码输出信号、编码时钟、帧同步信号，并将结果记录到“10.1.6.2　系统搭建”中。

6）Step6：用示波器观察波形

若通过 Signal Tap Ⅱ观察的信号波形无误，用示波器观察信号，观察和的信号和过程见“10.1.5.2　功能验证 Step4”，并将观察到的波形记录到“10.1.6.2　系统搭建”中。

10.1.5.4　核心模块程序编写

1）Step1：复制文件

将软件中“PCM 传输系统设计实验（FPGA）”中“实验程序”文件夹下的“Level3”工程文件夹，复制到上述自己新建的文件夹中。用 Quartus Ⅱ打开工程，点击顶层文件“fpga_fre_sync_3”。

2）Step2：设计任务

（1）在“e_one_mux_top”模块下编程，要求：产生一个 32 时隙信号，其中 TS0 是固定的同步码，TS1～TS3 由信号源输入。

设计思路：

① 设计一个 256 进制计算器，32 时隙共有 256 bit，每当计数到 0 时，产生 1 次标志，作为周期脉冲。

② 周期脉冲信号为 1 时，将输入的信号存入寄存器中。

③ 每产生一个周期脉冲信号，向 256 位寄存器赋值，作为 32 时隙信号。

（2）在“e_one_demux_top”模块下编程，要求：用滑窗法检测帧头信号，当检测到信号时，产生帧同步信号，将 TS1～TS3 信号从 32 时隙信号中分离出来。

设计思路：

① 根据帧的长度，周期性输出窗起始脉冲信号。在帧信号提前 2 bit 开始，展宽 18 个位同步信号作为窗的宽度，用于检测帧头。

② 根据同步状态，输出窗口信号。若建立了同步状态，此时输出的窗口信号记为步骤（1）中的窗口；否则，输出的串口信号置 1。

③ 将输入的译码后的信号与窗口信号作与运算，移位检测窗口中是否有帧同步码，若有，将帧同步信号置 1。

④ 检测同步状态。设置初始状态为未同步状态，当检测到帧同步信号时，状态变换为建立状态。此时计算自相关函数，若自相关函数大于等于 10，则进入同步状态；若大于等于 4 小于 10，则保持建立状态；若小于 4，则重新检测帧同步码，回到未同步状态；在

同步状态，若计算的自相关函数大于等于 2，则保持同步状态，否则回到未同步状态重新检测。

⑤ 当处于未同步状态时，灯常灭；处于建立状态时，灯闪烁；处于同步状态时，灯常亮。

⑥ 从帧中分离出时隙 1、时隙 2、时隙 3 的数据。

（3）在“mbnb_code_top”模块下编程，要求：根据编码类型选择信号的输入，对输入信号进行编码，编码类型有 CMI，5B6B，8B10B，扰码。

设计思路：

① 设置各个编码方式的 1 个 mb 的比特宽度占的时钟数量（a 表示）、mb 分组中占的比特数量（b 表示）、1 个 nb 的比特宽度占的时钟数量（c 表示）、nb 分组中占的比特数量（d 表示），例如，CMI 编码（1B2B 编码），$a=29, b=0, c=14, d=1$，其他编码按照此方式类推。

② 数据移位输入，分组后，当作查找表的地址，设计一个模为 mb 分组中所占比特数量的计数器，当计数为 0 时，产生一个 mb 分组标记。

③ 产生 nb 的位同步使能信号：设计一个模为 nb 分组中占的比特数量的计数器，当计数到一半的时候产生一个 nb 分组标记。

④ 根据编码表，编写程序，调用“LPM_ROM” IP 核，IP 核文件中有 CMI，5B6B，8B10B 编码信息。

⑤ 将查表所得数据导入，进行并串转换。

（4）在“mbnb_decode_y_top”模块下编程，要求：根据编码类型选择信号，对输入的编码信号进行译码，对应的译码类型有 CMI，5B6B，8B10B，解扰码，同时提取位同步信号。

设计思路：

① 位同步提取详细设计思路见第九章“实验一　位同步信号的提取设计”中的“9.1.5.4　核心模块编写”。

② 设置各个编码方式的 1 个 mb 的比特宽度占的时钟数量（a 表示）、mb 分组中占的比特数量（b 表示）、1 个 nb 的比特宽度占的时钟数量（c 表示）、nb 分组中占的比特数量（d 表示），例如，CMI 编码（1B2B 编码），$a=29, b=0, c=14, d=1$，其他编码按照此方式类推。

③ 调用锁相环提取模块和简单提取模块输出位同步信号（模块见位同步提取设计实验），根据 bs_recov_sel 选择输出的位同步信号。

④ 根据编码表，实现解码功能。

⑤ 并串转换输出即为译码输出。

3）Step3：编程

（1）双击“e_one_mux_top”模块，可以看到模块的功能定义和引脚定义，在“开始编程”和“结束编程”之间，按照功能和引脚的定义以及设计任务的要求编写代码。

（2）双击“e_one_mux_top”模块，可以看到模块的功能定义和引脚定义，在“开始编程”和“结束编程”之间，按照功能和引脚的定义以及设计任务的要求编写代码。

（3）双击“mbnb_code_top”模块，可以看到模块的功能定义和引脚定义，在“开始编程”和“结束编程”之间，按照功能和引脚的定义以及设计任务的要求编写代码。

（4）双击“mbnb_decode_y_top”模块，可以看到模块的功能定义和引脚定义，在“开始编程”和“结束编程”之间，按照功能和引脚的定义以及设计任务的要求编写代码。

4）Step4：编译

上述模块全部编程之后，点击▶编译。

5）Step5：下载

详细过程见第三章“实验一　模拟信号源设计”的“3.1.5.3　Step5”。

6）Step6：观察信号

下载完成后，观察信号，观察过程见“10.1.5.2　功能验证　Step4”，将观察到的信号波形记录到“10.1.6.3　核心模块程序编写”中。

7）Step7：用示波器观察波形

若示波器显示的波形无误，则将设计要求中的模块代码记录到“10.1.6.3　核心模块程序编写”中。

10.1.6　实验记录

10.1.6.1　功能验证

总线信号及时钟信号	
总线信号及 帧同步信号	

总线信号及编码信号	
编码信号及编码时钟	
编码前总线数据和 译码后总线数据	
编码时钟和恢复时钟	
编码信号和恢复时钟	
译码数据输入和 恢复时钟	

10.1.6.2 系统搭建

原理图连线
Signal Tap Ⅱ波形
总线和时钟信号
总线信号和帧同步信号
总线及编码信号
编码信号及编码时钟
编码前总线数据和译码后总线数据
编码时钟和恢复时钟

编码信号和恢复时钟
译码数据输入和恢复时钟

10.1.6.3 核心模块程序编写

总线和时钟信号
总线信号和帧同步信号
总线及编码信号
编码信号及编码时钟
编码前总线数据和译码后总线数据

编码时钟和恢复时钟
编码信号和恢复时钟
译码数据输入和恢复时钟
“e_one_mux_top”模块代码
“e_one_demux_top”模块代码
“mbnb_code_top”模块代码
“mbnb_decode_y_top”模块代码

参考文献

[1] 楼才义，徐建良，杨小牛. 软件无线电原理与应用［M］. 北京：电子工业出版社，2014.

[2] 向新. 软件无线电原理［M］. 西安：西安电子科技大学出版社，2020.

[3] 赵友平，谭焜，姚远. 认知软件无线电系统——原理与实验［M］. 北京：清华大学出版社，2016.

[4] 李丞，熊磊，姚冬苹. 基于软件无线电和 LabVIEW 的通信实验教程［M］. 北京：北京交通大学出版社，2017.

[5] 陈祝明. 软件无线电技术基础［M］. 北京：高等教育出版社，2007.